面向新工科高等院校大数据专业系列教材

信息技术新工科产学研联盟数据科学与大数据技术工作委员会 推荐教材

Big Data
Analysis and Practice

大数据分析与实践

社会研究与数字治理

王贵　杨武剑　周苏 / 主编

机械工业出版社

CHINA MACHINE PRESS

"大数据分析"是一门理论性和实践性都很强的课程。本书是为高等院校相关专业"大数据分析"课程而设计编写，具有丰富实践特色的主教材。针对高等院校学生的发展需求，本书系统、全面地介绍了大数据分析的基本知识和技能，详细介绍了大数据分析基础、社会研究与方法、计算社会科学及其发展、基本原则与生命周期、构建分析路线与用例、大数据分析的运用、预测分析方法、预测分析技术、大数据分析模型、用户角色与分析工具、大数据分析平台、社交网络与推荐系统、组织分析团队等内容，最后为大数据分析的学习设计了一个基于大数据集市的课程实践。全书具有较强的系统性、可读性和实用性。

本书适合作为高等院校相关专业"大数据分析"课程的教材，也可供有一定实践经验的社会研究人员、IT 应用人员、管理人员参考和作为继续教育的教材。

本书配有授课电子课件，需要的教师可登录 www.cmpedu.com 免费注册，审核通过后下载，或联系编辑索取（微信：13146070618，电话：010-88379739）。

图书在版编目（CIP）数据

大数据分析与实践：社会研究与数字治理/王贵，杨武剑，周苏主编．—北京：机械工业出版社，2024.1
面向新工科高等院校大数据专业系列教材
ISBN 978-7-111-74407-8

Ⅰ．①大…　Ⅱ．①王…　②杨…　③周…　Ⅲ．①数据处理-高等学校-教材　Ⅳ．①TP274

中国国家版本馆 CIP 数据核字（2023）第 236124 号

机械工业出版社（北京市百万庄大街 22 号　邮政编码 100037）
策划编辑：郝建伟　　　　责任编辑：郝建伟　赵晓峰
责任校对：郑　雪　张　征　责任印制：刘　媛
唐山三艺印务有限公司印刷
2024 年 1 月第 1 版第 1 次印刷
184mm×260mm · 15.5 印张 · 390 千字
标准书号：ISBN 978-7-111-74407-8
定价：65.00 元

电话服务　　　　　　　　　网络服务
客服电话：010-88361066　　机　工　官　网：www.cmpbook.com
　　　　　010-88379833　　机　工　官　博：weibo.com/cmp1952
　　　　　010-68326294　　金　书　网：www.golden-book.com
封底无防伪标均为盗版　机工教育服务网：www.cmpedu.com

面向新工科高等院校大数据专业系列教材
编委会成员名单

出 版 说 明

党的二十大报告指出"加快发展数字经济，促进数字经济和实体经济深度融合，打造具有国际竞争力的数字产业集群。"当前，我国数字经济建设加速推进，作为数字经济建设的主力军，大数据专业人才需求迫切，高校大数据专业建设的重要性日益凸显，并呈现出以下四个特点：实用性、交叉性较强，专业设立日趋精细化、融合化；专业建设上高度重视产学合作协同育人，产教融合发展迅猛；信息技术新工科产学研联盟制定的《大数据技术专业建设方案》，使得人才培养体系、专业知识体系及课程体系的建设有章可循，人才培养日益规范化、标准化；大数据人才是具备编程能力、数据分析及算法设计等专业技能的专业化、复合型人才。

作为一个高速发展中的新兴专业，大数据专业的内涵和外延不断丰富和延伸，广大高校亟需能够系统体现大数据专业上述四个特点的教材。基于此，机械工业出版社联合信息技术新工科产学研联盟，汇集国内专家名师，共同成立教材编写委员会，组织出版了这套《面向新工科高等院校大数据专业系列教材》，全面助力高校新工科大数据专业建设和人才培养。

这套教材依照《大数据技术专业建设方案》组织编写，体现了国内大数据相关专业教学的先进理念和思想；覆盖大数据技术专业主干课程的同时，延伸上下游，涵盖云计算、人工智能等专业的核心课程，能够更好地满足高校大数据相关专业多样化的教学需求；引入优质合作企业的技术、产品及平台，体现产学合作、协同育人的理念；教学配套资源丰富，便于高校开展教学实践；系列教材主要参编者皆是身处教学一线、教学实践经验丰富的名师，教材内容贴合教学实际。

我们希望这套教材能够充分满足国内众多高校大数据相关专业的教学需求，为培养优质的大数据专业人才提供强有力的支撑。并希望有更多的志士仁人加入我们的行列中来，集智汇力，共同推进系列教材建设，在建设数字社会的宏大愿景中，贡献出自己的一份力量！

面向新工科高等院校大数据专业系列教材编委会

前言

这是一个数据爆发的时代。面对信息的激流，多元化数据的涌现，大数据已经为社会研究、个人生活、企业经营，甚至国家与社会的发展都带来了机遇和挑战，成为 IT 信息产业中最具潜力的蓝海。对于身处大数据时代的企业而言，成功的关键还在于找出大数据所隐含的真知灼见。"以前，人们总说信息就是力量，但如今，对数据进行分析、利用和挖掘才是力量之所在。"

大数据的力量，正在积极地影响着社会的方方面面，它冲击着许多重要的行业，包括零售业、电子商务和金融服务业等，同时也正在彻底改变人们的学习和日常生活：改变人们的教育方式、生活方式、工作方式。如今，通过简单、易用的移动应用和基于云端的数据服务，人们能够追踪自己的行为以及饮食习惯，还能改善个人的健康状况。因此，有必要真正理解大数据这个极其重要的议题。

中国是大数据最大的潜在市场之一，这就意味着中国的企业拥有绝佳的机会来更好地研究社会，了解其客户并提供更个性化的体验，同时，为企业增加收入并提高利润。然而，仅有数据是不够的。

在不同行业中，那些专门从事行业数据的搜集、整理、分析，并依据分析结果开展行业研究、评估和预测的工作被称为数据分析。所谓大数据分析，是指用适当的方法对收集来的大量数据进行分析，提取有用信息和形成结论，从而对数据加以详细研究和概括总结的过程。或者，顾名思义，大数据分析是指对规模巨大的数据进行分析，是大数据到信息，再到知识的关键步骤。大数据分析结合了传统统计分析方法和计算分析方法，在研究大量数据的过程中寻找模式、相关性和其他有用信息，帮助企业更好地适应变化并做出更明智的决策。

对于大数据技术及相关专业的大学生来说，大数据分析是一门理论性和实践性都很强的核心课程。在长期的教学实践中，我们体会到，坚持"因材施教"的重要原则，把实践环节与理论教学相融合，抓实践教学促进理论知识的学习，是有效地改善教学效果和提高教学水平的重要方法之一。本书的主要特色是：理论联系实际，结合一系列了解和熟悉大数据分析理念、技术与应用的学习和实践活动，把大数据分析的概念、知识和技术融入实践当中，使学生保持浓厚的学习热情，从而加深对大数据分析的兴趣、认识、理解和掌握。

本书是为高等院校相关专业"大数据分析"相关课程而设计编写，具有丰富实践特色的主教材，也可供有一定实践经验的社会研究人员、IT 应用人员、管理人员参考和作为继续教育的教材。

本书系统、全面地介绍了大数据分析的基本知识和应用技能，详细介绍了大数据分析基础、社会研究与方法、计算社会科学及其发展、基本原则与生命周期、构建分析路线与用例、大数据分析的运用、预测分析方法、预测分析技术、大数据分析模型、用户角色与分析工具、大数据分析平台、社交网络与推荐系统、组织分析团队等内容，最后为大数据分析的学习设计了一个基于大数据集市的课程实践。本书附录提供了课程作业参考答案。全书具有较强的系统性、可读性和实用性。

结合课堂教学方法改革的要求，全书有针对性地安排了课前导读案例，要求和指导学生在课前阅读案例和课后完成作业，深入理解课程知识内涵。

本课程的教学进度设计参考见《课程教学进度表》，该表可作为教师授课和学生学习的参考。实际执行时，应按照教学大纲和校历中关于本学期节假日的安排，确定本课程的实际教学进度，并作适当剪裁。

本书的编写得到 2019 年度国家级一流本科专业建设点（教高厅函〔2019〕46 号）、浙江省本科高校"十三五"特色专业建设项目（浙教高教〔2017〕29 号）、杭州市属高校新型专业建设计划项目（杭教高教〔2019〕5 号）等的支持。

本书是 2021 年国家教育部首批"新文科"研究与改革实践项目《"城市数字治理"人才培养的探索与实践》、2021 年国家教育部产学合作协同育人项目《大数据平台基础与实践课程建设》、2021 年国家教育部产学合作协同育人项目《"互联网+"背景下大数据应用实训基地建设》和 2021 年浙江省"十三五"省级虚拟仿真实验教学项目《城市大脑赋能街区智治的人流精细化管理虚拟仿真实验》的研究成果之一。本书得到浙大城市学院"城市数字治理科教创新综合体"、浙大城市学院超大规模时序图数据高性能智能计算中心的支持。

本书的编写得到浙大城市学院、浙江大学、嘉兴技师学院、温州商学院等多所院校师生的支持，参加本书编写工作的有王贵、杨武剑、周苏、原瑞彬、章小华、王贵鑫、王文。

欢迎教师与作者交流并索取为本书教学配套的相关资料：zhousu@qq.com，QQ：81505050。

浙大城市学院城市大脑研究院 杨武剑
2023 年秋

课程教学进度表

（20　—20　学年，第　　学期）

课程号：　　　课程名称：大数据分析　　学分：2　　　　　周学时：2

总学时：32　（其中理论学时：　31　，课外实践学时：　1　）

主讲教师：

序号	校历周次	章节（或实验、习题课等）名称与内容	学时	教学方法	课后作业布置
1	1	第1章　大数据分析基础	2	导读案例理论教学	作业
2	2	第2章　社会研究与方法	2		作业
3	3	第3章　计算社会科学及其发展	2		作业
4	4	第4章　基本原则与生命周期	2		作业
5	5	第5章　构建分析路线与用例	2		作业
6	6	第6章　大数据分析的运用	2		作业
7	7	第7章　预测分析方法	2		作业
8	8	第7章　预测分析方法	2		
9	9	第8章　预测分析技术	2		作业
10	10	第8章　预测分析技术	2		
11	11	第9章　大数据分析模型	2		作业
12	12	第10章　用户角色与分析工具	2		作业
13	13	第11章　大数据分析平台	2		作业
14	14	第12章　社交网络与推荐系统	2		作业
15	15	第13章　组织分析团队	2		作业
16	16	第14章　基于大数据集市的课程实践	1	理论教学	作业
			1	课程实践	课后实践

填表人（签字）：　　　　　　　　　　　日期：

系（教研室）主任（签字）：　　　　　　日期：

目录

第1章
大数据分析基础

【导读案例】 葡萄酒的品质分析

奥利·阿什菲尔特是普林斯顿大学的一位经济学家，他的日常工作就是琢磨数据。利用统计学，他从大量的数据资料中提取出隐藏在数据背后的信息。

奥利非常喜欢喝葡萄酒，他说："当上好的红葡萄酒有了一定的年份时，就会发生一些非常神奇的事情。"当然，奥利指的不仅仅是葡萄酒的口感，还有隐藏在葡萄酒背后的力量。

"每次你买到上好的红葡萄酒时，"他说，"其实就是在进行投资，因为这瓶酒以后很有可能会变得更好。重要的不是它现在值多少钱，而是将来值多少钱——即使你并不打算卖掉它，而是喝掉它。如果你想知道把从当前消费中得到的愉悦推迟，将来能从中得到多少愉悦，那么这将是一个永远也讨论不完的、吸引人的话题。"关于这个话题，奥利已经研究了25年。

奥利花费心思研究的一个问题是，如何通过数字来评估波尔多葡萄酒的品质。与品酒专家通常所使用的"品咂并吐掉"的方法不同，奥利用数字指标来判断能拍出高价的酒所应该具有的品质特征。

"其实很简单，"他说，"酒是一种农产品，每年都会受到气候条件的强烈影响。"因此，奥利采集了法国波尔多地区的气候数据加以研究，他发现如果收割季节干旱少雨且整个夏季的平均气温较高，该年份就容易生产出品质上乘的葡萄酒。

当葡萄熟透、汁液高度浓缩时，波尔多葡萄酒是最好的。夏季特别炎热的年份，葡萄很容易熟透，酸度就会降低。炎热少雨的年份，葡萄汁也会高度浓缩。因此，天气越炎热干燥，越容易生产出品质一流的葡萄酒。熟透的葡萄能生产出口感柔润（即低敏度）的葡萄酒，而汁液高度浓缩的葡萄能够生产出醇厚的葡萄酒。

奥利把这个关于葡萄酒的理论简化为下面的方程式：

$$葡萄酒的品质 = 12.145 + 0.001\,17 \times 冬天降雨量 + 0.0614 \times 葡萄生长期平均气温$$
$$- 0.00386 \times 收获季节降雨量$$

把某年份的气候数据代入上面这个式子，就能够预测出任意一种葡萄酒的平均品质。如果把这个式子变得再稍微复杂精巧一些，奥利还能更精确地预测出100多个酒庄的葡萄酒品质。他承认"这看起来有点太数字化了，但这恰恰是法国人把他们的葡萄酒庄园排成著名的1855个等级时所使用的方法。"

然而，当时传统的评酒专家并未接受奥利采用数据预测葡萄酒品质的做法。英国的《葡萄酒》杂志认为，"这条公式显然是很可笑的，我们无法重视它。"纽约葡萄酒商人威廉姆·萨科林认为，从波尔多葡萄酒产业的角度来看，奥利的做法"介于极端和滑稽可笑之间"。因此，奥利常常被业界人士取笑。当奥利在克里斯蒂拍卖行酒品部做关于葡萄酒的演讲时，坐在后排的交易商嘘声一片。

传统的评酒大师认为，如果要对葡萄酒的品质评判得更准确，应该亲自去品尝一下。但是有这样一个问题：在好几个月的生产时间里，人们是无法品尝到葡萄酒的。波尔多和勃艮第的葡萄酒在装瓶之前需要盛放在橡木桶里发酵18~24个月（见图1-1）。像帕克这样的评酒专家需要在桶装4个月以后才能第一次品尝，这个阶段的葡萄酒还只是臭臭的、发酵的葡萄而已。不知道此时这种无法下咽的"酒"是否能够使品尝者得出关于酒的品质的准确信息。例如，巴特菲德拍卖行酒品部的前经理布鲁斯·凯泽曾经说过："发酵初期的葡萄酒变化非常快，没有人，我是说不可能有人，能够通过品尝来准确地评估酒的好坏。至少要放上10年，甚至更久。"

图1-1 葡萄酒窖藏

与之形成鲜明对比的是，奥利从对数字的分析中能够得出气候与酒价之间的关系。他发现冬季降雨量每增加1 mm，酒价就有可能提高0.001 17美元。当然，这只是"有可能"而已。在葡萄酒期货交易活跃的今天，奥利的预测能够给葡萄酒收集者更大的帮助。

20世纪80年代后期，奥利开始在半年刊的简报《流动资产》上发布他的预测数据。最初有600多人开始订阅，这些订阅者的分布很广，包括很多百万富翁以及痴迷葡萄酒的人——这是一些可以接受计量方法的葡萄酒收集爱好者。

20世纪90年代初期，《纽约时报》在头版头条刊登了奥利的最新预测数据，这使得更多人了解了他的思想。奥利公开批判了帕克对1986年波尔多葡萄酒的估价。帕克对1986年波尔多葡萄酒的评价是"品质一流，甚至非常出色"。但是奥利不这么认为，他认为由于生产期内过低的平均气温以及收获期过多的雨水，这一年葡萄酒的品质注定平平。

当然，奥利对1989年波尔多葡萄酒的预测才是这篇文章中真正让人吃惊的地方，尽管当时这些酒在木桶里仅仅放置了3个月，还从未被品酒师品尝过，奥利却预测这些酒将成为"世纪佳酿"。他保证这些酒的品质将会"令人震惊地一流"。根据他自己的评级，如果1961年的波尔多葡萄酒评级为100的话，那么1989年的葡萄酒将会达到149。奥利甚至大胆地预测，这些酒"能够卖出过去35年中所生产的葡萄酒的最高价"（见图1-2）。

看到这篇文章，评酒专家非常生气。评酒专家们开始辩解，竭力指责奥利本人以及他所提出的方法，他们说奥利的方法是错的，因为这一方法无法准确地预测未来的酒价。然而，对于统计学家（以及对此稍加思考的人）来说，预测有时过高、有时过低是件好事，因为这恰好说明估计量是无偏的。

图 1-2　葡萄酒收藏

　　1990 年，奥利更加陷于孤立无援的境地。在宣称 1989 年的葡萄酒将成为"世纪佳酿"之后，数据告诉他 1990 年的葡萄酒将会更好，而且他也照实说了。现在回头再看，我们可以发现当时《流动资产》的预测惊人地准确。1989 年的葡萄酒确实是难得的佳酿，而 1990 年的葡萄酒也确实更好。

　　怎么可能在连续两年中生产出两种"世纪佳酿"呢？事实上，自 1986 年以来，法国的天气连续 20 多年温暖和煦，每年葡萄生长期的气温都高于平均水平，对于葡萄酒爱好者们而言，这显然是生产柔润的波尔多葡萄酒的最佳时期。

　　传统的评酒专家们此时才开始更多地关注天气因素。尽管他们当中很多人从未公开承认奥利的预测，但他们自己的预测也开始越来越密切地与奥利那个简单的方程式联系在一起。指责奥利的人仍然把他的思想看作异端邪说，因为他试图把葡萄酒的世界看得更清楚。他从不使用华丽的辞藻和毫无意义的术语，而是直接说出预测的依据。

　　整个葡萄酒产业毫不妥协。"葡萄酒经销商及专栏作家只是不希望公众知道奥利所做出的预测。"凯泽说，"这一点从 1986 年的葡萄酒就已经显现出来了。奥利说品酒师们的评级是骗人的，因为那一年的气候对于葡萄的生长来说非常不利，雨水泛滥，气温也不够高。但是当时所有的专栏作家都言辞激烈地坚持认为那一年的酒会是好酒。事实证明奥利是对的，但是正确的观点不一定总是受欢迎的。"

　　葡萄酒经销商和专栏评论家们长期都能够从维持自己在葡萄酒品质方面的信息垄断者地位中受益。葡萄酒经销商利用长期高估的最初评级来稳定葡萄酒价格。《葡萄酒观察家》和《葡萄酒爱好者》能否保持葡萄酒品质的仲裁者地位，决定着上百万资金的生死。很多人要谋生，就只能依赖于喝酒的人，而不相信这个方程式。

　　也有迹象表明事情正在发生变化。伦敦克里斯蒂拍卖行国际酒品部主席迈克尔·布罗德本特委婉地说："很多人认为奥利是个怪人，我也认为他在很多方面的确很怪。但是我发现，他的思想和工作会在多年后依然留下光辉的痕迹。他所做的努力对于打算买酒的人来说非常有帮助。"

　　阅读上文，请思考、分析并简单记录：

　　（1）请通过查找资料，了解法国城市波尔多，了解其地理特点和波尔多葡萄酒，并就此做简单介绍。

　　答：＿＿＿＿＿＿＿＿＿＿＿＿＿＿＿＿＿＿＿＿＿＿＿＿＿＿＿＿＿＿＿＿＿＿＿＿＿＿＿

＿＿＿

＿＿＿

（2）对葡萄酒品质的评价，传统方法的主要依据是什么？而奥利的预测方法是什么？

答：_____

_____

_____

（3）虽然后来的事实肯定了奥利的葡萄酒品质预测方法，但这是否就意味着传统品酒师的职业没有必要存在了？你认为传统方法和大数据方法的关系应该如何处理？

答：_____

_____

_____

（4）请简单记述你所知道的上一周内发生的国际、国内或者身边的大事。

答：_____

_____

_____

1.1　大数据基础

信息社会所带来的好处是显而易见的：每个人口袋里都揣着一部手机，每台办公桌上都放着一台计算机，每间办公室内都连接到局域网或者互联网。半个世纪以来，随着计算机技术全面和深度地融入社会生活，信息爆炸已经积累到了一个引发变革的程度，它不仅使世界充斥着比以往更多的信息，而且信息的增长速度也在加快。信息总量的变化还导致了信息形态的变化——量变引起了质变。

如今，人们不再认为数据是静止和陈旧的。但在以前，一旦完成了收集数据的目的之后，数据就会被认为已经没有用处了。比如，在飞机降落之后，该航班的实际票价数据就没有用了——设计人员如果没有大数据的理念，就会丢失掉很多有价值的数据。

数据已经成为一种商业资本、一项重要的经济投入，可以创造新的经济利益。事实上，一旦思维转变过来，数据就可能被巧妙地用来激发新产品和新服务。今天，大数据是人们获得新认知、创造新价值的源泉，大数据还是改变市场、组织机构以及政府与公民关系的方法。大数据时代对我们的生活和与世界交流的方式都提出了挑战。

1.1.1　定义大数据

所谓大数据，狭义上可以定义为**用现有的一般技术难以管理的大量数据的集合**。这实际上是指用目前在企业数据库占据主流地位的关系型数据库无法进行管理的、具有复杂结构的数据；或者也可以说，是指由于数据量的增大，导致对数据的查询响应时间超出了允许的范围的数据。

研究机构加特纳给出了这样的定义："大数据是需要新处理模式才能具有更强的决策力、洞察发现力和流程优化能力的海量、高增长率和多样化的信息资产。"

全球管理咨询公司麦肯锡认为："大数据指的是所涉及的数据集规模已经超过了传统数据库软件获取、存储、管理和分析的能力。这是一个被故意设计成主观性的定义，并且是一个关于多大的数据集才能被认为是大数据的可变定义，即并不定义大于一个特定数字的 TB 才叫大数据。因为随着技术的不断发展，符合大数据标准的数据集容量也会增长；并且定义随不同的行业也有变化，这依赖于在一个特定行业通常使用何种软件和数据集有多大。因此，大数据在今天不同行业中的范围可以从几十 TB（太字节，1024 GB）到几 PB（拍字节，1024 TB）。"

随着大数据的出现，数据仓库、数据挖掘、数据安全、数据分析、数据治理等围绕大数据技术的名词正逐渐成为社会热点，在全球引领了又一轮数据技术革新的浪潮。

1.1.2　大数据的 3V 特征

从字面上看，"大数据"这个词可能会让人觉得只是容量非常大的数据集合而已，但容量只不过是大数据特征的一个方面，如果只拘泥于数据量，就无法深入理解当前围绕大数据所进行的讨论。因为"用现有的一般技术难以管理"这样的状况，并不仅仅是由于数据量增大这一个因素所造成的。

IBM 认为："可以用 3 个特征相结合来定义大数据：数量（Volume，或称容量）、种类（Variety，或称多样性）和速度（Velocity），称为 3V（见图 1-3），即容量庞大、速度极快和种类丰富的数据。"

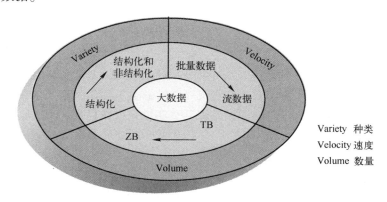

图 1-3　按数量、种类和速度来定义大数据

（1）Volume（数量）。用现有技术无法管理的数据量，从现状来看，基本上是指从几十 TB 到几 PB 这样的数量级。当然，随着技术的进步，这个数值也会不断变化。

如今，存储的数据量在急剧增长，包括环境数据、财务数据、医疗数据、监控数据等，数据量不可避免地会转向 ZB 级别。但是，随着可供企业使用的数据量不断增长，可处理、理解和分析的数据的比例却在不断下降。

（2）Variety（种类、多样性）。随着传感器、智能设备以及社交协作技术的激增，数据也变得更加复杂，不仅包含传统的关系型数据，还包含来自网页、互联网日志文件（包括流数据）、搜索索引、社交媒体、电子邮件、文档、主动和被动系统的传感器数据等半结构化和非结构化数据。

种类是指涵盖所有可能的数据类型。其中，爆发式增长的一些数据，如互联网上的文本数据、位置信息、传感器数据、视频数据等，用目前主流的关系型数据库是很难存储的，它们都属于非结构化数据。

当然，这些数据中有些是过去就一直存在并保存下来的。和过去不同的是，除了存储，还需要对这些数据进行分析，并从中获得有用的信息。例如监控摄像机中的视频数据，超市、便利店等零售企业几乎都配备了监控摄像机，最初目的是防范盗窃，但现在也出现了使用视频数据来分析顾客购买行为的案例。

例如，美国高级文具制造商万宝龙过去是凭经验和直觉来决定商品陈列布局的，现在尝试利用监控摄像数据对顾客在店内的行为进行分析。通过分析监控摄像数据，将最想卖出去的商品移动到最容易吸引顾客目光的位置，使得销售额提高了20%。

美国移动运营商 T-Mobile 也在其全美 1000 家门店中安装了带视频分析功能的监控摄像机，可以统计来店人数，还可以追踪顾客在店内的行动路线、在展台前停留的时间，甚至试用了哪一款手机、试用了多长时间等，从而对顾客在店内的购买行为进行分析。

（3）Velocity（速度）。数据产生和更新的频率也是衡量大数据的一个重要特征，收集和存储的数据量及种类发生了变化，生成和需要处理数据的速度也在变化。这里，速度的概念不仅是与数据存储相关的增长速率，还应该动态地应用到数据流动的速度上。有效地处理大数据，需要在数据变化的过程中对其进行实时的处理和分析，并实时输出分析结果，而不只是在它静止后执行分析。

例如，遍布全国的各种便利店在 24 小时内产生的 POS 机数据，电商网站中由用户访问所产生的网站点击流数据，高峰时达到每秒近万条的微信短文，全国公路上安装的交通探测传感器和路面状况传感器（可检测结冰、积雪等路面状态）等，每天都在产生着庞大的数据。

在 3V 的基础上，IBM 又归纳总结了第四个 V——Veracity（真实和准确）。"只有真实而准确的数据才对数据的管控和治理真正有意义。随着新数据源的兴起，传统数据源的局限性被打破，企业愈发需要有效的信息治理以确保其真实性及安全性。"

互联网数据中心 IDC 认为："大数据是一个貌似不知道从哪里冒出来的大的动力。但是实际上，大数据并不是新生事物。然而，它确实正在进入主流并得到重大关注，这是有原因的。廉价的存储、传感器和数据采集技术的快速发展、通过云和虚拟化存储设施增加的信息链路，以及创新软件和分析工具，正在驱动着大数据。大数据不是一个'事物'，而是一个跨多个信息技术领域的动力/活动。大数据技术描述了新一代的技术和架构，它被设计用于：通过使用高速（Velocity）的采集、发现和/或分析，从超大容量（Volume）的多样（Variety）数据中经济地提取价值（Value）。"这个定义除了揭示大数据传统的 3V 基本特征，即大数据量、多样性和高速，还增添了一个新特征：价值。

总之，大数据是个动态的定义，不同行业根据其应用的不同有着不同的理解，其衡量标准也在随着技术的进步而改变。

1.1.3　广义的大数据

大数据的狭义定义着眼点在数据的性质上，接下来从广义层面上再为大数据下一个定义（见图 1-4）："所谓'大数据'是一个综合性概念，它包括因具备 3V 特征而难以进行管理的数据，对这些数据进行存储、处理、分析的技术，以及能够通过分析这些数据获得实用意义和观点的人才及组织。"

"存储、处理、分析的技术"指的是用于大规模数据分布式处理的存储和计算框架，如 Hadoop 和 Spark、具备良好扩展性的 NoSQL 数据库（如 HBase 和 MongoDB），以及机器学习和统计分析等；"能够通过分析这些数据获得实用意义和观点的人才及组织"，指的是目前十分紧缺的"数据科学家"这类人才以及能够对大数据进行有效运用的组织。

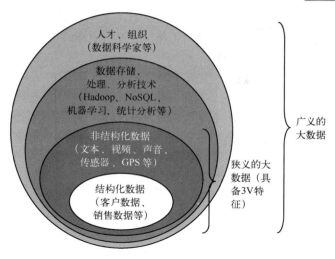

图 1-4　广义的大数据

1.2　大数据的结构类型

数据量大是大数据的一致特征。由于数据自身的复杂性，处理大数据的首选方法是在并行计算的环境中进行大规模并行处理（Massively Parallel Processing，MPP），这使得同时发生的并行摄取、并行数据装载和分析成为可能。实际上，大多数的大数据都是非结构化或半结构化的，需要不同的技术和工具来处理及分析。

大数据最突出的特征是它的结构。图 1-5 显示了几种不同数据结构类型的数据的增长趋势。未来数据增长的 80%~90% 将来自于不是结构化的数据类型（半、"准"和非结构化）。

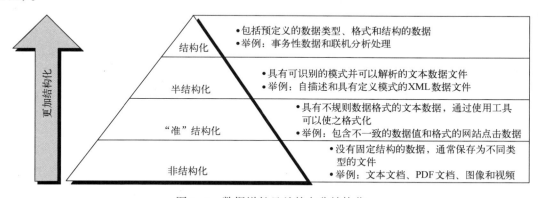

图 1-5　数据增长日益趋向非结构化

实际上，有时这 4 种不同的、相分离的数据类型是可以被混合在一起的。例如，一个传统的关系型数据库管理系统保存着一个软件支持呼叫中心的通话日志，这里有典型的结构化数据，比如日期/时间戳、机器类型、问题类型、操作系统，这些都是在线支持人员通过图形用户界面上的下拉式菜单输入的。另外，还有非结构化数据或半结构化数据，比如自由形式的通话日志信息，这些信息可能来自包含问题的电子邮件，或者技术问题和解决方案的实际通话描述。另外一种可能是与结构化数据有关的实际通话的语音日志或者音频文字实录。

即使是现在，大多数分析人员还无法分析这种通话日志历史数据库中最普通和高度结构化的数据，因为挖掘文本信息是一项强度很大的工作，并且无法简单地实现自动化。

人们通常最熟悉结构化数据的分析，然而，半结构化数据（XML）、"准"结构化数据（网站地址字符串）和非结构化数据（图像、视频）代表了不同的挑战，需要不同的技术来分析。除了三种基本的数据类型以外，还有一种重要的数据类型为元数据。元数据是一类描述数据集特征和结构的数据，这种数据主要由机器生成并且能够添加到数据集中，获取元数据对于大数据存储、处理和分析是至关重要的一步，因为它提供了数据系谱信息以及数据处理的起源。元数据的例子包括：

- XML 文件中提供作者和创建日期信息的标签。
- 数码照片中提供文件大小和分辨率的属性文件。

1.3　大数据对分析的影响

大数据技术已经改变了数据分析的现状，并且需要一个新的方法——就是我们所说的"现代分析"。"大数据分析"在很多情况下又称为"大数据预测分析"。数据分析是数据处理流程的核心，因为数据中所蕴藏的价值就产生于分析的过程，它和以往数据分析最重要的差别在于数据量的急剧增长，也正因如此，使得对于数据的存储、查询以及分析的要求迅速提高。

1.3.1　大数据的影响

大数据有多"大"？就分析而言，我们为大数据下一个不同的定义，如果数据满足以下任何一个条件，那么就视其为大数据。

（1）分析数据集非常大，以至于无法匹配到单台机器的内存中。

（2）分析数据集非常大，以至于无法移到一个传统的专用分析平台上。

（3）分析的源数据存储在一个大数据存储库中，例如 Hadoop、MPP 数据库、NoSQL 数据库或者 NewSQL 数据库。

大数据所具有的特性使其在"数据规模""数据类型多样性""响应速度"等方面影响着大数据的分析过程。当分析师在矩阵或者表格中处理结构化数据时，"数量"意味着更多的行、更多的列或者两者都有。分析师日常使用随机采样记录的数据集，包含数以百万计甚至数以亿计的行，然后使用样本来训练和验证预测模型。如果目标是为总体建立单个预测模型，建模行为的发生率相对较高而且在总体中发生较为均匀，采样的效果会非常好。但是，使用现代分析技术，采样变成了一个可选择的方法，不会因为计算资源有限而成为分析师必须使用的方法。

将更多的行加入分析数据集中，会对分析产生截然不同的影响。改善预测模型效果的最有效的方法是加入具有信息价值的新变量，但是你不会总是事先知道什么变量将给一个模型增加价值。这意味着，当增加一个量到一个分析数据集中，需要工具来使分析师能够很快浏览众多变量，进而找到那些能够给预测模型增加价值的变量。

有多个行和列也意味着有更多的方法来确定一个预测模型。例如，一个应答指标和五个预测因子的分析数据集——一个在任何标准下都算小的数据集。五个预测因子有 29 个特定组合作为主要影响，如果考虑到预测因子的相互作用和各种转换，将会有许多其他可能的模型形式。可能的模型形式的数量会随着变量的增加而爆炸性增长，那些能使分析师有效搜索到最佳模型的方法和技术就会非常有用。

"种类"意味着所处理的数据不是矩阵或表格形式的结构化数据。事实上，很多年来，分析师已经处理过许多不同格式的数据，而文本挖掘也是一个成熟的领域。大数据趋势下带来的最重要的变化是分析数据存储中非结构化格式的大规模应用，以及越来越多的人认识到非结构化数据——网络日志、医疗服务提供者记录、社会媒体评论等，这些数据为预测建模提供了显著的价值。这意味着分析师规划和建立公司分析架构工具时必须考虑非结构化数据。

"速度"在两个方面影响着预测分析：数据源和目标。分析师处理流数据，例如赛车的遥测或者医院 ICU 监控设备的实时反馈，必须使用特殊的技术来采样和观测数据流，这些技术将连续的数据流转换成一个独立的时间序列以便于分析。当分析师试图对流数据应用预测分析时，例如在一个实时评分中，大多数组织在对单个交易进行评分时将会使用一个能够提供实时响应的高性能决策引擎。

1.3.2　大数据分析的定义

大数据是一个含义广泛的术语，是需要专门设计的硬件和软件工具进行处理的大数据集。这些数据集收集自各种各样的来源：传感器，气象信息，公开信息如杂志、报纸、文章等。大数据产生的其他例子包括购买交易记录、网络日志、病历、监控、视频和图像档案以及大型电子商务。

传统批处理数据分析的典型场景是这样的：在整个数据集准备好后，在整体中进行统计抽样。然而，出于理解流数据的需求，大数据可以从批处理转换成实时处理。这些流数据、数据集不停地积累，并且以时间顺序排序。由于分析结果有存储期（保质期），流数据强调及时处理，无论是识别向当前客户继续销售的机会，还是在工业环境中发觉异常情况后需要进行干预以保护设备或保证产品质量，时间都是至关重要的。

在不同行业中，专门从事行业数据的搜集、对收集的数据进行整理、对整理的数据进行深度分析，并依据数据分析结果做出行业的研究、评估、洞察和预测的工作被称为数据分析。所谓大数据分析，是指**用适当的方法对收集来的大量数据进行分析，提取有用信息并形成结论，从而对数据加以详细研究和概括总结的过程**。顾名思义，大数据分析是指对规模巨大的数据进行分析。大数据分析是大数据到信息、再到知识的关键步骤。如果分析者熟悉行业知识、公司业务及流程，对自己的工作内容有一定的了解，这样得到的分析结果就会有很高的使用价值。

大数据分析结合了传统统计分析方法和数据分析方法，在研究大量数据的过程中寻找有价值的模式和信息，用量化的方式帮助决策者做出更明智的决策以更好地适应变化。

一方面，要列出搭建数据分析框架的要求，比如确定分析思路就需要用到营销、管理等理论知识；另一方面是针对数据分析结论提出有指导意义的分析建议。能够掌握数据分析基本原理与一些有效的数据分析方法，并能灵活运用到实践工作中，这对于开展数据分析工作起着至关重要的作用。数据分析方法是理论，而数据分析工具就是实现数据分析方法理论的工具，面对越来越庞大的数据，必须依靠强大的数据分析工具帮我们完成数据分析工作。

（1）数据分析可以让人们对数据产生更加优质的诠释，而具有预知意义的分析可以让分析者根据可视化分析和数据分析后的结果做出一些预测性的推断。

（2）大数据的分析与存储和数据的管理是一些数据分析层面的最佳实践。通过规范的流程和工具对数据进行分析，可以保证一个预先定义好的高质量的分析结果。

（3）不管使用者是数据分析领域中的专家还是普通的用户，作为数据分析工具的数据可视化可以直观地展示数据，让数据自己表达，让客户在交互中获得理想的结果。

（4）只有经过分析的数据才能对用户产生重要的价值，所以大数据的分析方式显得格外重要，是决定最终信息是否有价值的决定性因素。

1.4　定性分析与定量分析

定性分析与定量分析都是数据分析技术。其中，定性分析专注于用语言描述不同数据的质量。与定量分析相对比，定性分析涉及分析相对小而深入的样本。由于样本很小，这些分析结果不能适用于整个数据集，它们也不能测量数值或用于数值比较。例如，冰激凌销量分析可能揭示了五月份销量不像六月份一样高。分析结果仅仅说明了"不像六月份一样高"，而并未提供数值偏差。定性分析的结果是描述性的，即用语言对关系的描述。

定量分析则专注于量化从数据中发现的模式和关联。基于统计方法，这项技术涉及大量从数据集中得到的观测结果。定量分析结果是绝对数值型的，因此可以被用在数值比较上。例如，对于冰激凌销量的定量分析可能发现：温度上升5℃，冰激凌销量提升15%。

此外，关键绩效指标（KPI）也是一种用来衡量一次业务过程是否成功的度量标准。它与企业整体的战略目标和任务相联系。同时，它常常用来识别经营业绩中的一些问题，以及阐释一些执行标准。因此，KPI通常是测量企业整体绩效的特定方面的定量参考指标。KPI常常通过专门的仪表板显示，仪表板将多个关键绩效指标联合起来展示，并且将实测值与关键绩效指标阈值相比较（见图1-6）。

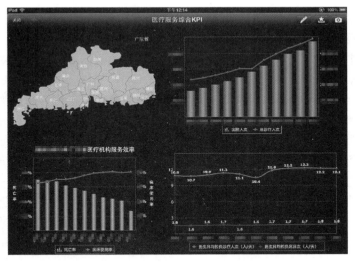

图 1-6　医院服务综合 KPI

1.5　四种数据分析方法

数据分析是一个通过处理数据，从中发现一些深层知识、模式、关系或是趋势的过程，它的总体目标是做出更好的决策。通过数据分析，可以对分析过的数据建立起关系与模式。

数据分析学是一个包含数据分析，且比数据分析更为宽泛的概念，这门学科涵盖了对整个数据生命周期的管理，而数据生命周期包含了数据采集、数据存储、数据传输、数据加工、数据利用、数据销毁等过程。此外，数据分析学还包括数据分析用到的相关理论、方法、模型、技术和工具。在大数据环境下，数据分析学发展了数据分析在高度可扩展的、分布式技术和框架中的应用，使之有能力处理大量的来自不同信息源的数据。

不同的行业会以不同的方式使用大数据分析工具和技术，例如：

- 在商业组织中，利用大数据的分析结果能降低运营开销，有助于优化决策。
- 在科研领域，大数据分析能够确认一个现象的起因，并且能基于此提出更为精确的预测。
- 在服务业领域，比如公众行业，大数据分析有助于人们以更低的开销提供更好的服务。

大数据分析使得决策有了科学基础，现在做决策可以基于实际的数据而不仅仅依赖于过去的经验或者直觉。根据分析结果的不同，大致可以将分析归为 4 类，即描述性分析、诊断性分析、预测性分析和规范性分析（见图 1-7）。不同的分析类型需要不同的技术和分析算法，这意味着在传递多种类型的分析结果的时候，可能会有大量不同的数据、存储、处理要求，生成的高质量分析结果将加大分析环境的复杂性和开销。每一种分析方法都对业务分析具有很大的帮助，同时也应用在数据分析的各个方面。

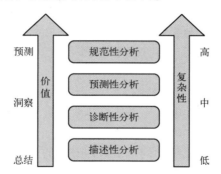

图 1-7　四种数据分析方法的价值和复杂性不断提升

1.5.1　描述性分析

描述性分析是最常见的分析方法，是探索历史数据并描述发生了什么，是对已经发生的事件进行问答和总结。这一层次包括对数据的总体统计规律（如总体分布的相关信息）进行数量或可视化展示，为数据分析师提供重要指标和业务的衡量方法。这种形式的分析需要将数据置于生成信息的上下文中考虑，例如每月的营收和损失账单，分析师可以通过这些账单，获取大量的客户数据。如图 1-8 所示，从图中可以明确地看到哪些商品的销售达到了销售量预期。利用可视化工具，能够有效地增强描述性分析所提供的信息。

相关问题可能包括：

- 过去 12 个月的销售量如何？
- 根据事件严重程度和地理位置分类，收到的求助电话的数量如何？
- 每一位销售经理的月销售额是多少？

据估计，生成的分析结果 80% 都是自然可描述的。描述性分析提供的价值较低，但也只需要相对基础的训练集。

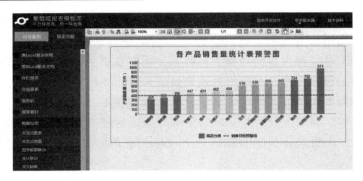

图 1-8　各产品销售量统计表预警图

进行描述性分析常常借助联机事务处理（OLTP）、客户关系管理（CRM）、企业资源规划系统（ERP）等信息系统，经过描述性分析工具的处理生成即席报表或者数据仪表板。报表常常是静态的，并且是以数据表格或图表形式呈现的历史数据。查询处理往往基于企业内部存储的可操作数据，例如 CRM 或者 ERP。

1.5.2　诊断性分析

诊断性分析旨在寻求一个已发生事件的发生原因。这类分析通过评估描述性数据，利用诊断分析工具让数据分析师深入分析数据，钻取数据核心，其目标是通过获取一些与事件相关的信息来回答有关问题，最后得出事件发生的原因。

相关的问题可能包括：

- 为什么 Q2 商品比 Q1 卖得多？
- 为什么来自东部地区的求助电话比来自西部地区的多？
- 为什么最近三个月内病人再入院的比率有所提升？

诊断性分析是基于分析处理系统中的多维数据进行的。与描述性分析相比，诊断性分析的查询处理更加复杂，它比描述性分析提供了更有价值的信息，但同时也要求更加高级的训练集。诊断性分析常常需要从不同信息源搜集数据，并以一种易于进行下钻和上卷分析的结构加以保存。诊断性分析的结果可以由交互式可视化界面显示，让用户能够清晰地了解模式与趋势。

良好设计的 BI 仪表板能够整合信息，按照时间序列进行数据读入、特征过滤和钻取数据等功能，以便更好地分析数据，例如从"销售控制台"图中可以分析出"区域销售构成""客户分布情况""产品类别构成"和"预算完成情况"等信息。

1.5.3　预测性分析

预测性分析用于预测未来的概率和趋势，例如基于逻辑回归的预测、基于分类器的预测等。预测性分析预测事件未来发生的可能性、预测一个可量化的值，或者是预估事情发生的时间点，这些都可以通过预测模型来完成。通过预测性分析，可以获得参与建模的条件变量和目标变量的映射规律，以及条件变量对于目标变量的影响力和重要程度。这种影响力和重要程度构成了基于过去事件对未来进行预测的模型的基础。通常，这些用于预测性分析的模型与过去已经发生的事件的潜在条件是隐式相关的，如果这些潜在的条件改变了，那么用于预测性分析的模型也需要进行更新。

预测模型通常会使用各种可变数据来实现预测，数据成员的多样化与预测结果密切相关。在充满不确定性的环境下，预测能够帮助做出更好的决定。预测模型也是很多领域正在使用的重要方法。图 1-9 中的"销售额和销售量"，可以分析出全年的销售量和销售额基本呈上升趋势，借此可推断下一年的基本销售趋势。

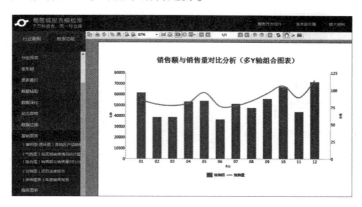

图 1-9　预测基本销售趋势

预测性分析提出的问题常常以假设的形式出现，例如：

- 离散型的，如银行客户风险等级预测。
- 连续型的，如国家外汇储备预测。

预测性分析尝试着基于模式、趋势以及来自于历史数据和当前数据的期望，通过预测事件的结果，从而能够分辨风险与机遇。预测性分析涉及包含外部数据和内部数据的大数据集以及多种分析方法。与描述性分析和诊断性分析相比，预测性分析显得更有价值，同时也要求更加高级的训练集。

1.5.4　规范性分析

规范性分析建立在预测性分析的结果之上，基于对"发生了什么""为什么会发生"和"可能发生什么"的分析，规范需要执行的行动，帮助用户决定应该采取什么措施。规范性分析根据期望的结果、特定场景、资源以及对过去和当前事件的了解，为未来的决策给出建议，例如基于模拟的复杂系统分析和基于给定约束的优化解生成。

规范性分析通常不会单独使用，而是在上述方法都完成之后，最后需要完成的分析方法。它注重的不仅是哪项操作最佳，还包括了其原因。换句话说，规范性分析提供了经得起质询的结果，因为它们嵌入了情境理解的元素。因此，这种分析常常用来建立优势或者降低风险。

例如，交通规划分析考量了每条路线的距离、每条线路的行驶速度、目前的交通管制等方面因素，来帮助选择最好的回家路线。

下面是两个规范性分析问题的样例：

- 这三种药品中，哪一种能提供最好的疗效？
- 何时才是抛售一只股票的最佳时机？

规范性分析比其他三种分析的价值都高，同时还要求最高级的训练集，甚至是专门的分析软件和工具。这种分析将计算大量可能出现的结果，并且推荐出最佳选项。解决方案从解释性到建议性均有，同时还包括各种不同情境的模拟。规范性分析能将内部数据与外部数据结合起来，内部数据可能包括当前和过去的销售数据、消费者信息、产品数据和商业规则，外部数据可能包括社会媒体数据、天气情况、政府公文等。如图 1-10 所示，规范性分析涉及利用商业规则和大量的内、外部数据来模拟事件结果，并且提供最佳的做法。

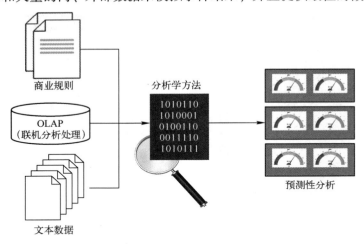

图 1-10　规范性分析通过引入商业规则、内部数据以及
外部数据来进行深入彻底的分析

1.6　大数据分析的行业作用

大数据分析基于新的存储和计算架构，是可在结构化和非结构化数据中使用以确定未来结果的算法和技术，具有预测、优化和模拟等许多用途。预测分析可帮助用户评审和权衡潜在决策的影响力，用来分析历史模式和概率，以预测未来业绩并采取措施。

1.6.1　大数据分析的决策支持价值

大数据分析的主要作用如下。

（1）决策管理。这是用来优化并自动化业务决策的一种卓有成效的成熟方法（见图 1-11），通过预测分析让组织能够在制定决策以前有所行动，以便预测哪些行动在将来最有可能获得成功，优化成果并解决特定的业务问题。

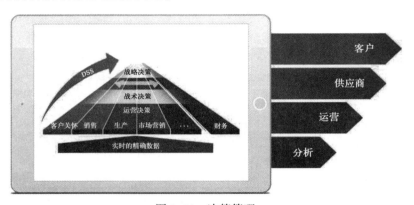

图 1-11　决策管理

决策管理包括管理自动化决策设计和部署的各个方面，供组织管理其与客户、员工和供应商的交互。从本质上讲，决策管理使优化的决策成为企业业务流程的一部分。由于闭环系统不断将有价值的反馈纳入到决策制定过程中，所以，对于希望对变化的环境做出即时反应并最大化每个决策的组织来说，它是非常理想的方法。

当今世界，竞争的最大挑战之一是组织如何在决策制定的过程中更好地利用数据。可用于企业以及由企业生成的数据量非常高且以惊人的速度增长，而与此同时，基于此数据制定决策的时间段却非常短，且有日益缩短的趋势。虽然业务经理可能可以利用大量报告和仪表板来监控业务环境，但是使用此信息来指导业务流程和客户互动的关键步骤却通常是手动的，因而不能及时响应变化的环境。希望获得竞争优势的组织必须寻找更好的方式。

决策管理使用决策流程框架和分析来优化并自动化决策，通常专注于大批量决策并使用基于规则和基于分析模型的应用程序实现决策。对于传统上使用历史数据和静态信息作为业务决策基础的组织来说这是一个突破性的进展。

（2）滚动预测。预测是定期更新对未来绩效的当前观点，以反映新的或变化中的信息的过程，是基于分析当前和历史数据来决定未来趋势的过程。为应对这一需求，许多公司正在逐步采用滚动预测方法。

7×24 小时的业务运营影响造就了一个持续而又瞬息万变的环境，风险、波动和不确定性持续不断。并且，任何经济动荡都具有近乎实时的深远影响。毫无疑问，对于这种变化感受最深的是财务总监（CFO）和财务部门。虽然业务战略、产品定位、运营时间和产品线改进的决策可能是在财务部门外部做出，但制定这些决策的基础是财务团队使用绩效报告和预测提供的关键数据及分析。具有前瞻性的财务团队意识到传统的战略预测不能完成这一任务，他们正在迅速采用更加动态的、滚动的和基于驱动因子的方法。

在这种环境中，预测变为一个极其重要的管理过程。为了抓住机遇，满足投资者的要求，以及在风险出现时对其进行识别，很关键的一点就是深入了解潜在的未来发展，管理不能再依赖于传统的管理工具。在应对过程中，越来越多的企业已经或者正准备从静态预测模型转型到一个利用滚动时间范围的预测模型。

采取滚动预测的公司往往有更高的预测精度、更快的循环时间、更好的业务参与度和更多明智的决策制定。滚动预测可以对业务绩效进行前瞻性预测，为未来计划周期提供一个基线，捕获变化带来的长期影响。与静态年度预测相比，滚动预测能够在觉察到业务决策制定的时间点得到定期更新，并减轻财务团队巨大的行政负担。

（3）预测分析与自适应管理。稳定、持续变化的工业时代已经远去，现在是一个不可预测、非持续变化的信息时代。未来还将变得更加无法预测，企业员工需要具备更高技能，创新的步伐将进一步加快，价格将会更低，顾客将具有更多发言权。

为了应对这些变化，CFO 需要一个能让各级经理快速做出明智决策的系统。他们需要将年度计划周期替换为更加常规的业务审核，通过滚动预测提供支持，让经理能够看到趋势和模式，在竞争对手之前取得突破，在产品与市场方面做出更明智的决策。具体来说，CFO 需要通过持续计划周期进行管理，让滚动预测成为主要的管理工具，每天和每周报告关键指标。同时需要注意使用滚动预测改进短期可见性，并将预测作为管理手段，而不是度量方法。

1.6.2 大数据分析的关键应用

在应用大数据的行业中，营销分析、客户和内部运营管理是应用最广泛的三个领域。中国信息通信研究院发布的《大数据白皮书》表明：61.7%的企业将大数据应用于营销分析，50.2%的企业将大数据应用于客户分析，近50%的企业将大数据应用于内部运营管理。作为大数据时代的核心内容，大数据的预测分析已在商业和社会中得到广泛应用。随着越来越多的数据被记录和整理，未来预测分析必定会成为所有领域的关键技术。

（1）预测分析帮助制造业高效维护运营并更好地控制成本。一直以来，制造业面临的挑战是在生产优质商品的同时在每一步流程中优化资源。多年来，制造商已经制定了一系列成熟的方法来控制质量、管理供应链和维护设备。如今，面对着持续的成本控制工作，管理人员、维护工程师和质量控制的监督执行人员都希望知道如何在维持质量标准的同时避免昂贵的非计划停机时间或设备故障，以及如何控制维护、修理和大修业务的人力及库存成本。

（2）预测分析帮助电信运营商更深入了解客户。受技术和法规要求的推动，以及基于互联网的通信服务提供商和模式的新型生态系统的出现，电信服务提供商要想获得新的价值来源，需要对业务模式做出根本性的转变，并且必须有能力将战略资产和客户关系与旨在抓住新市场机遇的创新相结合。预测和管理变革的能力将是未来电信服务提供商的关键能力。

（3）预测分析利用先进的分析技术营造安全的公共环境。为确保公共安全，执法人员一直主要依靠个人直觉和可用信息来完成任务。为了能够更加智慧地工作，许多警务组织正在充分合理地利用其获得和存储的结构化信息（如犯罪和罪犯数据）与非结构化信息（在沟通和监督过程中取得的影音资料）。通过汇总、分析这些庞大的数据，得出的信息不仅有助于了解过去发生的情况，还能够帮助预测将来可能发生的事件。

利用历史犯罪事件、档案资料、地图和类型学以及诱发因素（如天气）和触发事件（如假期或发薪日）等数据，警务人员将可以确定暴力犯罪频繁发生的区域；将地区性或全国性犯罪团伙活动与本地事件进行匹配；剖析犯罪行为以发现相似点，建立犯罪行为与有犯罪记录的罪犯的关联关系；找出最可能诱发暴力犯罪的条件，预测将来可能发生这些犯罪活动的时间和地点；确定重新犯罪的可能性。

1.6.3 大数据分析的能力分析

在大数据背景下，对数据的有效存储以及良好的分析利用变得越来越急迫，而数据分析能力的高低决定了大数据中价值发现过程的好坏与成败。

从实际操作角度看，"大数据分析"需要通过对原始数据进行分析来探究一种模式，寻找导致现实情况的根源因素，通过建立模型与预测进行优化，以实现社会运行中的持续改善与创新。

从行业实践的角度看，只有少数行业的部分企业能够对大数据进行基本分析和运用，并在业务决策中以数据分析结果为依据。这些行业主要集中在银行与保险、电信与电商等领域，但数据分析的深度尚可，广度不够，尚未扩充到运营管理的各个领域，而中小银行在数据分析方面的人员与能力建设尚处于起步阶段，多数行业在IT方向的开支还主要集中在公司日常的流程化管理领域。

从技术发展的角度看，一些已经较为成熟的数据分析处理技术，例如商业智能和数据挖掘，在一些行业里得到了广泛和深入的应用。最典型的就是电商行业，运用这些技术对行业数据进行分析，对提高行业的整体运行效率以及增加行业利润都起到了巨大的推动作用。但对于像 Hadoop、非结构化数据库、数据可视化工具以及个性化推荐引擎这样的新技术，其较高的技术门槛和高昂的运营维护成本使得只有少数企业能够将其运用到深入分析行业数据中。

从数据来源的角度看，在能够实现数据化运营的企业中，绝大多数仅仅完成了依靠企业自身所产生的数据解决自身所面临的问题，并且是依据问题来收集所需要的数据。而仅有极少数互联网企业能够发挥出大数据分析的真正价值：同时运用企业外部和内部的数据来解决企业自身的问题，通过数据分析预测可能出现的问题，并依据数据分析的结果进行商业决策。这在一定程度上实现了由数据化运营向运营数据的转变。

1.6.4　大数据分析面临的问题

大数据分析面临的问题如下。

（1）数据存储问题。随着技术不断发展，数据量从 TB 上升至 PB、EB 量级，如果还用传统的数据存储方式，必将给大数据分析造成诸多不便，这就需要借助数据的动态处理技术，即随着数据的规律性变更和显示需求，对数据进行非定期的处理。同时，数量极大的数据不能直接使用传统的结构化数据库进行存储，人们需要探索一种适合大数据的数据存储模式，如分布式存储方案（见图 1-12）。

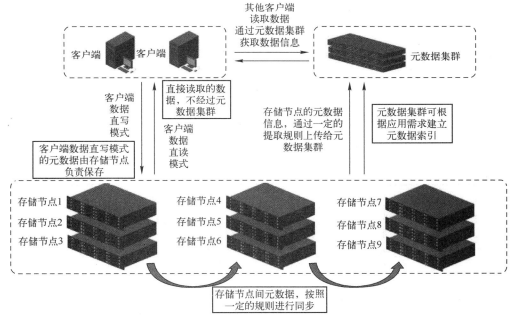

图 1-12　分布式存储方案

（2）分析资源调度问题。大数据产生的时间点、数据量都是很难计算的，这就是大数据的一大特点——不确定性。所以我们需要确立一种动态响应机制，对有限的计算、存储资源进行合理的配置及调度。另外，如何以最小的成本获得最理想的分析结果也是一个需要考虑的问题。

（3）专业的分析工具。在发展数据分析技术的同时，传统的软件工具不再适用，而距离开发出能够满足大数据分析需求的通用软件还有一定距离。如若不能对这些问题做出处理，在不久的将来大数据的发展就会进入瓶颈期，甚至有可能出现一段时间的滞留期，难以持续起到促进经济发展的作用。

（4）多源数据融合问题。这是指利用相关手段将调查、分析获取到的所有信息全部综合到一起，并对信息进行统一的评价，最后得到统一的信息的技术（见图1-13），其目的是将各种不同的数据信息进行综合，吸取不同数据源的特点，然后从中提取出统一的，比单一数据更好、更丰富的信息。

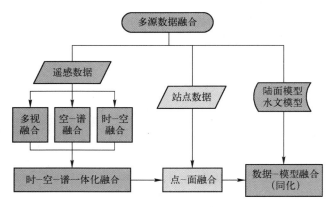

图 1-13　多源数据融合示例

例如在感知问题上，单一的传感器总是有一定的不足，就像人一样，需要用耳、鼻、眼、四肢等多"传感器"协作（融合）来探索和感知世界，即"多元融合"，而在道路两侧或者车载感知中，则需要多种传感器来共同感知路面环境。这个问题上，多源信息融合的目的，就是将各单一信号源的感知结果进行组合优化，从而输出更有效的道路安全信息。

【作业】

1. 随着计算机技术全面和深度地融入社会生活，信息爆炸不仅使世界充斥着比以往更多的信息，而且其增长速度也在加快。信息总量的变化导致了（　　）——量变引起了质变。

A. 数据库的出现　　　　　　　　B. 信息形态的变化

C. 网络技术的发展　　　　　　　D. 软件开发技术的进步

2. 所谓大数据，狭义上可以定义为（　　）。

A. 用现有的一般技术难以管理的大量数据的集合

B. 随着互联网的发展，在我们身边产生的大量数据

C. 随着硬件和软件技术的发展，数据的存储、处理成本大幅下降，从而促进数据大量产生

D. 随着云计算的兴起而产生的大量数据

3. 可以用3个特征相结合来定义大数据，即（　　）。

A. 数量、数值和速度　　　　　　B. 庞大数量、极快速度和多样丰富的数据

C. 数量、速度和价值　　　　　　D. 丰富的数据、极快的速度、极大的能量

4. （　　）、传感器和数据采集技术的快速发展、通过云和虚拟化存储设施增加的信息

链路，以及创新软件和分析工具，正在驱动着大数据。

 A. 昂贵且精准的存储   B. 昂贵的存储

 C. 小而精的存储   D. 廉价的存储

5. 在广义层面上为大数据下的定义是："所谓大数据，是一个综合性概念，它包括因具备 3 V 特征而难以进行管理的数据，（ ）。"

 A. 对这些数据进行存储、处理、分析的技术

 B. 能够通过分析这些数据获得实用意义和观点的人才及组织

 C. 对这些数据进行存储、处理、分析的技术，以及能够通过分析这些数据获得实用意义和观点的人才及组织

 D. 数据科学家、数据工程师和数据工作者

6. 人们从分析角度为大数据下了一个不同的定义：如果数据满足以下（ ）条件，那么就视其为大数据。

 ① 分析数据集非常大，以至于无法匹配到单台机器的内存中

 ② 分析数据集非常大，以至于无法移到一个专用分析的平台

 ③ 分析的数据保存在 MySQL 中，运行在 Linux 环境下

 ④ 分析的源数据存储在一个大数据存储库中，例如 Hadoop、MPP 数据库、NoSQL 数据库或者 NewSQL 数据库

 A. ①③④   B. ②③④   C. ①②④   D. ①②③

7. 在大数据背景下，数据分析能力的高低决定了大数据中（ ）过程的好坏与成败。

 A. 价值发现 B. 数学计算 C. 图形处理 D. 数据积累

8. 预测分析模型不仅要靠基本人口数据，例如住址、性别等，而且也要涵盖近期性、频率、购买行为、经济行为以及电话和上网等产品使用习惯之类的（ ）变量。

 A. 行为预测 B. 生活预测 C. 经济预测 D. 动作预测

9. 大数据分析和以往传统数据分析最重要的差别在于（ ）。

 A. 处理速度的实时要求   B. 结构化数据的增加

 C. 数据量的急剧增长   D. 非结构化数据的大量减少

10. 大部分数据的堆积都不是为了（ ），但分析系统能从这些庞大的数据中学到预测未来的能力。

 A. 预测   B. 计算   C. 处理   D. 存储

11. 如果将数据整合在一起，尽管你不知道自己将从这些数据里发现什么，但至少能通过观测解读数据语言来发现某些（ ）内在联系，这就是数据效应。

 A. 外在联系 B. 内在联系 C. 逻辑联系 D. 物理联系

12. 数据分析是一个通过处理数据，从数据中发现一些深层知识、模式、关系或是趋势的过程。数据分析的总体目标是（ ）。

 A. 做出唯一决策   B. 做出最好决策

 C. 做出更好决策   D. 产生完整的数据集

13. 数据分析学涵盖了对整个数据生命周期的管理，而数据生命周期包含了数据收集、（ ）、数据组织、数据分析、数据存储以及数据管理等过程。

 A. 数据完善 B. 数据清理 C. 数据编辑 D. 数据增减

14. 大数据分析结合了（ ）。

A. 传统统计分析方法和现代统计分析方法

B. 传统统计分析方法和计算分析方法

C. 现代统计方法和计算分析方法

D. 传统计算分析方法和现代计算分析方法

15. 大数据分析使得决策有了科学基础。根据分析结果的不同，我们大致可以将分析归为 4 类，即描述性分析、（　　）、预测性分析和规范性分析。

A. 原则性分析　　　　B. 容错性分析　　　　C. 提炼性分析　　　　D. 诊断性分析

16. 定量分析专注于量化从数据中发现的模式和关联，这项技术涉及分析大量从数据集中所得的观测结果，其结果是（　　）的。

A. 相对字符型　　　　B. 相对数值型　　　　C. 绝对字符型　　　　D. 绝对数值型

17. 定性分析专注于用（　　）描述不同数据的质量。与定量分析相对比，定性分析涉及分析相对小而深入的样本，其分析结果不能被适用于整个数据集中，也不能测量数值或用于数值比较。

A. 数字　　　　　　　B. 符号　　　　　　　C. 语言　　　　　　　D. 字符

18. 预测分析和假设情况分析可帮助用户评审和权衡（　　）的影响力，用来分析历史模式和概率，以预测未来业绩并采取预防措施。

A. 资源运用　　　　　B. 潜在风险　　　　　C. 经济价值　　　　　D. 潜在决策

19. 大数据时代下，作为其核心，预测分析已在商业和社会中得到广泛应用。预测分析是一种（　　）解决方案，可在结构化和非结构化数据中使用以确定未来结果的算法和技术，具有预测、优化、预报和模拟等许多用途。

A. 存储和计算　　　　　　　　　　B. 统计或数据挖掘

C. 数值计算和分析　　　　　　　　D. 数值分析和计算处理

20. 下列（　　）不是预测分析的主要作用。

A. 决策管理　　　　　B. 滚动预测　　　　　C. 成本计算　　　　　D. 自适应管理

第 2 章
社会研究与方法

【导读案例】 第四范式：大数据对于科研的意义

吉姆·格雷是一个传奇人物。他是 1998 年图灵奖得主，著名的计算机科学家。2007 年 1 月 28 日，他在自己酷爱的航海运动中驾驶帆船失踪于茫茫大海之上。而就在短短的 17 天之前，他在加州山景城召开的国家研究委员会–计算机科学和电信委员会会议上，发表了他的著名演讲：科学方法的一次革命。演讲中，吉姆·格雷将科学研究的范式分为四类，除了之前的实验范式、理论范式、仿真范式之外，信息技术已经促使新的范式出现——数据密集型科学发现。

这个第四范式，所谓的"数据密集型"，也就是现在人们所称的"大数据"。

一、何谓"第四范式"

"范式"一词，一般指已经形成模式的、可直接套用的某种特定方案或路线。在计算机科学界，编程有编程范式，数据库有数据库架构的范式，不一而足。总之，可以将其认为是某种必须遵循或大家都在使用的规范。

在科学发现领域，第一范式是指以实验为基础的科学研究模式。简单说来，就是以伽利略为代表的文艺复兴时期的科学发展初级阶段。在这一阶段，伽利略爬上比萨斜塔扔两个铁球，掐着脉搏为摆动计时等人们耳熟能详的故事，为现代科学开辟了崭新的领域，开启了现代科学之门。

当实验条件不具备的时候，为了研究更为精确的自然现象，第二范式，即理论研究为基础的科学研究模式随之而来。在这个阶段，科学家们用模型简化无法用实验模拟的科学原理，去掉一些复杂的因素，只留下关键因素，然后通过演算得到结论。比如人们熟知的牛顿第一定律：任何物体都要保持匀速直线运动或静止状态，直到外力迫使它改变运动状态为止（见图 2-1）。这个结论就是在假设没有摩擦力的情况下得出的。令人欣喜的是，当时的理论科学与实验科学结合得如此完美，任何一个理论都很容易被实验所证实。因此第二范式很快成为重要的科研范式。

随着验证理论的难度和经济投入越来越高，正在科学研究逐渐力不从心之际，另一位科学家站了出来。冯·诺依曼在 20 世纪中期提出了现代电子计算机的架构，并一直持续到今天。于是，随着电子计算机的高速发展，第三范式，即利用电子计算机对科学实验进行模拟仿真的模式得到迅速普及。不论在基础科学研究还是工程实验中，计算机仿真越来越多地取代实验，成为科研的常用方法。

时间进入互联网时代，吉姆·格雷认为，鉴于数据的爆炸性增长，数据密集范式理应并且已经从第三范式，即计算范式中分离出来成为一个独特的科学研究范式，即"第四范式"。

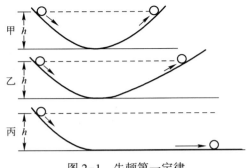

图 2-1 牛顿第一定律

二、"第四范式"的特点

同样是计算，第四范式与第三范式有什么区别呢？

最显著的区别就是，计算范式是先提出可能的理论，再搜集数据，然后通过计算仿真进行理论验证；而数据密集型范式是先有大量已知数据，然后通过计算得出之前未知的可信理论。

简单举个例子。以前人们对一个问题（比如雾霾）是这样研究的：首先，发现问题，比如出现雾霾了，想知道雾霾是什么，怎么预防。其次，发现这个事不那么简单，雾霾的形成机理除了源头、成分等因素之外，还包括气象因素，如地形、风向、湿度等，参数之多超出了人们的控制范围。那么怎么办呢？去除一些看起来不怎么重要的参数，保留一些简单的参数，提出一个理论。然后搜集数据，用计算机进行模拟，并不断对理论进行修正。最后得出可信度比较高的结果，以此来形成对雾霾天气的预测。

这条途径大家都熟悉，这就是第三范式。

但是，这条途径中有一个看起来很小的问题：如何确定哪些参数是重要的，哪些是不重要的？那些看起来不重要的参数，会不会在某些特定条件下，起到至关重要的作用？

从这一点来看，能够获取最全面的数据，也许才能真正探寻到雾霾的成因，以做出更科学的预测。那么第四范式就是这样的研究方法。

首先，布置海量的监测点，收集海量的数据。传统意义上我们在北京市布置几十个上百个监测点，假设每款手机都自带PM2.5测量功能，这样全北京市就有2000万个监测点，而且这些监测点还有空间的移动信息。这样相对于固定监测点所产生的数据，就是海量数据。

其次，利用这些数据，分析得出雾霾的形成原因和预测。

最后，验证预测，从中总结出理论。

事实上，在当今，许多研究人员所面临的最大问题，已经不是缺少数据，而是面对太多的数据，不知道怎么来使用它们。因为这种体量的数据，基本上可以认为，已经超出了普通人的理解和认知能力。

幸运的是我们有了超级计算机，有了计算集群，有了超大的分布式数据库，还有了基于互联网的云计算。这就使得运用第四范式的科学研究成为可能。

三、"第四范式"的挑战

第四范式科研已经在气象和环境、生物和医学方面取得了很大进展，但很明显，随着移动互联网的发展，各行各业产生的数据呈现爆炸式的增长，科研人员所面对的各个领域的数据只会越来越多。那么问题来了，实现第四范式的科研，从中发现更多更新的成果，所面临的挑战有哪些呢？

第一，不同结构数据的整合。

一个研究雾霾的人员需要气象数据，还需要工厂排放的数据、汽车尾气的数据，这些不同来源的数据势必有不同的形态。简单点说，一个 Excel 表格跟一个 Word 文档，怎么把它们结合起来使用（当然实际情况比这个复杂得多），这是一开始使用第四范式时就会面对的最大问题。

第二，海量数据的处理。

使用 Excel 表格可以处理多少条数据？很多人可能不知道，一个工作表是 65535 行（2 的 16 次方 = 65536）和 255 列（2 的 8 次方 = 256）。使用 Access 数据表呢？实际使用中基本上超过十万条速度就会很慢了。在 SQL Server 或者 Oracle 这类商用数据库中，百万到千万级数据记录问题不大，过亿甚至到千亿的量级，凭借分布式处理也还可以支撑。但更多呢？千万亿量级呢？

不要以为千万亿量级是一个很遥远的概念。简单起见，不按 1024 按 1000 算，1 MB 就是 1 百万 Byte，1 GB 就是十亿，1 TB 就是万亿，1 PB 就是千万亿······PB 后面是 EB、ZB、YB。

为了解决这么多数据的问题，常见的数据库肯定无能为力。好在做搜索引擎的那些人早就要面对这个问题，然后他们也比较好地解决了这个问题。谷歌的 MapReduce 架构，阿帕奇在此基础上研发的 Hadoop，几年的工夫就席卷了计算机界，成为目前分析大数据的领先平台。所以现在这个问题暂时得到了解决，当然了，永远只能是"暂时"解决。

第三，算法的发展。

其实针对大数据的算法基本上还是最开始的那些算法。最基本的，如贝叶斯、决策树、k-关联算法、聚类分析等。值得一提的是人工智能，从 20 世纪 70 年代发展以后，人工智能借着大数据的东风发展了起来。因为人工智能主要依靠大量数据的训练，所以数据越多，对人工智能的训练就越靠谱。因此，类似于人工智能、遗传算法之类的分层次不太可控的算法，应该是发展方向。

第四，研究结论的展现。

这是值得一提的方面。对于大数据分析，普通人未必能直观地了解展现出的结论。过亿数量级的数据，已经超出了人类统计学的理解能力。如何将其展现给人类（甲方/用户/普通群众），则是一个很现实的问题。大数据分析结果的可视化，近年来是一个热点。另一方面，移动互联时代，读图比读文字要直观得多。因此，如何将研究结果展现出来，让人能够更好地接受，这也是一个很重要的问题。

资料来源：本文摘自新浪博客：挠头蛇，2017-10-31。知乎，https：//zhuanlan.zhihu.com/p/30608976，有删改。

阅读上文，请思考、分析并简单记录：

（1）请简单介绍科学研究的第一范式、第二范式和第三范式。

答：_____

_____

_____

（2）请简述，同样是计算，第四范式与第三范式有什么区别？

答：_____

_____

_____

（3）请简述，第四范式面临的挑战主要有哪些？

答：_____

_____

_____

2.1 社会研究的概念

社会研究的目的在于认识客观社会、解决社会中的各种问题、探讨社会发展的客观规律、推动社会的发展。社会研究的定义是，一种以经验的方式，对社会人们的态度行为关系以及由此形成的各种社会关系、社会产物所进行的科学探究活动。

社会研究分为基础研究和应用研究两种。基础研究是寻求理论知识的纯粹科学研究。它探讨的问题是：是什么？怎么样？为什么？应用研究则是"求用"的研究，寻找实现其理论的路径和方法，属于应用科学，探究的问题是：做什么？怎样做？如何解决现实中的问题。基础研究和应用研究相辅相成。

2.1.1 社会研究的特征

社会研究的三个基本特征是，研究主题是社会的而非自然的，研究方式是经验的而非思辨的，所面对的问题是科学的而非价值判断的。

同为科学，社会研究和自然研究有着共同特点：实证和逻辑。实证意味着要用事实说话，真理最终要靠时间来检验；逻辑意味着要自圆其说，不可自相矛盾。社会研究和自然研究有着共同的科学规范。首先，两者共同要恪守的第一类基本规范有两条：普遍主义和诚实。普遍主义是研究共同体的评价原则，即评价的唯一根据是研究者的结果，其他各种社会属性不应对此产生影响；诚实则是对每个研究者基本的道德要求，即从事研究者必须具有严谨求实的科学态度。第二类基本规范则是用倡导或偏好的方式表达的，可以把它们归结为公有性、无私性和有条理的怀疑主义。

社会研究的主要困难包括：人具有特殊性；研究有干扰性；社会现象有复杂性；研究受特定的制约；保持客观性的困难。

2.1.2 社会研究的理论问题

概念是构建理论的"基石"和"基本材料"，是对现象的一种抽象，是客观事物属性的主观反映。概念分为能直接观察的，如房屋、黄金，还有不能直接观察的，如阶级、阶层。概念的抽象层次有高有低，抽象层次越高，特征越模糊，覆盖面越大。

社会研究理论的构成包括下面一些概念。

（1）变量：是概念的一种，由若干子概念构成，拥有一个以上的取值。概念的常量是指其只包含自身。概念是理论的基础，变量是构成理论的元素。

可以将变量分为自变量：（x），引起其他变量发生变化；应变量：（y），由于其他变量变化而导致自身发生变化；中介变量：表明自变量影响应变量的方式。

理论由变量语言构成，目的在于描述不同变量之间的内在逻辑关系。变量是构成理论的元素。变量也可以分为类别变量、顺序变量、间距变量和比率变量，对应着测量层次的定类、定序、定距和定比。

（2）命题：直接由概念构成。理论由一组命题构成。

（3）假设：是社会研究中最为常用的命题形式，是有关变量间关系的尝试性陈述，或者一种可以用经验事实检验的命题。假设来源于常识、现有理论或个人推测等。

（4）指标：是指可以被观察到的一个概念或一个变量。

可见，理论由概念、变量、命题、假设、指标构成。其中，变量是一种特殊的概念，假设是一种特殊的命题。

社会研究的理论问题一般包括以下方面。

（1）理论的含义与特征：理论是一种以系统化的方式将经验世界中的某些方面概念化并组织起来的一组内在相关的命题。

理论的本质是命题，来源于经验世界，特点是抽象的、系统的，目的在于解释经验现实。

（2）理论的层次，包括：

宏观理论，针对全部社会现象和社会行为。又称之为一般理论或巨型理论。

中观理论，针对某一方面社会现象和社会行为。

微观理论，一组陈述若干概念之间关系，并在逻辑上相互联系的命题。微观理论由一组命题组成，在逻辑上相互联系，这些命题的一部分可以由经验解释之。

值得注意的是，研究者一般研究中观理论或微观理论。

（3）判断理论优劣的标准：解释的范围越广，解释越精确，结构越精炼。

（4）理论对经验的作用：理论作为研究的基础和背景，指导研究的方向，提供研究的解释，为研究提供特定视野框架。

（5）经验对理论的作用：包括开创理论、重建理论、扭转理论、澄清理论。

（6）理论的建构与检验（华莱士科学环的逻辑）。

社会学家华莱士提出了社会研究的逻辑模型（1971 年），即"科学环"。在这一模型中，华莱士用方框表示五个知识部分：理论，假设，经验观察，经验概括，被检验过的假设；用椭圆表示研究各阶段中使用的六套方法：逻辑演绎方法，操作方法，量度、测定与分析方法，检验假设的方法，逻辑推论的方法，建立概念、命题和理论的方法。各个知识部分通过各种方法转换为其他形式，如图 2-2 所示，图中的箭头表示知识形式转换的阶段。中心线的右边是理论演绎的过程，即把理论应用到现实中，在这一过程中使用演绎法。中心线的左边是理论建构的过程，它首先是运用归纳法由经验观察概括出研究结论，然后再上升到抽象的概念和理论。在横剖线的上方属于理论研究，处于抽象层次，下方属于经验研究。这一模型是对社会研究中各种逻辑过程的概括，表明了社会研究是从理论——假设——经验观察——经验概括或检验——新的理论，这样一个周而复始、无限循环的过程。它的优点在于没有始点也没有终点，研究工作可以从任何一点开始。

华莱士的逻辑模型可作为社会研究的"指南"，从中了解各种研究在整个科学过程中的位置和作用。

（1）研究者从观察出发，通过归纳推理，得出解释这些观察的理论。

（2）用理论解释现实，做出演绎推理，通过对实际事物的观察来检验理论的正确与否。

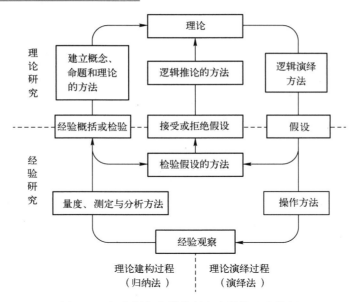

图 2-2　各种研究在科学研究中的位置和作用

（3）在此基础上，对理论不断修正完善。这是一个周而复始、螺旋式上升的过程，以至于无穷。

2.1.3　社会研究的基本方法

社会研究的方法体系由方法论、研究方式和具体方法技术构成。其中，方法论包括实证主义和人文主义。

（1）实证主义。一直占据着社会研究方法的主流地位，强调社会研究向自然研究看齐，注重观察和经验概括，主要表现为定量研究。

（2）人文主义。考虑人的特殊性，强调研究的主观性，以定性研究为主。

社会研究的具体研究方式可以分为定量研究和定性研究，其基本类型即调查研究、实验研究、利用文献的定量研究（又称文献分析）、实地调查。其中，前三种属于定量研究，后一种是定性研究（见表2-1）。

表 2-1　社会研究的方式

研究方式	方法论	子类型	资料收集方式	资料分析方法	研究性质
调查研究	实证主义	普遍调查 抽样调查	统计报表 自填式问卷 结构式访问	统计分析	定量
实验研究	实证主义	实地试验 实验室试验	自填式问卷 结构式访问 结构式观察 量表测量	统计分析	定量
文献分析	实证主义	统计资料分析 二次分析 内容分析	官方统计资料 他人原始数据 文字声像文献	统计分析	定量
实地调查	人文主义	参与观察 个案研究	无结构观察 无结构访问	定性分析	定性

比较定量研究和定性研究，可以得到以下结论。

（1）定量研究以实证主义为基础，定性研究以人文主义为基础。

（2）定量研究强调演绎推理，定性研究强调归纳推理。

（3）定量研究强调理论检测，定性研究强调理论建构。

（4）定量研究采用数字测量计算手段，定性研究强调主观判断和文字描述理解。

调查研究是基于文献的定量研究，实验研究和实地调查则是定性研究的主要方法。

2.2　社会研究的主要过程

社会研究的开展过程主要有以下各个阶段，分别叙述如下。

2.2.1　选题与文献回顾

这个阶段主要包括以下内容。

（1）研究问题：一项社会研究所要具体回答的问题，指导研究方向，制约研究过程，决定研究结果。研究问题是理论与现实之间的推进点。因为理论与现实间存在着张力：理论无法解释现实，理论解释不清现实，理论解释不全现实；对应着创新性理论（前人从未涉及），责问型理论（理论与现实存在着矛盾），接力型问题。

（2）研究主题：社会现象所涉及的某一社会现象或领域，具有一般性。

（3）选题的标准，主要有：

- 重要性（值不值得去做），是否有理论价值或实践价值。
- 创造性（研究是否具有某种新的东西），是否提出了新的观点理论、采用新的方法技术，研究的领域是否处于前沿。
- 可行性，研究者是否具备完成研究的主客观条件。
- 合适性，研究适不适合研究者个人完成：是否迎合研究者个人的兴趣专业，研究对象间的相似程度如何，研究者所拥有的各种资源条件如何。

（4）研究问题的明确化：缩小问题的内容范围，清楚明确地陈述研究的问题（最好采用变量语言）。

（5）文献回顾：是指对到目前为止，与某一领域相关的各种文献进行系统查阅分析，以了解该领域的研究状况的过程。这项工作有助于研究者熟悉和了解本领域中已有的研究成果，为研究者提供一些可以参考的研究思路和研究方法，为解释研究结果提供背景资料。

文献回顾的方法主要是查找相关文献（例如利用 SSI 或中国知网 SSCI），选择阅读的文献（根据学术期刊的地位、文献的相似性、发表的时间、研究者在该领域的影响而非权威，其中权威期刊大于核心期刊，核心期刊又大于普通期刊），实际阅读和分析文献（注意文献的理论框架和研究背景，注意研究的具体方法和技术，注意研究结论）。

2.2.2　研究设计

研究设计是对整个研究工作进行规划，制定出探索特定社会现象的具体策略，制定出研究的最佳途径，选择恰当的研究方法。

1. 从研究目的角度看

（1）探索性研究：适用于研究者研究某个较新的陌生问题。

研究者采用观察或结构式访谈的方式收集资料，研究对象的规模较小。其目的在于满足研究者的好奇心，探讨后续研究的可行性。有利于获取新观点，但很少可以圆满回答问题。

（2）描述性研究（是什么）：对社会的状况、特征及过程进行客观准确的描述。多采用问卷调查和统计分析的方法，样本规模大。

要求对定量的准确描述和说明。研究结果具有概括性，反映一般状况和趋势而非个别。

（3）解释性研究（为什么）：揭示社会现象背后的原因，解释社会变化发展的规律（解释原因，说明关系）。

采用双变量和多变量统计分析，样本规模居中。多采用实验研究的方法。

2. 从研究性质角度看

理论研究侧重于发展有关社会的基本知识，关注如何发展某种一般性的社会认识，可以产生许多被广泛利用的思想理论或方法。

应用研究侧重于认识社会问题，并有针对性地提供政策建议，课题通常来自于各级政府。

此外，从研究方式角度看，有调查研究（抽样问卷统计分析）、实验研究、利用文献的定量研究、实地调查。

3. 一组相关概念

（1）分析单位：社会研究中被研究的对象，主要包括个人、群体、组织、社区、社会、产品。

（2）调查对象：收集资料时直接询问的对象。如以家庭为分析单位时，户主就是调查对象。

（3）"区群谬误"和"简化论"是与分析单位有关的两种典型错误。

（4）时间维度是除分析单位外，要考虑的关于社会研究的另一个重要方面。可以将时间维度分为横向研究和纵向研究。纵向研究可以分为趋势研究、同期群研究和同组研究。

（5）横向研究：指在一个时间点（如一个星期、一个月、三个月等）上收集研究资料。

（6）趋势研究：对同一总体进行若干次横向研究，观察其趋势和变化规律。如人口普查。

（7）同期群研究：对某一特殊人群随着时间推移而发生变化的研究。但每次研究的样本个体可以不同。

（8）同组研究：与同期群研究类似，但所用的是一个样本，可能会发生样本缺损的现象。

4. 研究计划书

编制研究计划书，主要包括以下内容。

（1）说明研究的目的和意义。

（2）说明研究的内容，说明研究的理论假设，说明研究的分析单位和抽样方案，说明研究资料的收集与分析方法。

（3）说明研究人员的组成、组织结构与培训方案。

（4）确定研究的时间安排和经费使用计划。

2.2.3 测量与操作化

测量是根据某种法则，将某种物体所拥有的属性或特征用数字或符号表示出来的过程。

社会测量的对象是人及其社会行为。测量由测量客体（测量对象，"测量谁"），测量内容（测量客体的某种特征或属性，"测量什么"），测量法则（用数字或符号表示事物属性或特征的操作规则，"怎么测"），数字和符号（"如何表达"，表示测量的结果）四大要素组成。

测量层次主要有以下几个部分。

（1）定类测量：对事物分门别类。所分门类有互斥性和穷尽性。用 "="、"#" 表示。

（2）定序测量：将研究对象高低编排确定其等级，模糊类别间的距离。用 ">"、"<" 表示。

（3）定距测量：将类别分为不同的等级，确定等级之间的间距，可以使用加减运算，但没有一个绝对零点，不能进行乘除运算。

（4）定比测量：在定距的基础上，具有一个绝对零点，可以进行加减乘除运算。

四种测量从低到高，对应着类别顺序间距比率变量；高层次测量有低层次测量的所有功能。

操作化是指将抽象的概念转化为可观察的具体指标的过程。

（1）操作化要求澄清与界定概念：列出其他研究者对此概念所下的定义，对各种定义分类找出共同元素，直接采取一个定义；或在前人的基础上创造。定义一定要符合自己的研究目的。

（2）测量要求发展测量指标：列出概念的纬度；建立测量指标（利用前人指标或发展自己的指标）；指标选择具有多样性。

（3）建立量表：这是一种具有结构强度的复合测量。全部陈述或项目按一定的结构强度顺序安排。不同项目不具有同等地位和同等权重。量表将多项指标浓缩为具体可见，可以有效区分的分数，可以分为总加量表、里克特量表、语义差异量表。注意区分不同种类的量表。

（4）测量的信度：可靠性，反映测量结果的一致性和稳定性，会受测量工具本身、观察者、观察对象的影响。常用的测量信度如下。

- 再测信度：同一对象、同一种测量方法，不同时间点先后测两次，根据两次结果计算出相关系数。使用最普遍，但易受时间因素的影响。

- 复本信度：一种测定信度的指标。在问卷调查中，设计两套在难度、长度、排布、内容上尽可能相似的问卷，这两套等价的问卷称为复本，用两套问卷调查同一个对象，比较相应问题的答案，求出相关系数，即复本信度。复本信度不受时间等因素的干扰。

- 折半信度：是一种接近复本信度并运用更为广泛的信度评估方法。该方法通常将测验划分为两个对等的版本。如果通过随机的方式将测验一分为二，就会得到虚拟的复本测验，尽管该版本不具备在测验细目表中所要求的平行项目，但是两个版本中的项目是随机分配获得的，由此避免了系统误差的出现。

（5）测量的效度：测量的有效度或准确度，能够准确真实反映事物属性的程度，可以分为表面效度、准则效度和结构效度。

（6）信度与效度的关系：信度是绝对的，可以用相关系数表示；效度也是绝对的，但无法真正测量和比较；操作化要努力追求信度与效度的平衡。

2.2.4 抽样概念与方法

抽样的作用是用有限的人力、物力、财力和时间去了解复杂变化的社会现象。社会研究中关于抽样方法有以下主要概念。

（1）总体：所有元素的集合。

（2）元素：构成总体的最基本的单位。

（3）样本：从总体中抽出一部分元素的集合。

（4）抽样：从总体中抽出一部分元素的过程。

（5）抽样单位：一次直接抽样所使用的基本单位。

（6）抽样框：所有抽样单位的名单。

（7）参数值（总体值）：关于总体某一变量的综合描述，要求对总体中每一个元素进行测量方可得到。

（8）统计值（样本值）：样本中某一变量的综合描述，从样本中计算出来。常利用统计值去估计参数值。参数值存在且具有唯一性，但可能很难通过测量得到。统计值可能有很多个。

抽样的类型主要有简单随机抽样、系统抽样、概率抽样（分层抽样）、整群抽样、多段抽样、户内抽样与PPS抽样、偶遇抽样、非概率抽样（判断抽样）、定额抽样等。

抽样的一般程序：界定总体，确定应调查的对象；制定抽样框，确定抽样单位的名单；决定抽样方案，确定抽样方法及样本规模；实际抽取样本；评估样本质量，减少因样本偏差过大而导致的事务。

抽样设计的原则主要如下。

（1）目的性：抽样结果最符合研究的目的。

（2）可测性，可行性：充分考虑实际操作中的困难。

（3）经济性：尽可能降低成本。

2.3 调查研究

调查研究是社会研究中最常见的研究方式，主要是抽样问卷统计分析。调查与研究既有明显区别又有紧密联系，调查是研究的前提和基础，研究是调查的发展和深化。调查是指通过各种途径，运用各种方式方法，有计划、有目的地了解事物真实情况；研究则是指对调查材料进行去粗取精、去伪存真、由此及彼、由表及里的思维加工，以获得对客观事物本质和规律的认识。

调查问卷的应用领域主要有社会生活状况、社会问题、市场调查、民意调查、学术性调查等。调查研究的题材广泛，主要集中在社会群体社会现象行为等。

2.3.1 调查研究概述

调查研究是社会学者在实际研究中采用得最多的一种研究方式，是指采用自填式问卷或结构式访问的方法，系统地、直接地从一个取自总体的样本那里收集量化资料，并通过对这些资料的统计分析来认识社会现象及其规律的社会研究方式。概括地说，研究内容的广泛性、资料获取的及时性、描述的全面性和概括性、实际运用的普遍性等，是调查研究方式的主要特征。询问是调查研究方式中主要的资料收集方法；而抽样、问卷、统计分析则是构成调查研究方式的三个基本元素和关键环节。

与实验研究、实地调查等方式相比，调查研究主要有以下几个优点。

（1）调查研究可以兼顾到描述和解释两种目的。它既可用来描述某一总体的概况、特征，以及进行总体各个部分之间的比较，同时，也可用来解释不同变量相互之间的关系。

（2）调查研究方式严格、规范的操作程序，使得其研究结果具有较高的信度，即描述和概括事物的精确性较高。

（3）调查研究还可以迅速、高效地提供有关某一总体的丰富资料和详细信息，在了解和掌握不断变动的社会现象方面具有很大的优越性。

（4）调查研究所具有的定量特征和通过样本反映总体的特征，使得其应用范围十分广泛。

调查研究方法也有一些缺点。在探讨和分析变量之间的因果关系方面，它不及实验研究方式；在对事物理解和解释的深入性方面，以及在研究的效度方面，它又不及实地调查；在研究的反应性方面，它不及文献分析方式。同时，它所采用的自填式问卷或结构式访问形式，无形中限制了被调查者对问题的问答，使所得的资料比较表面化、简单化，很难深入被调查者的思想深处，很难感受到回答者思想和行为的整体生活背景。在这个方面，调查研究远不如实地调查。

2.3.2　调查研究的特点

调查可分为典型调查、抽样调查和普查。调查的主要特点是其具有针对性和指导性。

（1）针对性。这是调查报告的灵魂。调查报告的写作通常都有明确的针对性和目的性，或者是总结推广某一个典型经验，以带动整个"面"上的工作；或者是对某方面的工作或问题进行分析研究，为制定方针政策提供依据；或者是收集情况，加以必要的分析综合，以供有关部门决策时参考；或者是对有关现象进行理论探讨，即分析各种现象间的相互关系和因果关系，以及通过对实地调查资料的分析或归纳，达到检验理论和构造理论的目的。

（2）指导性。调查报告不只是客观现象的叙述，更重要的是对现象的分析和概括，对于现象的内在规律的探求。因此，高质量的调查报告能够深入揭示出事物发展的规律，对实践具有指导意义。

2.3.3　定量与定性调查

调查报告的运用广泛、形式灵活，可以从不同的角度进行分类。根据在进行调查以及在分析调查所获得的材料时所使用的研究与描述方法，可以将调查报告分为两类，即定量调查报告和定性调查报告。

（1）定量调查报告。指在调查研究和在分析调查所获得的材料以及描述调查的结果时采用的是定量研究的方法。从典型意义上说，它是用数字和量度来描述对象，而不仅仅用语言文字。

（2）定性调查报告。指在调查研究过程中以及在分析调查所获得的材料和描述调查的结果时采用的是定性研究的方法。从典型意义上说，它是用文字来描述现象，而不是用数字和量度。

在实际调查研究中，常综合运用定性研究与定量研究两种方法，而以其中一种方法为主，它们通常是相互支持的。

2.3.4　程序与报告

撰写调查报告，一般应遵循以下程序。

（1）明确目的，编制计划。明确调查目的，是做好调查研究的基础；编制调查计划，是开展调查活动之前的一项重要准备工作，也是做好调查研究的有力保障。调查计划的内容一般应包括调查目的、调查对象、调查步骤、调查项目和调查方法等。

（2）搜集资料，初步分析。在开始调查之前，调查人员应围绕调查目的，多渠道地搜集有关资料，以熟悉和掌握调查对象的基本情况，并通过初步分析，确定调查的重点和主题。

（3）做好准备，实地调查。根据不同的调查方法，做好充分的准备工作，如采用访谈方法所采用的访谈提纲或访谈表格等，然后进行实地调查，以全面地了解和掌握情况。

（4）资料汇总，分析研究。在大量地、全面地占有资料的基础上，进行认真的汇总分析，去粗取精，去伪存真，并以一定的理论或思想为指导，深入研究，得出结论。

把调查研究的结果写成调查报告，标志着调查研究的结束，是整个调查研究过程中至关重要的一个环节。没有调查报告的产生，就无法体现调查的目的，无法反映调查的结果，也不可能发挥调查报告所具有的指导作用。

调查报告的格式如下。

（1）选题：选择与调查相关的内容进行调查。

（2）调查报告一般包括以下内容：

- 调查目的。
- 调查对象。
- 调查内容。
- 调查方式（一般可选择问卷式、访谈法、观察法、资料法等）。
- 调查时间。
- 调查结果。
- 调查体会（可以是对调查结果的分析，也可以是找出结果的原因及应对办法等）。

2.3.5　调查问卷设计

调查问卷设计要注意的原则：明确问卷设计的出发点（问卷是用来搜集资料的工具，从调查者出发明确所要研究的问题和测量的变量）；明确阻碍问卷的各种因素（主观：调查者因生理和心理原因对问卷的排斥；客观：调查者自身的能力条件的限制）；明确与问卷设计紧密相关的各种因素（调查的目的内容，样本的性质）。

（1）问卷的结构。

- 封面信，一封致被调查者的短信息。要说明调查者的身份（"我是谁"），调查的大致内容（"调查什么"），调查的主要目的（"为什么调查"），调查对象的选取方式和对调查结果保密的措施（"本次调查不用填写姓名和单位，答案无对错之分，请你不必有任何顾虑"）。
- 指导语（调查说明）：用来指导被调查者填写问卷的各种解释与说明，其作用与仪器的使用说明类似。指导语一般放在封面信之后或部分问题的后面。
- 问题及答案：问卷的主体和主要内容，可以分为开放式和封闭式两大类。
- 编码与其他资料：编码分为预编码和后编码。

（2）问卷设计的步骤。

① 探索性工作。

② 设计问卷初稿：可以采用卡片法（先部分后整体）或者框图法（先整体后部分）等。

③ 试用：如客观检验法（包括回收率、有效回收率、填写错误、填答不完全），主观评价法等。

④ 修改定稿并印制。

（3）问卷中问题的形式：填空式，是否式，单项选择式，多项选择式，表格式。

（4）问卷中答案的形式：开放式；封闭式，又分为单选和多选。

（5）问卷中问题的数量：没有固定的标准，因样本内容性质、分析方法、调查经费、时间不同而不同。问题不宜太多，回答问卷时间控制在 5 分钟以内，最长不能超过 10 分钟。

（6）问卷中问题的顺序：先简单后复杂；先熟悉后陌生；感兴趣的在前，令人紧张不适的在后；行为在前，态度看法在后；个人背景资料可以在前也可以在后；开放式问题在问卷最后。

（7）问卷的语言及提问方式：问题陈述尽量简单；避免双重（多重）含义；问题不能带有倾向性（不要有暗示诱导，也不要列举权威的话）；不能用否定形式提问；不要问回答者不知道的问题；不要直接询问敏感性的问题（采用间接的方式，语言委婉，注意因人而异）。

2.4　实验研究

实验研究的方法被广泛应用于社会学调查研究中。在社会学方面，实验研究指的是一种经过精心的设计，并在高度控制的条件下，研究者通过操纵某些因素，来探索变量之间因果关系的方法。

在实际社会研究中，除了霍桑效应那样的带有方法论意义的影响因素外，实验的正确性受到一些特定因素的影响。所谓霍桑效应，是指在行为现场实验中，由于研究对象意识到自己正在被研究而带来的方法上的人为效应。这种意识会导致他们对数据收集过程这一社会条件做出反应，而不是对于研究者试图研究的实验处理做出反应。

2.4.1　实验研究概述

实验研究是一种受控制的，收集直接数据的研究方法。选择适当群体，通过不同手段，控制有关因素，检验群体间的反应差别。研究者通过一个或多个变量的变化来评估它对一个或多个变量产生的效应。实验的主要目的是运用科学实验的原理和方法，建立变量之间的因果关系，一般做法是研究者预先提出一种因果关系尝试性假设，然后通过实验操作来检验。

从方法论上看，实验属于定量研究，它比其他研究方式更直接地基于实证主义的背景和原理，尤其是在检验变量之间的因果关系方面，实验研究具有最强的力量。但这一主要优点却是以其在必备条件、操作程序、环境控制等方面的各种限制为代价的。

实验研究方式的本质特征在于对研究的控制，可以说没有控制就没有实验。实验需要控制场景、控制对象、控制操作程序、控制测量方法，即实验是一种需要"人工制造"的研究方式。

实验研究的基本概念如下。

（1）前测：在给予自变量（原因变量/实验刺激）之前，对因变量进行测量。

（2）后测：在给予自变量之后，对因变量进行测量。

（3）实验组：实验中接受实验刺激的那一组对象。

（4）控制组（对照组）：各方面与实验组相同，但试验中不给实验刺激的一组对象。

实验的逻辑是这样的：首先对因变量进行前测；然后操作某些条件，引入实验刺激；再对引入实验刺激之后的因变量进行后测；观察前测与后测之间的结果差异，判断自变量与因变量之间是否存在着因果关系。实验研究的逻辑要求有两组各方面都一样的实验对象。创造出两组一样的实验对象的方法有匹配和随机指派。

实验研究中比较突出的问题如下。

（1）大事件的影响。在出现某些与实验内容关系密切的重大事件时，实验对象在态度、观念、价值及行为上所发生的变化，不一定全部是由于实验刺激的作用所致，很可能是由实验刺激与其他因素共同作用的结果。

（2）实验对象的发育所造成的影响。

（3）前测与后测环境不一致的影响。

（4）初试与复试效应的影响。

（5）实验对象选择和缺损的影响。

2.4.2　实验研究的分类

实验研究的分类如下。

（1）实验室实验：封闭性强，实验变量和实验背景相对容易控制，结果在推广性、普遍性和概括性上往往较差；实地实验，更能反映自然环境的变化。

（2）标准实验：标准实验和非标准实验是针对实验的规范程度以及对实验条件的控制能力而做的区分。一个完备的标准实验应当具备以下要素：两个或多个相同的组，前测和后测，封闭的实验环境，实验刺激的控制和操纵等。一般来讲，具备这些因素的实验称作标准实验。非标准实验，也称准实验设计，是指缺乏一个或多个实验条件。常见类型如下：

- 有不同组，但仅有后测。
- 单组，但有前测和后测。
- 单组，仅有后测。

（3）双盲实验：实验刺激由第三者指派，实验对象和实验的观察人员都不知道实验刺激（例如"罗森塔尔实验"）。

罗森塔尔效应，亦称"皮格马利翁效应"或"人际期望效应"，是一种社会心理效应，指的是教师对学生的殷切希望能戏剧性地收到预期效果的现象（见图2-3），由美国心理学家罗森塔尔和 L. 雅各布森于 1968 年通过实验发现。一般而言，这种效应主要是因为教师对高成就者和低成就者分别期望着不同的行为，并以不同的方式对待他们，从而维持他们原有的行为模式。

（4）经典实验设计（古典实验设计/双组前后测模式）：具有实验设计的全部要素。拥有一个具有前后测和实验刺激的实验组加上一个具有前后测的控制组。

实验刺激的影响=实验组的差分-控制组的差分=（后测1-前测1）-（后测2-前测2）

（5）为了排除前测与实验刺激的相互作用的影响，需要所罗门三组设计，再引入一组没有前测的控制组；为了进一步排除实验以外的因素影响，需要引入一组既无前测也无实验刺激而只有后测的控制组，称之为所罗门四组设计。

（6）影响实验正确性的因素：重大事件的影响，实验对象的发育所造成的影响，前后测环境不一致的影响，初试—复试效应的影响，实验对象选择和缺损的影响。

图 2-3　罗森塔尔效应——信任和期待具有极大的能量

2.5　利用文献的定量研究

文献分析在策略、思路、材料等方面都不同于其他研究方式，其最大特征是不接触研究对象，主要利用二手资料，因而具有明显的间接性、无干扰性和无反应性。

2.5.1　文献分析概述

文献分析是一种古老而又富有生命力的科学研究方法。它主要指搜集、鉴别、整理文献，并通过对文献的研究形成对事实的科学认识的方法。

根据研究的具体方法和所用文献类型不同，可以将文献分析划分为内容分析、二次分析和现存统计资料分析。内容分析是一种对文献内容进行客观、系统和定量描述的研究技术，它在程序上与调查研究的方法相似，抽样和编码是内容分析方法中两个十分关键的环节。二次分析是直接利用其他研究者为其他目的所收集的原始数据资料进行新的研究，其关键是找到合适的原始数据资料。现存统计资料分析是对各种官方统计资料进行的分析研究，与二次分析不同，它利用的是各种政府部门所公布的基本统计资料。

文献分析的一般过程包括五个基本环节，分别是提出课题或假设、研究设计、搜集文献、整理文献和进行文献综述。提出课题或假设是指依据现有的理论、事实和需要，对有关文献进行分析整理或重新归类研究的构思；研究设计环节，首先要建立研究目标，将课题或假设内容设计成具体的、可以操作的、可以重复的文献研究活动，它能解决专门的问题。

文献分析的主要优点如下。

（1）超越了时间、空间限制，通过对古今中外文献进行调查，可以研究极其广泛的社会情况。

（2）主要是书面调查，如果搜集的文献是真实的，那么它就能够获得比口头调查更准确、更可靠的信息，避免了口头调查可能出现的种种记录误差。

（3）这是一种间接的、非介入性调查。它只对各种文献进行调查和研究，而不与被调查者接触。这就避免了调查中在互动过程中可能产生的种种反应性误差。

（4）这是一种方便、自由、安全的调查方法。文献分析受外界制约较少，可以随时随地进行研究，还可通过再次研究对错误进行弥补，因而其安全系数较高。

（5）省时、省钱、效率高。文献分析是在前人和他人劳动成果基础上进行的调查，是获取知识的捷径。它可以用较少的人力、经费和时间，获得更多的信息。

文献分析的缺点如下。

（1）许多文献的质量往往难以保证，社会研究所用的文献资料有参编人员的主观意图、个人偏见或客观限制，都不可避免地会影响到他们对文献内容的取舍和对文献形式的安排。

（2）由于许多文献都不是公开的，不能随意获得，因此对于某些特定的社会研究来说，往往很难得到足够的文献资料。

（3）许多文献资料由于缺乏标准化的形式，因而难于编码和分析。

（4）效度和信度存在一定问题。在许多情况下，文献分析中的编码主要依据研究者对文献中隐性内容所进行的主观鉴别、判断和评价。由于缺乏相对客观的标准，因而这一过程中常常存在着编码的信度问题。

2.5.2　文献搜集和积累

文献分析中，除了搜集，还包括积累文献。下面介绍文献搜集和积累文献的有关内容。

（1）搜集渠道。搜集研究文献的渠道多种多样，文献的类别不同，其所需的搜集渠道也不尽相同。搜集科学研究文献的主要渠道有图书馆、档案馆、博物馆、社会、科学及教育事业单位或机构、学术会议、个人交往和计算机互联网。

（2）搜集方式。文献的搜集主要有两种：检索工具查找方式和参考文献查找方式。检索工具查找方式指利用现成（或已有）的检索工具查找文献资料。现成的检索工具可以分为手工检索工具和计算机检索工具两种。手工检索工具主要有目录卡片、目录索引和文摘。

参考文献查找方式又称追溯查找方式，即根据作者文章和书后所列的参考文献目录去追踪查找有关文献。

（3）积累文献。这是另外一种搜集文献的形式。每一个研究课题都需要汇集、积累一定的文献资料，而每一个课题的研究过程同时也是一个新文献资料的积累过程。

首先，文献积累内容应努力做到充实和丰富。其次，积累文献应该有明确的指向性，即与研究目标，或课题假设有关。最后，积累文献应该全面。所谓全面，是指要求研究者不仅搜集课题所涉及的各方面的文献，还应注意搜集由不同人或从不同角度对问题的同一方面做出记载、描述或评价的文献。不仅搜集相同观点的文献，还应搜集不同观点甚至相反观点的文献。尤其需要防止研究者自己已有观点或假设对积累指向的影响，不要轻易否定或不自觉地忽视与自己观点相左的材料。

（4）积累文献过程。一般情况下，积累文献可以先从那些就近的、容易找到的材料着手，再根据研究的需要，陆续寻找那些分散在各处、不易得到的资料。积累文献是一个较为漫长的过程，为了使整个过程进行得更有效，可以根据实际情况分为若干阶段进行整理。每一阶段，把手头积累到的文献做一些初步的整理，分门别类，以提高下一阶段搜集文献的指向性和效率。此外，还可以使用现代教育情报系统的检索方法，在具有相应条件的环境中快速查找、获取所需要的文献资料。积累文献，不只是在有了具体的研究任务以后才需要做，更重要的是在平时经常注意积累和搜集各种文献资料，养成习惯，持之以恒。

（5）积累文献方式。可以通过做卡片、写读书摘要、做笔记等方式，有重点地采集文献中与自己研究课题相关的部分。

常用的卡片有目录卡、内容提要卡、文摘卡三种形式。写读书摘记与读书笔记既是积累文献的方法，又在某种意义上是制作文献的方法。因为在读书摘记和笔记中渗透了更多的制作者的思维活动，它有时是第二手文献的构成部分，有时又是新的第一手文献的创造过程，即在研究过程中形成的"半成品"。

2.5.3 文献综述

文献综述，即文献综合评述，指在全面搜集有关文献资料的基础上，经过归纳整理、分析鉴别，对一定时期内某个学科或专题的研究成果和进展进行系统、全面的叙述和评论。综述分为综合性和专题性两种形式。综合性的综述是针对某个学科或专业的，而专题性的综述则是针对某个研究问题或研究方法、手段的。

（1）特征和意义。文献综述的特征是依据对历史和当前研究成果的深入分析，指出当前的水平、动态、应当解决的问题和未来的发展方向，提出自己的观点、意见和建议，并依据有关理论、研究条件和实际需要等，对各种研究成果进行评述，为当前的研究提供基础或条件。对于具体的科研工作而言，一个成功的文献综述，能够以其严密的分析评价和有根据的趋势预测，为新课题的确立提供强有力的支持和论证，在某种意义上，它起着总结过去、指导提出新课题和推动理论与实践新发展的作用。

文献综述具有内容浓缩化、集中化和系统化的特点，可以节省同行科技工作者阅读专业文献资料的时间和精力，帮助他们迅速地了解到有关专题的历史、进展、存在的问题，做好科研定向工作。

（2）形式与结构。文献综述的内容决定文献的形式和结构。由于课题、材料的占有和资料结构等方面的情况多种多样，很难完全统一或限定各类文献综述的形式和结构。但总体上，文献综述的形式和结构一般可粗略分五个部分：绪言、历史发展、现状分析、趋向预测和建议、参考文献目录。

（3）基本质量要求。主要包括以下几个要求。
① 搜集文献应当客观、全面。
② 材料与评论要协调、一致。
③ 针对性强。
④ 提纲挈领，突出重点。
⑤ 适当使用统计图表。
⑥ 不能混淆文献中的观点和作者个人的思想。
一般情况下，文献综述由五个步骤组成。
第一步，确定综述的选题。
第二步，收集相关的文献资料。
第三步，整理文献。
第四步，撰写综述初稿。
第五步，修改综述初稿并完成文献综述。

2.6 实地调查

随着社会经济的发展和营销活动的深入开展，现场搜集信息的方法越来越多。实地调查是相对于案头调研而言的，是对在实地进行社会或市场调研活动的统称。在一些情况下，当案头调研无法满足调研目的，收集资料不够及时准确时，就需要适时地进行实地调查来解决问题，取得第一手的资料和情报，使调研工作有效顺利地开展。所谓实地调研，就是指对第一手资料的调查活动。

实地调查又叫作田野调查、现场研究或实地调研，它主要用于自然科学和社会科学的研究，如社会学、人类学、民族学、民俗学、考古学、生物学、生态学、环境科学、地理学、地质学、地球物理学、语言学等。

例如，对于一场活动，可以这样展开实地调查。

（1）活动背景：为了深入了解项目/活动的现状，进行实地调查，找出问题并解决问题，也为项目/活动提供参考依据。

（2）主办单位：政府、企业、民间组织等。

（3）活动内容：制定调研方案、根据调研方案进行实地调研、收集问题并制定解决方案。

2.6.1 实地调查概述

实地调查是一种定性的社会研究方式，它通常以参与观察、个案研究的形式进行。其基本特征是深入到所研究对象的生活环境中，作为其中的一员与他们共同生活一段相当长的时间，通过参与观察和询问，去感受、感悟研究对象的行为方式，以及其在这些行为方式背后所蕴藏的文化内容，以逐步达到对研究对象及其社会生活的理解。实地调查者往往力求从所研究的对象的角度，而不是从局外观察者的角度来认识和了解社会世界。实地调查者通常要经历一个"先融进去"进行调查，"再跳出来"恢复中立进行研究的角色转换过程。实地调查的目标更多的是建构理论，而不是去检验理论。材料的深入性、全面性与真实性是实地调查成功的基础，也是实地调查构建理论的最有说服力的论据，这可以说是实地调查的独特魅力所在。

实地调查因为其方法论上的独特性，有其不可替代的优点。

（1）实地调查适合在自然条件下观察和研究人们的态度和行为，这种方式特别适合那些不便于或者不可能进行简单的问卷调查的社会现象和问题。

（2）研究的效度较高，相对于问卷调查中最大的问题——表面化、简单化现象，实地调查的深入观察，设身处地地感受、理解，具有很高的效度。

（3）方式比较灵活、弹性较大。相对于实验研究和调查研究，实地调查可以随时修正研究的目标和设计。

（4）实地调查适合研究现象发展变化的过程及其特征，尤其是在对个人或小群体的研究中，这种优点更为明显。

总之，不论使用哪一种调查方法，都必须实事求是，以事实为依据，不能主观臆测，引导被调查者按照自己的主观思路进行，并要丰富自己的理论知识和实践经验，这样才能做到有的放矢，应付各种突发性的事件和复杂问题，成为一个合格的调查者。

2.6.2 实地调查的方法

实地调查的方法主要有以下几种。

（1）访问法，是指将拟调查的事项，以当面、电话或书面向被调查者提出询问，以获得所需资料的调查方法。它是最常用的一种实地调查方法。访问法的特点在于整个访谈过程是调查者与被调查者相互影响、相互作用的过程，也是人际沟通的过程。它包括面谈、电话访问、信函调查、会议调查和网上调查等。

（2）观察法，是指调查者在现场从侧面对被调查者的情况进行观察、记录，以收集市场情况的一种方法。它与访问法的不同之处在于，使用访问法调查时让询问人感觉到"我正在接受调查"，而观察法则不一定让被调查者感觉出来，只能通过调查者对被调查者的行为、态度和表现的观察来进行推测判断问题的结果。常用的观察法有直接观察调查法和实际痕迹测量法等。

（3）实验法，是最正式的一种方法。它是指在控制的条件下，对所研究的对象从一个或多个因素进行控制，以测定这些因素间的关系，它的目的是通过排除观察结果中带有竞争性的解释来捕捉因果关系。在因果性的调研中，实验法是一种非常重要的工具。它主要有产品试销和市场实验等方法。

【作业】

1. （　　）研究的目的在于认识客观社会，解决社会中的各种问题，探讨社会发展的客观规律，推动社会的发展。

　　A. 科学　　　　　　B. 应用　　　　　　C. 社会　　　　　　D. 基础

2. 社会研究的定义：一种以（　　）的方式，对社会世界人们的态度行为关系，以及由此形成的各种社会关系、社会产物所进行的科学探究活动。

　　A. 智能　　　　　　B. 经验　　　　　　C. 实践　　　　　　D. 科学

3. （　　）是寻求理论知识的纯粹科学研究，它探讨的问题包括：是什么？怎么样？为什么？

　　A. 科学实验　　　B. 应用研究　　　C. 社会实践　　　D. 基础研究

4. （　　）是"求用"的研究，寻找实现其理论的路径和方法，属于应用科学，探究的问题是做什么？怎样做？如何解决现实中的问题。

　　A. 科学实验　　　B. 应用研究　　　C. 社会实践　　　D. 基础研究

5. 社会研究的三个基本特征是（　　）。

　① 研究的方向是人工智能社会　　　② 研究主题是社会的而非自然的
　③ 研究方式是经验的而非思辨的　　　④ 所面对的问题是科学的而非价值判断的

　　A. ②③④　　　　B. ①②③　　　　C. ①②④　　　　D. ①③④

6. 同为科学，社会研究和自然研究有着共同特点：（　　）。

　　A. 理论与事实　　B. 物理与虚拟　　C. 实证和逻辑　　D. 矛盾与实践

7. （　　）是构建理论的"基石"和"基本材料"，是对现象的一种抽象，是客观事物属性的主观反映。它分为能直接观察的和不能直接观察的。

　　A. 原理　　　　　　B. 规范　　　　　　C. 准则　　　　　　D. 概念

8. 社会研究理论的层次包括（　　）。

　① 微观理论　　　② 中观理论　　　③ 现实理论　　　④ 宏观理论

　　A. ②③④　　　　B. ①②④　　　　C. ①②③　　　　D. ①③④

9. （　　）是一组陈述若干概念之间关系，并在逻辑上相互联系的命题。所以，它由一组命题组成，在逻辑上相互联系，这些命题的一部分可以由经验解释之。

　　A. 微观理论　　　B. 中观理论　　　C. 现实理论　　　D. 宏观理论

10. 社会学家华莱士提出了社会研究的逻辑模型，即"（　　）"。这一模型可作为社会研究的"指南"，可以从中了解各种研究在整个科学过程中的位置和作用。

A. 指示仪　　　　B. 方向盘　　　　C. 科学环　　　　D. 智能圈

11. 社会研究的方法体系由（　　）构成。其中，方法论包括实证主义和人文主义。

① 方法论　　　② 研究数据　　　③ 研究方式　　　④ 具体方法技术

A. ①②④　　　　B. ②③④　　　　C. ①②③　　　　D. ①③④

12. （　　）一直占据着社会研究方法的主流地位，强调社会研究向自然研究看齐，注重观察和经验概括。主要表现为定量研究。

A. 物质思维　　　B. 实证主义　　　C. 数据思维　　　D. 人文主义

13. （　　）考虑人的特殊性，强调研究的主观性，以定性研究为主。

A. 物质思维　　　B. 实证主义　　　C. 数据思维　　　D. 人文主义

14. 社会研究的具体研究方式可以分为定量研究和定性研究，其基本类型包括（　　）和实地调查。

① 调查研究　　　② 实验研究　　　③ 数据清理　　　④ 文献分析

A. ①②④　　　　B. ②③④　　　　C. ①②③　　　　D. ①③④

15. 社会研究的开展过程主要有（　　）和获取结果等各个阶段（注意先后顺序）。

① 资料分析　　　② 研究设计　　　③ 研究实施　　　④ 选择问题

A. ④①②③　　　B. ④③②①　　　C. ④②③①　　　D. ①②③④

16. （　　）的作用是用有限的人力、物力、财力和时间去了解复杂变化的社会现象。实际研究中存在着丰富的不同类型。

A. 分类　　　　B. 聚类　　　　C. 采集　　　　D. 抽样

17. 在社会学方面，（　　）指的是一种经过精心的设计，并在高度控制的条件下，研究者通过操纵某些因素，来探索变量之间因果关系的方法。

A. 实验研究　　　B. 文献分析　　　C. 调查研究　　　D. 实地调查

18. （　　）是实际研究中采用得最多的一种研究方式，是指采用自填式问卷或结构式访问的方法，系统地、直接地从一个取自总体的样本那里收集量化资料，并通过对这些资料的统计分析来认识社会现象及其规律的社会研究方式。

A. 实验研究　　　B. 文献分析　　　C. 调查研究　　　D. 实地调查

19. （　　）是一种定性的社会研究方式，它通常以参与观察、个案研究的形式进行。

A. 实验研究　　　B. 文献分析　　　C. 调查研究　　　D. 实地调查

20. （　　）在策略、思路、材料等方面都不同于其他研究方式，其最大特征是不接触研究对象，主要利用二手资料，因而具有明显的间接性、无干扰性和无反应性。

A. 实验研究　　　B. 文献分析　　　C. 调查研究　　　D. 实地调查

第3章
计算社会科学及其发展

【导读案例】 大数据时代的社会治理之道

我们正处于信息爆炸式增长的大数据时代，如何利用好大数据、人工智能等数字技术来提升社会治理现代化水平，更好地服务经济社会发展和人民生活改善，成为重要的时代命题。

本文分别从不同角度谈及了对数字化治理的看法。

我国社会治理处于数字化转型阶段

近年来，大数据、人工智能、区块链等数字技术被广泛应用于智慧城市、公共事务管理等社会治理领域中，加速了社会治理的数字化转型进程，但由于各项技术的应用目前仍处于探索阶段，要真正实现数字化治理还面临诸多阻碍。

治理本身是体制机制、决策、监督和实施的综合性问题，所以数字化治理不能仅从"数字化"的角度看。从主体方看，要实现智能、自驱动、高效实时的功能；从对象方看，要解决便捷、效率、连通、公平的问题。这样来看，数字化治理必然是系统科学问题，"数智化社会治理"这种提法更能说明问题和引导争取的方向。我国社会治理还处在数字化转型阶段，而长期遗留的各种错配问题并未消除，所以当前的任务主要是构建基础、打通信息孤岛，实现高联通和数字化。

全面实现数字化社会治理应该是切实地实现跨层级、跨地域、跨系统、跨组织、跨业务的数据互联互通。同时，具有一系列的现代化治理手段和工具，让城市变得更聪明。一体化、集约化、网络化的综合型数据平台作为"数字底座"，将演变成为新型基础设施的一部分，最终实现政府服务和政府治理体系的数字化。实现数字化社会治理要经历从信息化、数字化到智能化，目前处于向数字化转型的关键时期。

完善数字治理体系，提升社会治理现代化水平

数字化手段让全社会参与者更多地看到数字经济模式的发展潜力。但是，我们也看到数字治理中暴露出来的一些问题，其中最为突出的是隐私保护问题、区域协调问题和决策科学问题。导致这些问题出现的本质原因还是治理体系缺乏现代化，数字化治理更多是治理能力问题，而它必须以治理体系的革新为基础和前提要件。因此，完善相关法律法规、加强学术研究、优化机制问题和建立科学决策思维是未来的当务之急。

推动数据治理体系建设一直是业界探索的热点。数据在预测趋势走向、辅助政府及时做出政策策略中发挥的作用是巨大的，但部门间的数据孤岛问题凸显。这是由于目前我国现行

的管理模式和信息应用模式还多以"条块分割、碎片化"为主，部门在自上而下的高度集中和横向的部门分立的双重因素下，跨部门信息协同面临阻力，导致数据治理结构与治理机制不健全，数据治理能力提升较慢。

数据治理体系是整体关联、动态平衡的系统工程，犹如一个智能生命体，需要政府、社会及企业分别构建云数据管理子中心，以点带面，实现全面的肢体连接。建成基于人、地、事、物、组织的知识图谱，最终让数据连成一张网。还需要探索建立统一规范的数据管理制度来打破多部门、多机构间"数据信息孤岛"，并以"政产学研用"合作机制，建立统一的数据标准，通过 API 等方式，推动数据交换共享。

同时，数据安全和个人隐私保护一直是数据智能应用的前提，尤其是当数据"升格"被纳入五大生产要素之一后，在数据共享交换、使用过程中如何保障数据安全是需要解决的问题。除了立法层面的保障，目前业内也在探索关于数据隐私保护的技术，如边缘计算、联邦学习、安全多方计算等，通过技术的力量，可以在很大程度上保障数据的隐私。

构建"城市大脑"，实现精细化治理

社会治理现代化是一个不断提升的历史进程，在这个过程中面临一系列社会问题。可以融合运用数据智能技术，构建"城市大脑"来提升社会治理现代化水平（见图 3-1）。他认为，城市问题最终都可以归结为城市有限的资源和有限的基础设施与公众不断提高的需求之间的矛盾，只有通过城市大脑来提高城市的运营效率，才能够解决这个城市的核心问题。

图 3-1　城市大脑

"城市大脑"建设要以城市治理的精细化为目标，以业务需求为牵引，构建全面感知、数据汇集融合、智能分析计算、统筹决策的新一代城市智能基础设施。

通过建设"城市大脑"，可以汇集教育、医疗、旅游、交通、公共安全等领域的数据，形成统一的城市大数据平台，进而在这个平台上构建智慧城市的指挥控制中心。政府部门通过分析城市大脑的运行态势，可以更好地进行集约化的管理和指挥调度，包括城市管理、生态环保、治安防控及政务服务等。

"城市大脑"建设是数字化治理的一次重要探索，包括数字孪生等一系列概念将城市的建设空间和资产空间推向了更高的维度。目前，城市数字大脑建设除了进一步完善智能化机制以外，更要注重人—机结合的决策运行机制，特别是引入包括社会科学专家在内的跨学科、跨业务的决策团队，从而在根本上实现城市大脑的决策智能的升级。另外，城市之间、行政层级之间、各行政区划之间的数字大脑的协调同步也是必须考虑的问题，这也是新发展理念的具体体现。

资料来源：陈近梅，数据观，中国大数据产业观察网，2020-09-02。

阅读上文，请思考、分析并简单记录：

(1) 请简述，为什么说"数字化治理必然是系统科学问题"？

答：＿＿＿＿＿＿＿＿＿＿＿＿＿＿＿＿＿＿＿＿＿＿＿＿＿＿＿＿＿＿＿＿＿

＿＿＿＿＿＿＿＿＿＿＿＿＿＿＿＿＿＿＿＿＿＿＿＿＿＿＿＿＿＿＿＿＿＿＿＿

＿＿＿＿＿＿＿＿＿＿＿＿＿＿＿＿＿＿＿＿＿＿＿＿＿＿＿＿＿＿＿＿＿＿＿＿

(2) 你怎么看待"数字治理中暴露出来一些问题，其中最为突出的是隐私保护问题、区域协调问题和决策科学问题。"请简述。

答：＿＿＿＿＿＿＿＿＿＿＿＿＿＿＿＿＿＿＿＿＿＿＿＿＿＿＿＿＿＿＿＿＿

＿＿＿＿＿＿＿＿＿＿＿＿＿＿＿＿＿＿＿＿＿＿＿＿＿＿＿＿＿＿＿＿＿＿＿＿

＿＿＿＿＿＿＿＿＿＿＿＿＿＿＿＿＿＿＿＿＿＿＿＿＿＿＿＿＿＿＿＿＿＿＿＿

(3) 请简述，构建"城市大脑"的主要作用是什么？

答：＿＿＿＿＿＿＿＿＿＿＿＿＿＿＿＿＿＿＿＿＿＿＿＿＿＿＿＿＿＿＿＿＿

＿＿＿＿＿＿＿＿＿＿＿＿＿＿＿＿＿＿＿＿＿＿＿＿＿＿＿＿＿＿＿＿＿＿＿＿

＿＿＿＿＿＿＿＿＿＿＿＿＿＿＿＿＿＿＿＿＿＿＿＿＿＿＿＿＿＿＿＿＿＿＿＿

3.1　什么是计算社会科学

大数据时代，越来越多的人类活动在各种数据库中留下痕迹，产生了关于人类行为的大规模数据。这些数据为社会研究提供了新的可能，通过对这些数据的分析，可以获得人类行为和社会过程的模式。

计算社会科学指的是在社会科学中将计算和算法工具应用于关于人类行为的大规模数据，采用计算机运算方法以建立模型、模拟、分析社会现象的学术分支。计算社会科学的分支包括计算社会学、计算经济学、自动媒体分析等。

计算社会科学演化自科学方法基础、实证研究（如利用大数据分析数字足迹）以及科学理论（如利用计算机模拟建立社会模型）等，是一种多学科综合的方法，通过先进的信息科技来观察社会，特别是信息处理、数据处理，将计算技术用于分析社会网络、社会地理系统、社群媒体、传统媒体内容等。

3.1.1　计算社会学

计算社会学分支包括：社会网络分析和群体形成；集体行为和政治社会学；知识社会学；文化社会学、社会心理学和情绪；文化生产；经济社会学和组织；人口统计学和人口研究。计算社会学使用数字方法来分析与模拟社会现象，其中包括使用计算机模拟、人工智能、复杂统计方法，以及社会性网络分析等新途径，由下而上地塑造社会互动的模型，来发展与测试复杂社会过程的理论。

计算社会学包含了对于社会行为者的理解，这些行为者之间的互动，以及这些互动对于社会整体的影响。虽然社会科学的主题与方法和自然科学或计算机科学相异，当代对于社会的模拟所使用的许多方法仍起源于如物理学与人工智能等领域。而一些源自于社会科学的方法也被纳入自然科学，例如在社会性网络分析与网络科学领域中，网络中心性的测量。

在相关文献中，计算社会学经常与社会复杂度的研究相关。像是复杂系统、宏观过程与微观过程之间非线性的互连与突现等社会复杂度的概念也纳入了计算社会学的词汇。一个实际且广为人知的例子是以"虚拟社会"的形式建造一个演算模型，研究者可以借此分析一个社会体系的结构。

3.1.2　计算经济学

计算经济学是一个介于信息科学、经济学与管理学之间的研究主题。它以经济系统的计算建模为应用方向，其内容包含代理人模型、一般均衡模型、总体模型、理性预期模型、计算计量与统计模型、计算金融模型、网络市场的设计演算工具，以及特别为计算经济学设计的规划工具等。

计算经济学应用计算经济模型求解经济问题的解析解与统计解。其中一个研究方向为代理人计算经济学（ACE），专门研究将整体经济过程视为代理人间互动的动态系统，因此它是复杂适应系统的经济适应方式。在这里，"代理人"被视为根据规则互动的演算个体，而不是真的人群。代理人包括社会个体、生物个体与实质个体。

理论最佳化假设个体是有限理性的，为一些市场力量所限制，如赛局理论。从初始条件出发，ACE 模型随着时间经代理人互动而发展，最终目标为检验理论发现与实际资料间随时间经过的差异性。

运算工具包括使用软件找到多个矩阵运算以及求解线性与非线性方程。

赛局理论

所谓"赛局理论"，就是策略性思考，在互相影响的环境之中，设法找出最适合自己的行动。

故事是这样的……

甲带着一块大饼出门，乙带着两块大饼出门，半路上，素昧平生的两人偶遇了。

甲、乙两人相谈甚欢，于是提议一起分享带来的大饼，甲一个，乙两个，合计三个。虽然乙比甲多一个，但因为大饼不值钱，所以没人计较。

正要吃大饼时，第三个人，丙来了，甲、乙两人热情地招待丙，请他一起吃大饼。

还是那句老话，因为大饼不值钱嘛，所以没人计较。

吃完大饼，三人正要分道扬镳时，丙突然从口袋里掏出六枚金币。

丙说："谢谢你们请我吃大饼，为了报答你们，我要送你们六枚金币，至于怎么分配，就由你们自己决定了！"

说完之后，丙就走了。

这下麻烦来了，大饼不值钱，没什么好计较的，但金币不一样，差一枚就差很多。

甲兴奋地说："太好了，既然丙给了我们六枚金币，那我们一人三枚分了它吧！"

乙摇摇头，不以为然："等等，不对，我贡献了两块饼，而你才拿出一块饼，按照比例分配，2∶1＝4∶2，我应该得到四枚金币才对，你只能得两枚金币。"

甲认为自己应该得到三枚金币，但乙却认为甲只能得到两枚，就这样，两个人吵了起来。

这时，有个路人经过，知道事情的原委之后，告诉甲、乙两人，前面村子里有个智慧老人，该怎么分配，你们去问那个老人，一定可以得到一个满意的答案。

这时，甲自告奋勇，主动跳出来，他愿意到前面村子去找智慧老人。

智慧老人说："其实我不是什么智慧老人，我只是学过几年数学，勉强算得上是个数学家。"

甲说："不管你是智慧老人还是数学家，都请帮我算一下，我应该得几枚金币？"

智慧老人说："这个问题很简单，十秒钟就可以算出来，答案对你很不利。"

甲说："不利？你的意思是我只能获得两枚金币？"

智慧老人摇摇头："不是两枚，而是……一枚都没有。"

甲惊呼："什么意思？你再说清楚一点。"

智慧老人说："从数学家的角度来看，乙应得六枚金币，而你一枚都没有。"

甲惊呼："我不相信，你乱说。"

智慧老人进一步解释："三个人吃三块大饼，这代表你们三个人，一人吃了一块大饼。从这个角度来看，你吃了自己的大饼，至于丙吃的，是乙的饼。所以乙应得六枚金币，而你一枚都没有。"

听了智慧老人的说法之后，甲沮丧极了，因为智慧老人的话，确实有那么一点道理。

"原来我连一枚金币都不应该拿。"当甲垂头丧气，转身准备回去时，智慧老人叫住他："刚才是数学家的算法，现在我要告诉你智慧老人的算法。"

"什么？居然有两种算法？"

"没错，有两种算法。"智慧老人说，以前他还是个数学家的时候，他认真算出来的答案，总是让人不开心，于是他转换了另一种算法，从此人们皆大欢喜。后来，人们渐渐不叫他数学家，而是改叫他"智慧老人"。

"什么算法，这么神奇？快告诉我。"

智慧老人说："你回去之后，告诉乙，你没有见到智慧老人，你走到一半就发现自己错了……"

就这样，甲照着智慧老人的话去做。

甲回去之后，乙急忙问："太好了，你见到智慧老人了吧！他怎么说？"

甲说："嗯，我并没有见到智慧老人，我走到一半就发现自己错了……"

"错了？哪里错了？"乙问。

甲说："走在半路上，我越想越觉得你说的是对的，我太贪心了，你出了两块饼，我才出了一块，而我居然想跟你平分金币，是我不好，就照你说的，你四枚金币，我两枚金币。"

乙听完甲的话，表情瞬间变得温和了起来。

当甲、乙两人分完金币，甲二枚，乙四枚，正要分道扬镳时，乙突然叫住甲。

甲："怎么了？"

乙伸出握拳的手："这个给你。"

张开手掌，乙的手心里是一枚金币。

乙说："我很少看到像你这么老实的人，事实上，你说的也有道理，我们本来就说好要一起吃饼，所以理应一起分享金币才对。"

甲听了，一脸惊讶。

惊讶的原因不是乙多给了他一枚金币，而是乙的反应，完全被智慧老人料中了。

之前，智慧老人告诉甲，你回去之后假装没见到我，然后退让一步，说自己太贪心了，你愿意照乙的分法来分配金币。这时，你立刻从零枚金币变成至少拥有两枚金币。此外，因为你承认了自己贪心，所以也会引发乙觉得自己也很贪心的连锁反应。所以你很有机会，变成"坐二望三"。

从非理性的争执开始，到数学家的理性计算，最后再到看穿人情世故的智慧，一层一层地往上叠，这个故事可以看作"赛局"。

3.2　社会科学与大数据

在社会科学发展史上，重大理论问题往往能引发长期的学术争论。但随着实证证据的丰富和社会热点的转移，争论往往会在新的证据出现之前告一段落。而大数据的出现，可能为经典的理论之辨提供新的实证来源，进而有望为社科理论界重新描绘新的学术图景。

虽然社会科学理论的流派和体系众多，但它们都可以溯源到少数具有典范性、启发性和诠释意义的概念、假说和理论，这些经典学说通常立足于高远的宏观层面去理解和描绘社会结构及其变迁的历史，具有更高的概括能力和更宽的辐射面。然而，宏大理论却难以解释经验的现实问题。由于理论的宏观性和复杂性，传统的抽样分析方法无法在经验层面上对这些理论进行检验，且使用传统的资料采集方式，研究者所能获得的经验材料，无论在时间还是空间维度上都是有限的。因此，一直以来，要想使用经典学说指导经验研究，只能在其中不断增加结构性因素以降低理论层次，这使得经典理论的影响力逐渐式微。

大数据在经典理论和经验研究间架起了一座桥梁，使得学界得以重新审视和延伸经典理论，并使验证和拓展宏大叙事成为可能。大数据的出现，可以为经典理论的验证进行补充，甚至带来更多的发现。可见，大数据时代，经典理论将有可能实现"落地发展"，并不断被历史的、结构性的情境所检验和延伸，呈现出更强的生命力。

3.2.1　大数据推动相关分析崛起

挖掘因果机制是科学研究的基本任务，也是科学知识积累和学科建设的核心。传统社会科学尤其是定量分析致力于因果推断、提供机制性解释，但由于社会人的异质性，基于非实验数据的定量分析很难避免诸如遗漏变量、样本偏误、联立性等内生性问题，这在很大程度上影响了因果推断的有效性。社会科学家试图通过固定效应模型、倾向性匹配、工具变量等方法来规避内生性问题以改进因果推断，但上述方法有赖于高质量的调查数据，而现实中高质量的调查数据通常难以获得。大数据时代的到来，为我们呈现了一幅相关分析重新崛起、因果推断更加强化的双赢学科目标新图景，对社会科学学科目标将起到阶段性的丰富和拓展。

3.2.2　大数据推动学科融合

专业化是现代社会的鲜明特征，专业化程度的提高大大加强了人们认识自然和社会的能力，个人在越来越专业化的同时，也可能会失去对整体文化的了解和控制。对社会科学而言，学术分工的专业化进程大大提高了研究效率和学术领域内的交流评估质量，但也逐渐形成了各自为政的不足：研究者在获得相当深度的同时，失去了对广度的把握，不同学科间的边界日益鲜明，且学科边界间还产生了许多空白地带。因此，学科融合必将在社会科学发展过程中周期性地出现。大数据的出现将会从以下两个维度推动学科融合。

第一，大数据将会向外推动社会科学与自然科学，尤其是计算机科学的融合。大数据之"大"使得数据的性质发生了显著变化，其数据的获取和分析，往往需要有别于传统社会科学训练的方法和工具，这就为原本在计算机、人工智能和数理等领域具有专长的学者参与社会现象的分析甚至转型为社会科学家提供了可能。

第二，大数据将会向内推动社会科学学科间的交流和对话。长期以来，社会科学内部各学科间区隔明显，显著地表现在每个学科使用的数据和分析方法都自成体系。尽管数据分析的方法和原理大同小异，但学科差异下的数据搜集和使用"各自为政"，难以达成有效交流。大数据的出现将有助于改善这一对话困境。可以预见，越来越多的跨学科研究和交叉学科研究将会不断涌现。

随着信息革命的深入，大数据开始被广泛地应用于经济、金融、竞赛、就业、高考、疾病、灾害等领域进行趋势预测，其逻辑基础在于从大量征兆的累积中判断社会现象发生质变的临界点。较之传统经济学研究，大数据推断改变市场的成效可谓立竿见影。

3.2.3　大数据重构定量与定性研究

从某种意义而言，大数据的使用使得定量研究和定性研究两大阵营之间出现了一个混合地带。大数据海量的数据规模和全新的数据特征使得定量研究与定性研究在资料获得与分析方法方面逐步走向趋同，这在某种程度上缓解甚至重构了定量研究与定性研究间的关系。

对定性研究者而言，大数据可以通过海量规模的样本直接发现和展示出社会现象的规律，既不需要控制变量来检验关联，又能避免定性方法在案例选择方面的样本偏差。大数据可为定性研究提供全新又不过于复杂的研究思维，并让检索和数据描述等过去被定量研究者"垄断"的方法为其所用。

对定量研究者而言，在探索变量间的因果关系所遭遇的最大困境便在于反事实问题。受研究伦理的限制，研究者无法同时得到个体在受干预和不受干预两种情况下的状态，这就使得寻找用于解决反事实问题的控制变量变得越发困难，从而会导致统计推断产生遗漏变量偏误。由于数据的海量性甚至全样本的性质，一旦把基于大数据的简单关联分析或时间序列分析结果与文献中的传统回归分析进行比对，就能形成非常具有说服力的证据链。

可以预见：以描述和简单回归分析为主要方法的大数据研究，将同时出现在定量和定性两大阵营之中，并进一步缩小定性和定量分析方法的鸿沟。

总体上，大数据有助于重新强化"描述"在定量分析中的地位，也催生了利用大数据提取小数据然后进行定量分析的主要途径。

3.2.4　大数据优化数据处理

除了数据采集、分析、挖掘和因果推断外，在研究实践中还必须有效地展示数据结果。一直以来，数据展示存在着千人一面、阅读者难以理解的问题，而以简洁、清晰的方式展示数据间的内在模式，使受众对数据及其所代表的现象间的结构关系达到更深的理解，是大数据时代社会科学界的又一重大变革。

大数据时代的数据展示主要以可视化的方式进行。数据可视化是借助图形、图像处理、计算机视觉以及用户界面等多种手段，通过表达、建模以及对立体、表面、属性和动画显示等多种形式，从多角度把海量信息、概念视觉化，直接展示信息背后规律的方式。它能帮助受众迅速了解研究者的观点和思路，快速得到某一问题的答案，从而解决诸如信息过饱和、信息可靠性不足以及信息透明度缺失等问题。

数据可视化其实是知识的一种再生产方式，研究者以图形、时间序列、地图、流、矩阵、网络、层次为基本元素，通过元素间的多种组合来表达自己对海量信息和数据的理解，进而解释较为宏大和抽象的理论问题。可视化并不局限于数字，概念也同样适用。

3.3 社会研究的范式变革

大数据时代的到来对社会科学研究产生巨大影响。除"全样本"数据、大数据技术以及数据驱动的知识发现三个方面的直接影响外，大数据还将进一步推动社会科学研究范式三个层面的变革。但挑战也是存在的，比如大数据的可得性不尽如人意。一方面数据巨头将数据视为核心资产，拒绝共享数据；另一方面大数据可能涉及个人隐私、商业机密或者国家安全，不能共享。"大数据知识产生的前提要求大数据能够真实、全面地反映经验世界和网络世界。"尽管存在挑战，但大数据技术必将孕育社会科学研究范式的革命，唯有主动拥抱变革，才能实现跨越式发展。

3.3.1 大数据带来的变革因素

就社会科学研究而言，大数据时代到底为我们带来了什么？研究表明，至少有四点很重要。

一是数据的实时可得。互联网上的大量信息是实时的，且移动互联网和物联网的发展导致每个人可能随时随地在制造数据。社会科学应充分利用数据的实时性，提高研究的时效性。

二是可得数据是海量的。传统统计学处理的主要是样本，而在大数据时代，你能得到的数据可能就是总体。如就个人迁徙而言，手机等随身设备可以将每个个体的移动都记录在案。大数据时代的到来，许多数据贫乏的学科也成为数据富集的研究领域，而"社会科学是被撼动得最厉害的学科"。大数据提供的"全样本"数据不仅成就了许多因数据缺乏而无法开展的研究，同时也带来了新的挑战。大数据其量之大超出一般传统统计软件所能处理的范围，而且解释变量的增加会导致高维数据中的"维数灾难"，解决这些问题需要新的分析方法和工具。

三是数据的非结构化。大数据的来源和形式都十分多样化，如互联网信息包含文本、图片以及影音等多种形式。这些信息中到底哪些包含所需要的信息？社会科学研究如何充分利用数据挖掘技术，将这些非结构化信息转化为统计模型所能利用的形式？这些都是需要解决的问题。

四是数据分析的技术手段日新月异。伴随着数据规模的扩大，新的大数据分析技术不断地涌现，机器学习、并行计算等技术的发展和改进加快了大数据的处理速度。社会科学研究如何吸收和利用这些强大的技术手段，使之成为社会科学家工具箱中的利器，是未来社会科学家们必须面对的问题。

社会科学研究的不是物与物的关系，而是人与物或人与人的关系。它的研究对象是社会，目标在于认识各种社会现象并尽可能地发现关联，而核心在于探究因果关系。它研究人的行为，目的是解释许多人的行为所带来的无意的或未经设计的结果。各种社会现象可视为已发生的不可控试验，其背后存在着某种潜在的本质规律或因果关系。考虑到因果联系的普遍性和复杂性，数据作为对不可控试验的特殊描述必须尽可能丰富，只有这样才更全面、更接近真实的描述。大数据驱动的知识发现已经对传统社会科学认识论和方法论的研究方法产生巨大挑战。传统的认识论"以专家为中心"，传统科学方法论的研究依赖于以"专家为中心的参量分析"，其研究中心是理论模型与经验证据的关系。该方法论在大数据时代具有局限性，对单个专家而言大数据分析不可行，而且科学哲学经验——理论这一单线理解模式也难以应对大数据时代的认识论这种新情况。

3.3.2　路径变革："数据驱动"知识发现

数据驱动的知识发现，是指利用统计学、机器学习等方法，从掌握的大数据中提取隐含在数据背后、人们事先不知道，但存在潜在效用、能被人理解的信息和知识的过程。其中，精细的概率模型、统计推理、数据挖掘与机器学习相结合，成为从大数据中提取知识的有力途径。基于数据的知识发现催生了 2007 年图灵奖获得者吉姆·格雷提出的科学研究"第四范式"。他指出，科学发展经历了几千年前的实验科学（描述自然现象）、几百年前的理论科学（用模型或归纳法进行科学研究）、计算科学（模拟复杂现象），而当今"科学世界发生变化，对此毋庸置疑。新的研究范式将首先基于计算机模拟或者仪器捕捉获取数据，然后利用软件处理数据，并在计算机中保存得到的知识或信息。科学家仅在该过程的最后阶段才开始审视他们的数据。这种数据密集型科学的技术和方法是如此不同，应该将其作为科学探索的'第四范式'以区别于计算科学"。

相对于"数据驱动"而言，当前社会科学的主流研究范式可称为"理论假设驱动"。社会科学家进行一项研究时，强调首先要通过广泛的文献调研以了解现有知识体系的前沿边界，然后提出本研究可能给现有知识体系带来的贡献，即研究的基本"问题"所在；然后从该问题出发，在一定的理论框架和必要的理论推演下提出待实证检验的"新知识"，也即"理论假设"，然后设计统计模型、收集数据，最后利用所得数据验证理论假定并得出结论。

可以预见，大数据时代的社会科学研究将充分吸收"数据驱动的知识发现"模式的优势，形成"数据驱动"和"理论假设驱动"相结合的新范式。"数据驱动的知识发现"对社会科学研究产生挑战并将重构研究过程，但这并不意味着理论假设驱动的社会科学研究范式的终结，两者的结合将更好地认识世界。实际上，理论假设驱动的研究路径为广大社会科学研究者所接受的重要原因是，它在信息不足条件下带来的高效性。在传统的技术条件下，社会科学研究者搜集信息、处理数据面临着高昂的成本。基于已有知识体系提出理论假设，有助于迅速聚焦研究的问题，而基于核心问题出发收集和处理数据，则有利于节约成本。但这种先给出理论假设的作法也往往局限了研究的理论创见，因为选择了某一理论假设就意味着放弃了很多其他的甚至更有价值的理论假设。

随着大数据技术的发展，收集和处理数据成本大大下降，研究者可避开现有理论和个人知识的束缚，在先验假设尽可能少甚至没有任何假设的情况下，通过大范围的数据挖掘发现一些基本的模式，从中提出更重要的研究问题和理论假设，并结合已有理论知识凝练理论假设；然后基于理论假设对数据进行进一步的问题导向、更集中的深度挖掘来验证假设的合理性；如果此时已有数据不能满足假设验证的要求，可进一步收集数据，当然也可以采用传统方法收集小样本数据，以保证假设验证的科学性。因此，大数据时代的一项典型社会科学研究的实施过程将包括初步数据挖掘与问题发现、问题聚焦与理论假设确立、深度数据挖掘与假设检验、知识形成与研究结论等环节，而基于数据的知识发现模式及大数据分析技术将深度融合于以上各个环节之中。

3.3.3 手段变革：大数据服务于因果分析

在传统的社会科学研究范式中，学者研究的焦点是探究因果关系。尽管相关关系在大数据分析中得到凸显，但"因果关系是人类理性行为与活动的基本依据，人类理性本身不可能否定因果关系"。"大数据长于分析相关关系，而非因果关系。但是，如何从相关关系中推断出因果关系，才是大数据真正问题所在。"在大数据时代，因果关系将得到更好的解释，大数据不仅可以改进传统方法，而且它着重探究的相关关系也有助于探究因果关系。

探究变量间因果关系的最佳方法是进行可控性试验，基于试验不仅可以将试验对象分为控制组和实验组，还可以避免外界因素干扰。然而，社会科学研究对象的特殊性，致使"进行试验的特殊困难"，而且"在社会研究题材上进行受控试验的可能性极小"。在社会科学的研究中，通常基于概率角度理解因果，采用统计方法判断因果。在实证分析中，因果关系判断的准确度通常受制于三个因素：变量的内生性、变量遗漏、样本代表性。内生性问题是因果关系难以判断的主要原因，它是指"在一些情况下出现反向因果问题：解释变量受到被解释变量影响，而不是我们假设的影响被解释变量"。关于变量遗漏问题，现实生活中，联系是普遍存在的，单因单果的现象很难出现。这意味着，构建合理的模型应该包括所有可能影响因变量的元素，而不应该仅仅涉及两个变量。但由于数据等原因的限制，常常导致变量遗漏问题。关于样本代表性问题，如前所述，传统研究范式中的数据通常来自抽样调查，然而研究者的主观选择、客观条件限制以及操作过程失误等均可导致样本选择性偏误，从而导致样本代表性问题。

大数据时代，大数据试图提供的"全样本"数据将令上述问题得到改善。首先，更多的数据意味着更多的工具变量备选，研究中可选择更好的工具变量；其次，"全样本"将解决抽样带来的样本代表性问题；最后，不仅因数据缺失造成的变量遗漏问题将得以解决，还可以对"全样本"数据进行筛选，以判断哪些变量应该包含于模型中。

3.3.4 功能变革：分析与预测统一于政策

社会科学研究重视因果判断的根本原因在于，社会科学家普遍认为对因果关系的明确把握是理论运用于实际的前提。就政策问题而言，政策制定者需要知道改变某一个政策工具会对社会产生何种影响。因为改变政策工具是对系统的外在干预，如果政策和预期结果之间没有正向因果关系，通过外生政策干预就不能取得预期结果。因此，一种流行的看法是，尽管对变量间相关关系的掌握有助于进行预测分析，但离开了因果关系，相关关系（或者预测分析）将无助于政策实施。然而，在此我们想强调的是，尽管在过去社会科学研究中预测问题没有得到应有的重视，但预测问题在政策研究中同样十分重要。用天气问题作为类比，政策问题可概括为两类，即"雨伞"问题和"降雨"问题。所谓"雨伞"问题，即判断是否会下雨以决定是否带雨伞，这类问题也称为预测问题或者对策问题。所谓"降雨"问题，即依据所需的降雨量决定采取何种措施，如向空中打多少干冰，这类问题也称为干预问题，需要掌握降雨措施和降雨量之间的因果关系。尽管政策研究涉及上述两类问题，但以往的社会科学研究主要关注后一类问题，即因果问题，而现有的数据挖掘技术则更关注前一类问题，即预测问题。

事实上，现实中政策问题往往是两类问题的结合。为此，不妨进一步分析"降雨"问题。在我们向空中撒入干冰前，需要研究清楚干冰对降雨的影响，这是一个因果判断问题。假定我们针对特定区域实施人工降雨，那么该地区的实际降雨量不仅取决于撒入空中的干冰数量，还取决于风向。我们可以控制干冰的数量，却无法控制风向。为此，只能选择在风向合适的时候实施人工降雨，这意味着我们需要预测风向。事实上，几乎所有的政策干预都需要在时机合适时实施，因此对"时机"的预测是十分必要的。

3.4　计算社会学发展

所谓"计算社会学"是社会学界借助计算机、互联网与人工智能技术等现代科技手段，利用大数据技术等新方法来获取数据与分析数据，从而研究与解释社会的一种新的范式或思维方式，其目的是要克服既有社会学研究方法的局限与不足，达到对人类行为与社会运行规律的真实认知与科学解释。

计算社会学的发展是大数据时代社会学发展的必然结果。计算机科学、互联网与人工智能技术的发展是计算社会学发展的基础条件，而社会学家对社会学研究新方法的不懈探索与追求，是计算社会学发展的内在动力。

3.4.1　计算社会学的发展历程

社会学从产生、发展到现在，所走过的是一条坎坷不平的道路，正如美国社会学家柯林斯和马科夫斯基所说的，社会学的确是一门很艰难的科学，这是因为社会学在研究方法上经历了一个困难的探索过程。

20 世纪 50 年代，社会学研究方法开始被作为重要问题进行探索并引起争论。此时，西方社会学的定量研究正迅速发展成为主流研究方法。例如，1956 年在美国纽约召开了一次"社会测量大会"，聚集了一大批顶尖的社会科学学者，对社会科学研究方法的发展提出了很多意见与构想。心理学家史蒂文斯提出社会科学研究需要测量手段的更新，社会学家拉扎斯菲尔德提出需要关注定性研究与定量研究之间的关系问题等。这次会议对此后包括社会学在内的社会科学研究方法的发展起到了重要的推动作用，进一步提高了定量方法在社会学研究中的主导地位。

进入 20 世纪 70 年代后，由于计算机的发展与广泛使用，以及由此所带来的各种数据分析统计软件的问世，社会学研究在大样本问卷调查、数据的多变量统计建模与分析方面，达到了一个前所未有的水平。

与此同时，人们也在积极探索其他研究方法，如进行社会科学实验和开展社会现象的计算机建模研究等。尽管如此，社会学研究方法所面临的问题似乎越来越多。有研究专家认为，现在用于研究社会和社会关系的所有方法，包括定量与定性方法，都存在局限性。其中最明显的矛盾在研究方法上，社会学也因此而分化为不同的阵营。社会学研究方法所面临的困境，实际上是人类行为研究所受时代条件限制的反映。大数据时代的到来，正在为社会学研究方法突破困境创造条件。

20 世纪 90 年代中后期以来，一系列技术进步使得社会学研究方法的进一步创新成为可能，其中最重要的成就表现在以下四个方面。

（1）社会网络理论与研究方法的发展。

（2）人工智能的发展带来新的数据处理系统的问世。

（3）计算机模拟领域内基于代理者模拟方法的发展。

（4）互联网的快速发展，特别是移动互联网时代的到来。

2007 年，哈佛大学教授拉泽尔提出了"计算社会学"的概念。专家们预言一个以计算机新技术、互联网为基础，具有无限可能性的计算社会科学的产生正在成为现实，甚至在一些互联网大厂中，也开始了计算社会科学的研究。

过去，人们只能够获取间断的、片面性的社会数据，而如今，社会科学家搜集与处理海量数据的能力得到空前提升，这正是计算社会科学得以产生的一个重要原因。另一个原因是认知科学的发展。人类对自身认知机制的深入了解，神经生物学、计算机科学以及其他学科的融合，为人类行为研究的计算机模拟提供了条件，新技术的应用使经济学、社会学、政治学等社会科学的研究进入一个新的时代。而计算社会科学也逐渐演变为计算社会学、计算经济学等分支。

3.4.2 计算社会学发展的五大内容

新的计算社会学的目标是借助各种与社会学研究相关的新技术、新工具、新手段，克服以往社会学研究中存在的各种缺陷与障碍，提高社会学研究的科学性与有效性，开创社会学发展的新时代。要实现这个目标，必须实现社会学研究各个环节、各个方面的创新，因此新计算社会学实际上是一个全面创新的社会学研究方法体系。根据对现已发表的论文和在会议上展示的研究成果的分析，研究者将其划分为五个互相关联的组成部分：大数据的获取与分析、定性研究与定量研究的融合、互联网社会实验研究、计算机社会模拟研究和新型社会计算工具的研制与开发。

（1）大数据的获取与分析。数据、资料的获取与分析，是社会学研究的两大关键问题，也正是在这两个环节上，社会学研究受到的批评和诟病甚多。大数据的获取与分析，有望为解决问题找到新的突破口。未来的研究可以从文本内容、选举活动、商业行为、地理位置、健康信息等数据着手，通过大规模与时序性数据的研究来改变政治学乃至社会科学的基础。

大数据社会学研究所采用的数据量远大于传统的实证社会学研究。大数据与传统数据的区别主要在于三个方面。第一，传统数据样本量一般较小，而大数据论文则动辄数十万、上百万，大数据环境下，样本几乎等于总体，研究者甚至没有进行抽样的必要。第二，传统数据常用问卷调查方法获取，数据主观性高、可信性较低，而大数据是在现实生活中自动形成，数据结果可信度大于传统问卷调查数据。第三，传统数据的产生过程是"搜集"，设计问卷后进行调查，问卷的针对性强，但问卷的应用范围受到限制，为一个研究而进行的问卷数据搜集很难很好地应用于另一项研究，而大数据社会学研究则重在数据的"挖掘"，客观数据并不为任何一个课题而产生，而是对真实世界的自然记录，有利于研究者充分发挥社会学的想象力，可以挖掘的数据无穷无尽，可供研究的领域没有边界。

（2）定性研究与定量研究的融合。如何更加有效地利用文本、影音等定性资料开展研究，是社会学长期以来面临的难题。有效研究方法的缺乏，造成了定性研究与定量研究之间一直无法弥合的鸿沟。大数据时代的到来，为社会学的发展提供了更加有效的研究方法与研究工具，使定量研究与定性研究的融合成为可能。

（3）互联网社会实验研究。社会学的研究方法体系中早就有实验方法的位置，而且也有运用实验方法开展社会学研究的先例。但社会学界对实验方法一直存有戒心，因为运用实验方法来研究社会现象的确存在诸多难以克服的弊端和障碍。运用互联网这个平台来进行社会学的实验研究，是一种创新，而且有可能使实验法成为未来社会学研究的主流方法。

（4）计算机社会模拟研究。社会学的计算机模拟研究方法已经发展到第三代，即"基于代理的模拟（Agent-Based Modeling，ABM）"方法。

最早的社会学计算机模拟研究产生于 20 世纪 60 年代，其理论基础是结构功能主义学说，重视的是对宏观变量如组织、企业、城市、人口发展变化等的模拟，也就是在历史数据的支持下，模拟宏观社会现象的演化路径。从 20 世纪 70 年代开始，微观模拟逐步取代宏观模拟。研究者通过对微观个体行为的观察与测量获取数据，由此对个体的行为进行演化模拟与推测，了解个体行为决策的机制。

20 世纪 90 年代后，第三代社会学计算机模拟基于行动者的建模方法由阿克塞尔罗德所进行的计算机模拟囚徒困境全球竞赛首开先河。他在全世界邀请多学科专家编写以囚徒困境为博弈规则的计算机竞赛程序，让这些计算机程序进行博弈，以博弈的收益高低（得分多少）计算成败。竞赛结果，一个在所有程序中最短小精悍（一共只有 4 行程序）被称为"一报还一报"的程序获得冠军。此后问世的"人工股市模拟"更进一步，不仅利用计算机程序模拟人的行为，更让程序具有了自我学习的能力，使之更加接近复杂与互动过程中不断变化的真实世界。

ABM 计算机模拟方法在研究复杂社会现象的演化过程与变化机制方面，具有其他研究方法所无法比拟的独特优势。随着 ABM 方法的不断完善与成熟，它在社会学研究中的运用会越来越普遍。但它的运用也对研究者的数学能力提出了比较高的要求，有些研究者具有很强的理工科背景，使用的数学方法更是艰深。

（5）新型社会计算工具的研制与开发。新计算社会学是一个新的社会学研究方法体系，它产生和发展的物质基础是互联网，其支撑条件是计算机、人工智能等新技术。在新计算社会学实现其研究目标的过程中，需要综合运用互联网、计算机以及人工智能技术，根据数据获取与分析的要求，开发出能够有效实现研究目标的具体操作工具，称为新型社会计算工具的开发。新型社会计算工具多种多样，可以根据具体研究的需要进行研制与开发。例如，麦考利与莱斯科韦茨开发出一种网络算法，用以检测社交网络用户各类联系人的信息，包括姓名、年龄、职业、学历等。把这些信息与网络用户本人的信息进行对比，通过各种测量相似性的算法，估算联系人与用户的关系，将这些不同的联系人归入不同的组群（如好友、同事、同学等），实现用户个人网络的自动分组。该算法在实验验证阶段已经获得了成功。

新型社会计算工具的研制与开发，方式与途径多种多样。为了进行某项课题研究，社会学研究者与精通计算机技术的专家合作，可以量体裁衣地开发出研究所需要的某些小型工具。但对于那些大型且功能复杂工具的研制，则需要依赖多学科的共同努力，借助专业公司的力量，甚至依靠国家才能完成。

3.4.3　计算社会学发展的思考

新的计算社会学是社会学研究发展的最新前沿，当代科学技术的发展为新计算社会学研究提供了各种必备的条件，那就是以计算机技术为基础发展起来的互联网技术和人工智能技术等高新科技手段与研究方法，而其中最主要的是大数据的社会学应用。对于社会科学来说，大数据时代所带来的不只是研究方法上的创新，更重要的是新的社会范式和社会科学范式的出现可能引发的一场社会科学革命。

当前，已经进入大数据时代，数据信息的收集与分析已经被人们公认为是社会中最为重要的事项或行为方式。信息处理的核心是借助计算机进行的"计算"。因此，社会信息处理范式直接导致了社会科学计算范式的产生。新的社会科学范式，推动社会科学研究由小数据时代进入大数据时代，社会科学由"计量"进入"计算"时代，计量社会学、计量经济学上升为"计算社会学"与"计算经济学"。"计算"是"大数据"产生的基础和条件，由于有了计算机巨大的"计算"能力，才能够通过各种渠道（如互联网）和各种技术（如人工智能）收集和处理"大数据"。但新计算社会学研究不等于大数据分析。

从新计算社会学与传统社会学研究比较的角度，能够更好地认识新计算社会学的特性与发展前景。

（1）新计算社会学是从传统社会学的基础上发展起来的，其发展的外在条件是大数据时代的到来，而内在动力则来自于社会学家对社会学科学理想境界的追求。新计算社会学获取与分析数据的四大方面，即大数据的获取与分析、定性研究与定量研究的融合、互联网社会实验研究和计算机社会模拟研究，都建立在传统社会学研究的基础上。

（2）新计算社会学与传统社会学相比，其跨学科的特性更为突出，特别是社会学和自然科学与技术科学的关系变得尤为重要。这主要表现为新计算社会学的研究必须开发出"操作工具"，即"新型社会计算工具"。新型社会计算工具的开发，需要社会学家、计算机、互联网、人工智能等各方面专家的合作才能完成。这一方面对社会学研究和研究者都提出了更高的要求，另一方面也使得社会学的科学特色更为突出。

【作业】

1. 所谓计算社会科学指的是在（　　）中将计算和算法工具应用于关于人类行为的大规模数据，采用计算机运算方法以建立模型、模拟、分析社会现象的学术分支。

A. 社会科学　　　　　B. 计算科学　　　　　C. 人文学科　　　　　D. 经济领域

2. 作为计算社会科学的一个分支，（　　）使用数字方法来分析与模拟社会现象，由下而上地塑造社会互动的模型，来发展与测试复杂社会过程的理论。

A. 数字科学　　　　　B. 媒体分析学　　　　C. 计算社会学　　　　D. 计算经济学

3. （　　）是一个介于信息科学、经济学与管理学之间的研究主题。它以经济系统的计算建模为应用方向。

A. 数字科学　　　　　B. 媒体分析学　　　　C. 计算社会学　　　　D. 计算经济学

4. 作为（　　）之外的第四种生产要素，大数据必将影响到传统社会科学的理论和实证研究基础，重构人文社科的理论范式和研究方法，加速各学科之间的相互融合。

① 资本　　　　　　② 环境　　　　　　③ 劳动力　　　　　　④ 自然资源

A. ①②③　　　　　B. ①③④　　　　　C. ②③④　　　　　D. ①②④

5. 挖掘（　　）机制是科学研究的基本任务，也是科学知识积累和学科建设的核心。传统社会科学尤其是定量分析致力于进行因果推断、提供机制性解释。

A. 因果　　　　　　B. 相关　　　　　　C. 线性　　　　　　D. 实验

6. 大数据时代的到来，呈现了一幅（　　）的双赢学科目标新图景，将会对社会科学学科目标起到阶段性的丰富和拓展。

A. 因果推断崛起、相关分析强化　　　　　B. 虚拟现实崛起、物理世界强化

C. 相关分析崛起、因果推断强化　　　　　D. 物理世界崛起、虚拟现实强化

7. 对（　　）研究者而言，大数据可以通过海量规模的样本直接发现和展示出社会现

象的规律，既不需要控制变量来检验关联，又能避免定性方法在案例选择方面的样本偏差。

    A. 物理　　　　　　　B. 数学　　　　　　　C. 定量　　　　　　　D. 定性

8. 对（　　）研究者而言，由于数据的海量性甚至全样本的性质，一旦把基于大数据的简单关联分析或时间序列分析结果与文献中的传统回归分析进行比对，就能形成非常具有说服力的证据链。

    A. 物理　　　　　　　B. 数学　　　　　　　C. 定量　　　　　　　D. 定性

9. 总体上，大数据有助于重新强化"（　　）"在定量分析中的地位，也催生了利用大数据提取小数据然后进行定量分析的主要途径。

    A. 抽象　　　　　　　B. 描述　　　　　　　C. 分析　　　　　　　D. 定义

10. 以简洁、清晰的方式展示数据间的（　　），使受众对数据及其所代表的现象间的结构关系达到更深的理解，是大数据时代社会科学界的又一重大变革。

    A. 逻辑联系　　　　　B. 结构关系　　　　　C. 外在模式　　　　　D. 内在模式

11. （　　）是知识的一种再生产方式。可以预见：大数据时代，它必将彻底取代传统的数据展示形式，充分展现数据的温度与美感。

    A. 数据可视化　　　　B. 内容结构化　　　　C. 算法模拟　　　　　D. 数据重组

12. 大数据时代，除了（　　）三个方面的直接影响外，大数据还将进一步推动社会科学研究范式的变革。

    ① 样本采集的高随机性　　　　　　　② "全样本"数据
    ③ 大数据技术　　　　　　　　　　　④ 数据驱动的知识发现

    A. ①③④　　　　　　B. ①②④　　　　　　C. ②③④　　　　　　D. ①②③

13. 除了"全样本"海量数据之外，就社会科学研究而言，大数据时代带来的重要变化还有（　　）。

    ① 数据的实时可得　　　　　　　　　② 数据的非结构化
    ③ 数据的高度精确性　　　　　　　　④ 数据分析的技术手段日新月异

    A. ①③④　　　　　　B. ①②④　　　　　　C. ②③④　　　　　　D. ①②③

14. 社会科学的研究对象是（　　），目标在于认识各种社会现象并尽可能地发现关联，而核心在于探究因果关系。

    A. 社会　　　　　　　B. 组织　　　　　　　C. 算法　　　　　　　D. 事务

15. （　　），是指利用统计学、机器学习等方法，从掌握的大数据中提取隐含在数据背后、人们事先不知道，但存在潜在效用、能被人理解的信息和知识的过程。

    A. 样本采集的高随机性　　　　　　　B. "全样本"数据
    C. 大数据技术　　　　　　　　　　　D. 数据驱动的知识发现

16. 在大数据时代，大数据不仅可以改进传统方法，而且其着重探究的相关关系也有助于探究（　　）关系，它也将得到更好的解释。

    A. 线性　　　　　　　B. 结构　　　　　　　C. 因果　　　　　　　D. 显性

17. 社会科学家普遍认为对因果关系的明确把握是理论运用于实际的前提，但（　　）问题在政策研究中同样十分重要。

    A. 数据　　　　　　　B. 预测　　　　　　　C. 关联　　　　　　　D. 随机

18. 社会学界借助计算机、互联网与人工智能技术等现代科技手段，利用大数据技术等新方法来获取与分析（　　），其目的是要克服既有研究方法的局限与不足，达到对人类行为与社会运行规律的真实认知与科学解释。

    A. 数据   B. 预测   C. 关联   D. 随机

19. 新的计算社会学是一个全面创新的社会学研究方法体系，研究者将其划分为五个互相关联的组成部分：大数据的获取与分析、定性研究与定量研究的融合以及（　　）。

    ① 互联网社会实验研究   ② 计算机社会模拟研究

    ③ 数据的存储与管理方法   ④ 新型社会计算工具的研制与开发

    A. ①③④   B. ①②③   C. ②③④   D. ①②④

20.（　　）在研究复杂社会现象的演化过程与变化机制方面，具有其他研究方法所无法比拟的独特优势。随着 ABM 方法的不断完善与成熟，它在社会学研究中的运用会越来越普遍。

    A. 社会信息处理范式   B. 基于代理的模拟方法

    C. 社会科学计算范式   D. 虚拟现实的计算模式

第4章
基本原则与生命周期

【导读案例】 得数据者得天下

人们的衣食住行都与大数据有关，每天的生活都离不开大数据。同时，大数据也提高了人们的生活品质，为每个人提供创新平台和机会。通过大数据的整合分析和深度挖掘，发现规律，创造价值，进而建立起物理世界到数字世界再到网络世界的无缝链接。大数据时代，线上与线下、虚拟与现实、软件与硬件，跨界融合，将重塑我们的认知和实践模式，开启一场新的产业突进与经济转型。

大数据是"21世纪的石油和金矿"

工业和信息化部原部长苗圩在为《大数据领导干部读本》作序时，形容大数据为"21世纪的石油和金矿"，是一个国家提升综合竞争力的又一关键资源。

"从资源的角度看，大数据是'未来的石油'；从国家治理的角度看，大数据可以提升治理效率、重构治理模式，将掀起一场国家治理革命；从经济增长角度看，大数据是全球经济低迷环境下的产业亮点；从国家安全角度看，大数据能成为大国之间博弈和较量的利器。"

总之，国家竞争焦点因大数据而改变，国家间竞争将从资本、土地、人口、资源转向对大数据的争夺，全球竞争版图将分成数据强国和数据弱国两大新阵营。

苗圩说，数据强国主要表现为拥有数据的规模、活跃程度及解释、处置、运用的能力。数字主权将成为继边防、海防、空防之后大国博弈的另一空间。谁掌握了数据的主动权和主导权，谁就能赢得未来。新一轮的大国竞争，并不只是在硝烟弥漫的战场，更是通过大数据增强对整个世界局势的影响力和主导权。

大数据可促进国家治理变革

专家们普遍认为，大数据的渗透力远超人们想象，它正改变甚至颠覆我们所处的时代，对经济社会发展、企业经营和政府治理等方方面面产生深远影响。

的确，大数据不仅是一场技术革命，还是一场管理革命。它提升人们的认知能力，是促进国家治理变革的基础性力量。在国家治理领域，打造阳光政府、责任政府、智慧政府建设上都离不开大数据，大数据为解决以往的"顽疾"和"痛点"提供强大支撑；大数据还能将精准医疗、个性化教育、社会监管、舆情监测预警等以往无法实现的环节变得简单、可操作。

专家们认为，大数据时代开辟了政府治理现代化的新途径：大数据助力决策科学化，公共服务个性化、精准化；实现信息共享融合，推动治理结构变革，从一元主导到多元合作；大数据催生社会发展和商业模式变革，加速产业融合。

中国具备数据强国潜力

2012 年是世界的大数据元年，而 2015 年是我国建设制造强国和网络强国承前启后的关键之年，此后大数据充当着越来越重要的角色，我国也具备成为数据强国的优势条件。

党中央、国务院高度重视大数据的创新发展，准确把握大融合、大变革的发展趋势，制定发布了"互联网+"行动计划，出台了《关于促进大数据发展的行动纲要》，为我国大数据的发展指明了方向，可以看作是大数据发展"顶层设计"和"战略部署"，具有划时代的深远影响。

工信部正在构建大数据产业链，推动公共数据资源开放共享，将大数据打造成经济提质增效的新引擎。我国成为数据强国的潜力极为突出，例如 2010 年我国数据占全球比例为 10%，2013 年占比为 13%，2020 年占比就达 18%，至此，我国的数据规模超过美国，位居世界第一。专家指出，我国许多应用领域已与主要发达国家处于同一起跑线上，具备了厚积薄发、登高望远的条件，在新一轮国际竞争和大国博弈中具有超越的潜在优势。

资料来源：数据科学家网。

阅读上文，请思考、分析并简单记录：

（1）为什么工业和信息化部原部长苗圩说："大数据是'21 世纪的石油和金矿'"？

答：_____

_____

（2）为什么说："中国具备数据强国潜力"？

答：_____

_____

（3）请阐述，为什么说"得数据者得天下"？

答：_____

_____

4.1 大数据分析生命周期

从组织上讲，采用大数据会改变商业分析的途径。大数据分析的生命周期从大数据项目商业案例的创立开始，到保证分析结果部署在组织中并最大化地创造价值时结束。在数据识别、获取、过滤、转换、清洗和聚合过程中有许多步骤，这些都是在数据分析之前所必需的。

由于被处理数据的容量、速率和多样性的特点，大数据分析不同于传统的数据分析。为了处理大数据分析需求的多样性，需要一步步地使用采集、处理、分析和重用数据等方法。大数据分析生命周期可以组织和管理与大数据分析相关的任务和活动。从大数据的采用和规划的角度来看，除了生命周期以外，还必须考虑数据分析团队的培训、教育、工具和人员配备等问题。生命周期的执行需要组织重视培养或者雇佣新的具有相关能力的人。

大数据分析的生命周期可以分为九个阶段（见图 4-1）。

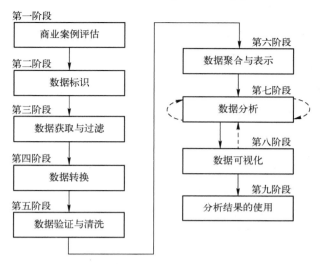

图 4-1　大数据分析生命周期的九个阶段

4.1.1　商业案例评估

在分析阶段中，每一个大数据分析生命周期都必须起始于一个被很好定义的商业案例，它有着清晰的执行分析的理由、动机和目标，并且应该在着手分析之前就被创建、评估和改进。

商业案例的评估能够帮助决策者了解需要使用哪些商业资源，需要面临哪些挑战。另外，在这个环节中详细区分关键绩效指标，能够更好地明确分析结果的评估标准和评估路线。如果关键绩效指标不容易获取，则需要努力使这个分析项目变得 SMART，即 Specific（具体的）、Measurable（可衡量的）、Attainable（可实现的）、Relevant（相关的）和 Timely（及时的）。

基于商业案例中记录的商业需求，可以确定所定位的商业问题是否是真正的大数据问题。为此，这个商务问题必须直接与一个或多个大数据的特点相关。

同样还要注意的是，本阶段的另一个结果是确定执行这个分析项目的基本预算。任何如工具、硬件、培训等需要购买的东西都要提前确定，以保证可以对预期投入和最终实现目标所产生的收益进行衡量。比起能够反复使用前期投入的后期迭代，大数据分析生命周期的初始迭代需要在大数据技术、产品和训练上有更多的前期投入。

4.1.2　数据标识

数据标识阶段主要用来标识分析项目所需要的数据集和所需的资源。标识种类众多的数据资源可能会提高找到隐藏模式和相互关系的可能性。例如，为了提供洞察能力，尽可能多地标识出各种类型的相关数据资源非常有用，尤其是当人们探索的目标并不是那么明确的时候。

根据分析项目的业务范围和业务问题的性质，人们需要的数据集和它的数据源可能是企业内部和/或企业外部的。在内部数据集的情况下，像是数据集市和操作系统等一系列可供使用的内部资源数据集，往往靠预定义的数据集规范来进行收集和匹配。在外部数据集的情况下，像是数据市场和公开可用的数据集这样一系列可能的第三方数据集会被收集。一些外部数据的形式则会内嵌到基于内容的网站中，这些数据需要通过自动化工具来获取。

4.1.3 数据获取与过滤

在数据获取和过滤阶段，前一阶段标识的数据已经从所有的数据资源中获取和集成，这些数据接下来会被归类并进行自动过滤，以去掉被污染的数据和对分析对象毫无价值的数据。

根据数据集的类型，数据可能会是档案文件，如购入的第三方数据；可能需要 API 集成，如微博、微信上的数据。在许多情况下，人们得到的数据常常是不相关的，特别是外部的非结构化数据，这些数据会在过滤程序中被丢弃。

内部数据或外部数据在生成或进入企业边界后都需要继续保存。为了满足批处理分析的要求，数据必须在分析之前存储在磁盘中，而在实时分析之后，数据需要再存储到磁盘中。

元数据会通过自动操作添加到内部和外部的数据资源中来改善分类和查询（见图 4-2）。扩充的元数据例子主要包括数据集的大小和结构、资源信息、日期、创建或收集的时间、特定语言的信息等。确保元数据能够被机器读取并传送到数据分析的下一个阶段是至关重要的，它能够帮助人们在大数据分析的生命周期中保留数据的起源信息，保证数据的精确性和高质量。

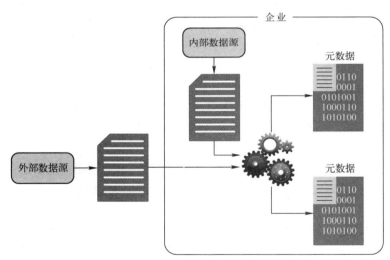

图 4-2 元数据从内部和外部数据源添加到数据中

4.1.4 数据转换

为分析而输入的一些数据可能会与大数据解决方案产生格式上的不兼容，这样的数据往往来自于外部源。数据转换阶段主要是要转换不同的数据，并将其转换为大数据解决方案中可用于数据分析的格式。

需要转换的程度取决于分析的类型和大数据解决方案的能力。例如，如果相关的大数据解决方案已经能够直接加工文件，那么从有限的文本数据（如网络服务器日志文件）中转换需要的域，可能就不必要了。如果大数据解决方案可以直接以本地格式读取文稿的话，对于需要总览整个文稿的文本分析而言，文本的转换过程就会简化许多。

图 4-3 显示了从没有更多转换需求的 XML 文档中对注释和用户编号的转换提取。

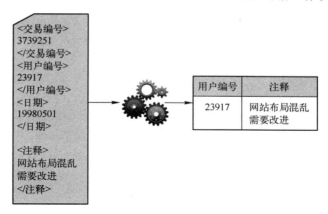

图 4-3　从 XML 文档中转换提取注释和用户编号

图 4-4 显示了从单个 JSON 文件中转换提取用户的经纬度坐标。为了满足大数据解决方案的需求，将数据分为两个不同的域，这就需要做进一步的数据转换。

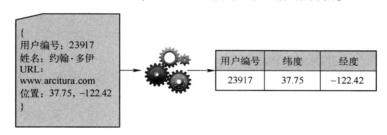

图 4-4　从单个 JSON 文件中转换提取用户的经纬度坐标

4.1.5　数据验证与清洗

无效数据会歪曲和伪造分析的结果。和传统的企业数据那种数据结构被提前定义好、数据也被提前检验的方式不同，大数据分析的数据输入往往没有任何的参考和验证来进行结构化操作，其复杂性会进一步使数据集的验证约束变得困难。

数据验证和清洗阶段是为了整合验证规则并移除已知的无效数据。大数据经常会从不同的数据集中接收到冗余的数据，这些冗余数据往往会为了整合验证字段、填充无效数据而被用来探索有联系的数据集。数据验证会检验具有内在联系的数据集，填充遗失的有效数据。

对于批处理分析，数据验证与抽取可以通过离线 ETL（抽取/转换/加载）来执行。对于实时分析，则需要一个更加复杂的在内存中的系统来对从资源中得到的数据进行处理，在确认问题数据的准确性和质量时，来源信息往往扮演着十分重要的角色。有的时候，看起来无效的数据（见图 4-5）可能在其他隐藏模式和趋势中具有价值，在新的模式中可能有意义。

图 4-5 无效数据的存在造成了一个峰值

4.1.6 数据聚合与表示

数据可以在多个数据集中传播，这要求这些数据集通过相同的域被连接在一起，就像日期和 ID。在其他情况下，相同的数据域可能会出现在不同的数据集中，如出生日期。无论哪种方式都需要对数据进行核对的方法或者需要确定表示正确值的数据集。

数据聚合和表示阶段是专门为了将多个数据集进行聚合，从而获得一个统一的视图。在这个阶段会因为以下情况变得复杂。

（1）数据结构——数据格式相同时，数据模型可能不同。

（2）语义——在两个不同的数据集中，具有不同标记的值可能表示同样的内容，比如"姓"和"姓氏"。

通过大数据解决方案处理的大量数据能够使数据聚合变成一个时间和劳动密集型的操作。调和这些差异需要可以自动执行、无需人工干预的复杂逻辑。

在此阶段，需要考虑未来的数据分析需求，以帮助数据的可重用性。是否需要对数据进行聚合，了解同样的数据能以不同形式来存储十分重要。一种形式可能比另一种更适合于特定的分析类型。例如，如果需要访问个别数据字段，以二进制大对象（Binary Large Object，BLOB）存储的数据就会变得没有多大的用处。

BLOB 是一个可以存储二进制文件的容器。在计算机中，BLOB 常常是数据库中用来存储二进制文件的字段类型。BLOB 是一个大文件，典型的 BLOB 可以是一张图片或一个声音文件，由于文件的大小，必须使用特殊的方式来处理（例如上传、下载或者存放到一个数据库）。在 MySQL 中，BLOB 是个类型系列，例如 TinyBlob 等。

由大数据解决方案进行标准化的数据结构可以作为一个标准的共同特征，被用于一系列的分析技术和项目。这可能需要建立一个像非结构化数据库一样的中央标准分析仓库（见图 4-6）。

图 4-7 展示了存储在两种不同格式中的相同数据块。数据集 A 包含所需的数据块，但是由于它是 BLOB 的一部分而不容易被访问。数据集 B 包含有相同的以列为基础来存储的数据块，使得每个字段都被单独查询到。

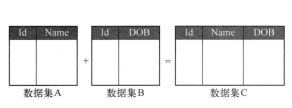

图 4-6 使用 Id 域聚集两个数据域的简单例子

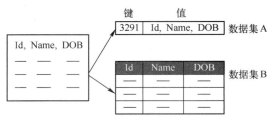

图 4-7 数据集 A 和 B 能通过大数据解决方案结合起来创建一个标准化的数据结构

4.1.7　数据分析

数据分析阶段致力于执行实际的分析任务，通常会涉及一种或多种类型的数据分析。在这个阶段，数据可以自然迭代，尤其在数据分析是探索性分析的情况下，分析过程会一直重复，直到适当的模式或者相关性被发现。

根据所需的分析结果的类型，这个阶段可以被尽可能地简化为查询数据集以实现用于比较的聚合。

数据分析可以分为验证性分析和探索性分析两类，后者常常与数据挖掘相联系。

验证性数据分析是一种演绎方法，即先提出被调查现象的原因，被提出的原因或者假说称为一个假设。接下来使用数据分析以验证和反驳这个假设，并为这些具体的问题提供明确的答案。人们常常会使用数据采样技术，意料之外的发现或异常经常会被忽略，因为预定的原因是一个假设。

探索性数据分析是一种与数据挖掘紧密结合的归纳法。在这个过程中没有假想的或是预定的假设产生。相反，数据会通过分析探索来发展一种对于现象起因的理解。尽管它可能无法提供明确的答案，但这种方法会提供一个大致的方向以便发现模式或异常。

4.1.8　数据可视化

如果只有数据分析师才能解释数据分析结果的话，那么分析海量数据并发现有用见解的能力就没有什么价值了。数据可视化阶段致力于使用数据可视化技术和工具，并通过图形表示有效的分析结果（例如数据分析仪表盘，见图 4-8）。为了从分析中获取价值并在随后拥有向下一阶段提供反馈的能力，商务用户必须充分理解数据分析的结果。

图 4-8　数据分析仪表盘

完成数据可视化阶段得到的结果能够为用户提供执行可视化分析的能力，这能够让用户去发现一些未曾预估到的问题的答案。相同的结果可能会以许多不同的方式来呈现，这会影响最终结果的解释。因此，重要的是保证商务域在相应环境中使用最合适的可视化技术。

另一个必须要记住的方面是,为了让用户了解最终的积累或者汇总结果是如何产生的,提供一种相对简单的统计方法也是至关重要的。

4.1.9 分析结果的使用

大数据分析结果可以用来为商业使用者提供商业决策支持,像是使用图表之类的工具,可以为使用者提供更多使用这些分析结果的机会。在分析结果的使用阶段,致力于确定如何以及在哪里处理分析数据能保证产出更大的价值。

基于要解决的分析问题本身的性质,分析结果很可能会产生对被分析的数据内部一些模式和关系有着新的看法的"模型"。这个模型可能看起来会比较像一些数据公式和规则的集合,它们可以用来改进商业进程的逻辑和应用系统的逻辑,也可以作为新的系统或者软件的基础。

在这个阶段常常会被探索的领域主要有以下几种。

(1)企业系统的输入——数据分析的结果可以自动或者手动输入企业系统中,用来改进系统的行为模式。例如,在线商店可以通过处理用户关系分析结果来改进产品推荐方式。新的模型可以在现有的企业系统或是在新系统的基础上改善操作逻辑。

(2)商务进程优化——在数据分析过程中识别出的模式、关系和异常能够用来改善商务进程。例如作为供应链的一部分整合运输线路。模型也有机会能够改善商务流程逻辑。

(3)警报——数据分析的结果可以作为现有警报的输入或者是新警报的基础。例如,可以创建通过电子邮件或者短信的警报来提醒用户采取纠正措施。

4.2 大数据的分析原则

随着大数据时代的到来,人们逐渐开始放弃使用传统单一数据库的想法,因为单一数据库难以驾驭数据的复杂多样性,而人们面临着各类令人眼花缭乱的平台以及无处不在的数据:本地的、第三方托管的、云端的。

数据的这种巨变给分析学领域带来了颠覆式的改变:新的业务问题、应用、用例、技术、工具和平台。过去一家软件开发商可以垄断分析软件,而如今开发分析软件的初创公司层出不穷,多数分析师更加喜欢开源分析的方式而不只是流行的商业软件。

大数据时代,企业运转的节奏呈指数级加速,如果还是像过去那样花不少时间才实施一个分析预测模型,企业就会被市场淘汰。其次,因为没有任何一家厂商能够满足所有的分析需求,所以企业搭建起通过开放标准连接在一起的基于各种商业和开源工具的开放分析平台。相应地,组织必须定义一个独特的分析架构和路线图(见图4-9),以支持现代组织和经营战略的复杂性。

为此,大数据分析专家提出九项核心原则作为建立分析方法的基础。这九项原则如下。

(1)实现商业价值和影响——构建并持续改进分析方法,以实现高价值业务影响力。

(2)专注于最后一公里——将分析部署到生产中,从而实现可复制的、持续的商业价值。

(3)持续改善——从小处开始进而走向成功。

(4)加速学习能力和执行力——行动、学习、适应、重复。

(5)差异化分析——反思分析方法从而产生新的结果。

(6)嵌入分析——将分析嵌入业务流程。

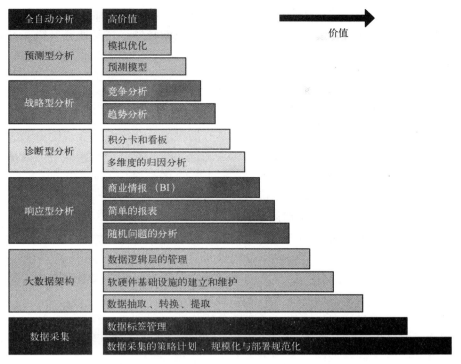

图 4-9　数据分析架构和路线图

（7）建立分析架构——利用通用硬件和下一代技术来降低成本。

（8）构建人力因素——培养并充分发挥人才潜力。

（9）利用消费化趋势——利用不同的选择进行创新。

今天的商界正在打造下一代业务模式，即侧重自上而下的自动化、基于事实的决策、执行和结果（例如，广告精准投放见图4-10）。这九条分析原则自下而上地重塑分析方法，绘制了一条通向分析方法的转型道路。

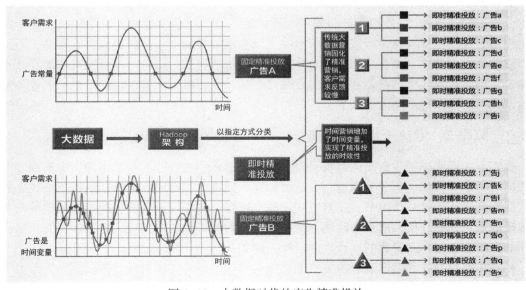

图 4-10　大数据时代的广告精准投放

为了增强自己的竞争优势，企业必须为自己的商业战略建立一个独特的分析路线图，以产生一些新的推动力，实现从信息时代向下一个新时代的转型，这是业务升级实现繁荣的关键因素。这个独特的分析框架还可以让企业系统性地识别各种机会，发现商业中的隐藏价值，这与其特定的商业策略和目标是一致的。

4.2.1 原则1：实现商业价值和影响

分析方法的原则之一，就是聚焦分析那些具有潜在的改变组织游戏规则价值的项目。要保证组织能够实现价值，需要评估目前的状态来确定基线，并设定初始的、可以量化的和持续的业务目标。例如，目前的收入是每年1亿元，复合增长率是4%，初步设定实现15%的新增收入，并且希望未来每年贡献10%的新增业务收入。

这样的指标可以很容易地识别和衡量，而那些潜在的指标在识别和衡量上就有一定难度，需要确定商业决策通常是由哪些因素决定的。首先要衡量这些因素的影响，然后有目的地建立对业务有直接影响的指标。过去，公司常常只是想有一个收益指标或者是一个运营成本指标，而不是两者兼顾。而如今，成熟的分析型组织通常会建立起兼顾资产负债表两头的衡量标准，即实现收益增长的同时必须有效地控制成本。

精明的企业可以通过逆向思维找到潜在的分析机遇（见图4-10）。通常情况下，在一个行业或公司内最难以解决的、根深蒂固的问题长时间存在，员工们已经把这些问题看作是工作中最难改变的限制条件。然而，在过去看似不可能解决的问题，其壁垒可能已不复存在，从瓶颈中释放出来后通常会创造出大量的商业价值。分析驱动型的组织敢于打破条条框框，并在他们所面临的行业或企业中寻找出最具挑战性的问题。做到这一点，就将开始确定如何通过创新数据、技术手段来解决或减少这类问题。例如分析团队会寻找潜在的新资源——数据、共生关系的合作者或技术来帮助他们实现业务目标，而不是使用样本或回溯测试来找到解决方案。

要在最初和一段较长时间内实现商业价值，需要将分析应用到生产。在任何分析展开之前，需要验证分析模型结果的准确性。以往这项研究经常在一个"沙箱"中进行。所谓"沙箱"是使用原始数据的一个有限子集，在一个人工的、非生产的环境中进行演练。但一个十分普遍的现象是，"沙箱"分析模型能够满足甚至超过各项业务测试指标，在实际生产环境中却表现得不尽人意。所以，要争取在实际实施的环境中对分析模型进行评估，而不是在理想的环境中评估。现在，部署是全生命周期分析过程的一部分。一旦所有的潜在技术部署确定之后，在投入生产前要获得批准或程序确认。分析模型部署后，评估最初的业务影响并确定快速方法以便不断改善结果。

4.2.2 原则2：专注于最后一公里

事实上，现实中很少有团队实现了将分析结果部署到生产环境和承诺为组织实现改变游戏规则后的商业价值。为了实现这个终极目标，人们可以进行逆向思维，通过与一线工人交流从战略到执行的每一个细节，了解组织中每一层级、每一天面临的挑战。这些领域的专家能敏锐地意识到制约他们成功的问题，清楚地认识到取得成功的代价。有了这样的认识，就为你的分析方法建立起量化的、远大的目标。例如：

- 要获得的企业目标价值是多少？

  收益提高3%？

库存每年节省 1000 万元？

部署的第一年总费用节省 1 亿元？

- 业务预期的服务水平是什么？

隔夜重新评估信用等级？

5 分钟内完成投资组合评价？

- 运作模式是什么？

如何将模型运用到生产？

这个分析模型需要与其他业务系统结合吗？如果需要，操作流程和决策如何改变？

分析模型是否由其他商业系统引发？

这个分析模型部署在一个地点还是多个地点？

是否有跨国或本地的要求？

模型更新的频率是多少？

- 什么是衡量商业影响的关键成功因素？

如何衡量成功？

什么是失败？

团队要经历多长时间才能取得成功？

- 什么是模型的准确性？

模型准确性是否"足够好"，可以马上实现商业价值？

模型需要多少改进以及在什么时间改进？

传统上，一个团队的定量分析师、统计人员或数据挖掘人员负责模型的创建，而另一个团队，通常是信息技术团队来负责生产部署。因为这往往会跨越组织边界，所以有可能在模型创建和模型部署或评分之间存在较长时间的滞后和割裂。这两个团队必须像一个团队一样发挥作用，即使组织边界存在且会持续下去。完整的生命周期方法可以使这两个团队进入合作状态，要求分析方法不仅仅是创建和评估初始分析模型，还要涵盖分析模型的实际生产部署和为了实现企业的经营目标而持续地重新评估。

运用分析方法，团队专注于提供快速的结果，而不是等待打造出"完美的"分析模型。他们通常以概念性验证或原型开始，虽然项目范围有局限，但是可以帮助团队加快实现商业价值。团队可以迅速完善并改进概念性验证或原型，使其可以进行生产部署，取得系统性的收益。

4.2.3　原则 3：持续改善

持续改善，即在生产活动中不断提高，其核心如下。

（1）从小处入手。

（2）去除过于复杂的工作。

（3）进行实验以确定和消除无用之处。

持续改善的重点在于快速实现价值而不在于追求完美，测试和学习可以带来许多小的改进并通向最终目标。这与花费较长的开发周期建设"完美"模型的现状形成鲜明的对比。构建和部署分析方法是十分复杂的定制项目，涉及多个不同的功能领域。分析团队要转变传统分析方法，消除项目周期中不必要的耗时的步骤，这有助于提高在将商业反馈纳入流程的过程中的灵活性和响应能力，从而改善结果。

有持续改善作为指导原则，分析团队可以立即构建、部署模型，然后在很短的周期里提高模型在分析和信息技术方面的应用，从而不断地提供商业价值。因此，分析团队经常使用混合型敏捷或快速应用开发方法来缩短周期，降低与跨部门团队合作的障碍。

4.2.4　原则4：加速学习能力和执行力

分析团队需要通过新的组合的方法、工具、可视化以及算法来揭示不断增长的数据中的模式。通过尝试新的事物，将一个产业和问题的经验运用到完全不同的另一个产业和问题中去，分析团队将加快学习过程并创造出新的商业价值。

例如，随着数据量的增加，分析团队从局限的、仅依靠统计的方法转移到有预测性的、机器学习的方法，这样可以完全利用所有数据。随着数据量的激增，应注意基础工具和基础设施需要尽可能地减少数据的移动来实现商业目标。

根据行业标准，一个分析师60%~80%的开发时间将花在数据的准备和加工上。分析工作中，前期的手动数据加工应尽量减少，取而代之的是，数据准备工作实现自动化，也可以作为分析过程的一部分进行处理。这与企业加快发展步伐并在竞争中取得领先的需求相吻合。组织尽可能建立近乎实时学习的能力是一个越来越强的发展趋势。现代商业世界需要这样的能力，即能够实时发现规律并迅速采取措施，然后继续挖掘更深刻的洞察来改进下一周期。

4.2.5　原则5：差异化分析

企业力求将推向市场的产品、客户服务和运营过程组合起来创造差异化竞争。分析可以通过简单地提供可比较的竞争分析洞察来支持每项独立活动。或者，它们可以用来高度差异化竞争策略，这也许意味着成为一个先行者——第一个在行业中使用分析方法，也可能意味着分析方法或将分析部署到生产环境中的速度是差异化的。

许多企业在市场上观察并尝试学习其他企业的竞争格局。然而，这种典型的山寨做法通常意味着将自己置于市场的次要位置而不是领先地位。相反，分析领导型企业会观察其他行业，并思考他们如何使用分析方法，借鉴其他行业的问题，并与其所处行业的问题进行类比，发现其他公司是如何使用分析来解决问题的。分析领导型企业开始寻找组织之外的新数据和方法，结成新的共同联盟以获得有利于组织的数据和方法，在行业或业务问题上应用新知识。要做到这一点，分析领导型企业要超越自己的团队、部门或地域范围，找机会与其他数据和流程整合，建立对组织影响更广泛的分析解决方案。分析领导型企业摒弃一直以来所遵守的约束规则，并找到新的方法来激发创新性分析，利用可用的组合分析方法的全部来创造改变游戏规则的价值，不只是创建预测，而是用自己的预测模型并通过优化预测模型确定最佳行动方案，以达到系统的最佳执行状态。这样持续不断地驱动最佳的行动方向，帮助他们实现差异化竞争优势。

4.2.6　原则6：嵌入分析

按需分析或专案分析是被偶尔执行的分析模型，它提供一个一次性洞察来帮助人们决策并采取行动。尽管这种方法是有用的并可以提供价值，却由于人工交互而速度缓慢。例如，过去金融交易员通过交易大厅的桌面工具来理解复杂的金融市场的相互依存关系，该工具会产生一个时点的市场状况，交易员用这些信息决定买入或卖出。如今，资本市场由"算法交易"主导，这是一个在桌面工具中体现了新一代算法的复杂程序，可以自动进行交易。淘汰人为交互和在复杂的金融市场中嵌入分析消除了整个系统中的摩擦。当分析模型内置于流程中，就可以实现可重复性和可扩展性，这种强制性的执行带来了不可估量的市场商业价值。

4.2.7 原则 7：建立分析架构

经过数十年的发展，分析架构经历了从独立的桌面到企业级数据仓库再到大数据平台的实质性转变。高性能计算环境（如集群和网格）曾经被认为是专业环境，正逐渐演变成为主流的分析环境，这在全球的数据中心创造了综合的硬件和软件财富。

该模式正朝着全面建设精简分析架构的方向转变，如图 4-11 所展现的，基于简单性和开放标准，充分利用物美价廉的硬件和开源软件，降低架构成本，提供平台的可扩展性和创新性。

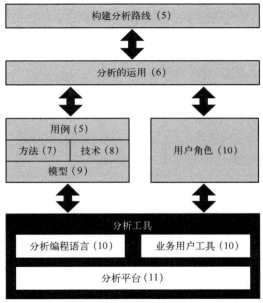

注：图中括号内的数字指示了在本书中的第n章

图 4-11　分析架构

这一创新支持数以千计的计算和数据密集型预测模型在生产部署上的执行，且具有不同的分析和服务水平要求的大型用户群。建设、管理和支持实现这些需求的生态系统意味着需要集成许多不同的硬件和软件产品，包括开源和专有的。即使只有一个单一的供应商，由于软件版本和并购等问题，产品也常常不能无缝集成。精简分析架构使用私有的硬件解决方案，这些解决方案有着独特的价值，同时架构坚持开放性原则，提供可以与其他解决方案进行集成的接口。这种精简降低了复杂的管理和维护成本，同时为分析和从数据中发掘洞察创造了效率。

4.2.8 原则 8：构建人力因素

作为一群特殊的分析人才，数据科学家（或者说数据工作者）在计算机科学（软件工程、编程语言和数据库技术）、分析（统计、数据挖掘、预测分析、仿真、优化和可视化技术）和特定领域（行业、功能或流程的专业知识）有深厚的专业知识。人们越来越认识到，数据科学家实际上是一个团队，他们共同扮演数据科学家的角色。这些团队通常包括少数跨学科的数据科学家，他们同时也是高层领导。

随着分析领域逐渐成熟，分析在组织中的应用广度和影响范围有所增加。在一个企业中，不再只有一个类型的角色需要建立、使用和理解分析方法，相反有多个角色或身份，各有不同的技能和责任。深谙分析的组织了解现在有什么技能和人才，以及需要什么样的技能和人才来实现业务目标。各种角色和技能对业务的贡献不同，而且所有的技能对实现业务目标都很重要。当技能存在缺口时，这些组织就会通过培养个人或团队来提升效率。通过拓宽和提升兴趣、意识和专业分析技能，可以保持团队参与感并激发创新性。

4.2.9 原则9：利用消费化趋势

信息技术的消费化在市场上势头正劲。当今的消费化有几种形式，包括"应用商店"（APP store）、众包和"自备"（Bring Your Own，BYO）。

具有分析应用程序的B2B应用商店和市场正不断涌现。有些应用程序属于受众窄、分散的案例，如信用评估模型，也有些其他应用程序则是更全面的端到端的案例，如多渠道营销模型。尽管没有哪个案例是100%契合，但它们可以作为企业加快理解和降低成本的起点。

众包是一种外包，通过这种方式企业可以征集来自在线社区的建设性意见，以执行特定任务。众包分析模型或算法对于很难或无法负担的项目提供了利用外部专家的机制。

BYO自助服务时代已经来临，分析专家正迫不及待地使用他们喜欢的工具、数据源和模型，而不是标准的信息技术或指定的工具。虽然信息技术出于成本和易支持性的考量，通常力求标准化和整合供应商及工具，但是分析人士通常重视其他方面的考虑，比如用户接口的易用性、编程接口的灵活性和分析模型的广度。出于这种需求，已经出现了以下自助服务的方式。

（1）自备数据（BYOD）：即带上自己的数据，这是一种可以让组织结合自己的非竞争性数据来发现规律，并从新的丰富数据源中发现深刻见解的方式。

（2）自备工具（BYOT）：即带上自己的工具，这是一种混合搭配开放源代码和专有技术工具的方式，以处理具体的服务水平协议的要求。

（3）自备模型（BYOM）：即带上自己的模型，这是一种利用应用商店和众包导出价值的方式。

【作业】

1. 大数据分析的生命周期中，在数据（　　）过程中有许多的步骤，这些都是在数据分析之前所必需的。

A. 识别、获取、过滤、转换、清洗和聚合

B. 打印、计算、过滤、转换、清洗和聚合

C. 统计、计算、过滤、存储、清洗和聚合

D. 存储、转换、统计、计算、分析和打印

2. 每一个大数据分析生命周期都必须起始于一个被很好定义的（　　），它应该在着手

分析任务之前被创建、评估和改进，并且有着清晰的执行分析的理由、动机和目标。

    A. 商业计划　　　　B. 社会目标　　　　C. 盈利方针　　　　D. 商业案例

  3. 在大数据分析商业案例的评估中，如果关键绩效指标不容易获取，则需要努力使这个分析项目变得 SMART，即（　　）。

    A. 实际的、大胆的、有价值的、可分析的

    B. 有风险的、有机会的、能实现的和有价值的

    C. 具体的、可衡量的、可实现的、相关的和及时的

    D. 有理想的、有价值的、有前途的和能实现的

  4. 大数据分析生命周期分为九个阶段，其中包括（　　）等阶段。

    ① 商业案例评估　　　　　　　　② 数值计算

    ③ 数据获取与过滤　　　　　　　④ 数据转换

    A. ②③④　　　　B. ①③④　　　　C. ①②④　　　　D. ①②③

  5. 大数据分析生命周期分为九个阶段，其中包括（　　）等阶段。

    ① 数据删减　　　　　　　　　　② 数据聚合与表示

    ③ 数据分析　　　　　　　　　　④ 数据可视化

    A. ②③④　　　　B. ①②③　　　　C. ①③④　　　　D. ①②④

  6. 数据标识阶段主要是用来标识分析项目所需要的数据集和资源。标识种类众多的数据资源可能会提高找到（　　）的可能性。

    A. 数据获取和数据打印　　　　　B. 算法分析和打印模式

    C. 隐藏模式和相互关系　　　　　D. 隐藏价值和潜在商机

  7. 在数据获取和过滤阶段，从所有的数据资源中获取到的所需要的数据接下来会被（　　）并进行自动过滤，以去除掉所有被污染的数据和对于分析对象毫无价值的数据。

    A. 整理　　　　B. 归类　　　　C. 打印　　　　D. 处理

  8. 数据转换阶段主要是要转换不同的数据，并将其转换为大数据解决方案中可用于（　　）的格式，需要转换的程度取决于分析的类型和大数据解决方案的能力。

    A. 数据分析　　　　B. 打印输出　　　　C. 数据存储　　　　D. 数据整合

  9. 大数据分析的数据输入中，数据验证和清洗阶段是为了（　　）并移除任何已知的无效数据。

    A. 完善数据结构　　　　　　　　B. 建立存储结构

    C. 整合验证规则　　　　　　　　D. 充实合理数据

  10. 数据聚合和表示阶段是专门为了将（　　）进行聚合，从而获得一个统一的视图。

    A. 关键数据集　　　B. 离散数据　　　C. 单个数据集　　　D. 多个数据集

  11. 大数据分析结果可以用来为商业使用者提供商业决策支持，为使用者提供更多使用这些分析结果的机会。分析结果的使用阶段致力于确定（　　）分析数据能保证产出更大的价值。

    A. 如何以及在哪里处理　　　　　B. 怎样以及什么时候

    C. 是否以及怎样　　　　　　　　D. 如何打印以及存储

  12. 提出大数据的分析原则所需要考虑的因素包括（　　）。

    ① 大数据时代，企业运转的节奏呈指数级加速，需要迅速建立和实施一个分析预测模型

② 企业需要寻觅一家技术企业以建立统一、完善的分析平台

③ 企业搭建起通过开放标准连接在一起的基于各种商业和开源工具的开放分析平台

④ 企业必须定义一个独特的分析架构和路线图，以支持现代组织和经营战略的复杂性

A. ①②③　　　　　B. ①③④　　　　　C. ②③④　　　　　D. ①②④

13. 建立分析方法的基础包括（　　）等九项核心原则。

① 实现商业价值和影响　　　　　　　② 专注于最后一公里

③ 加速学习能力和执行力　　　　　　④ 标准化统一分析

A. ①③④　　　　　B. ①②④　　　　　C. ②③④　　　　　D. ①②③

14. 分析方法的原则之一是（　　）那些具有潜在的改变组织游戏规则价值的项目。

A. 聚集分析　　　B. 持续改善　　　C. 嵌入分析　　　D. 差异分析

15. 精明的企业可以通过逆向思维找到（　　）分析机遇，解决那些在过去看来不可能解决的问题。

A. 现成的　　　　B. 不存在的　　　C. 潜在的　　　　D. 丢失的

16. 在分析环境中，所谓"沙箱"是（　　）。

A. 装满沙子的实验箱　　　　　　　　B. 使用原始数据的一个有限子集

C. 一个人工的生产环境　　　　　　　D. 标准的分析软件环境

17. 持续改善，即在生产活动中不断提高，其核心包括（　　）。

① 增加产量，团结员工　　　　　　　② 从小处入手

③ 去除过于复杂的工作　　　　　　　④ 进行实验以确定和消除无用之处

A. ②③④　　　　　B. ①②③　　　　　C. ①②④　　　　　D. ①③④

18. 在分析活动中，企业力求将推向市场的产品、客户服务和运营过程组合起来创造（　　）竞争。

A. 一致性　　　　B. 统一性　　　　C. 差异化　　　　D. 完全性

19. 经过数十年发展，分析架构经历了从独立的桌面到企业级（　　）的一个实质性转变。

A. 数据仓库再到大数据平台　　　　　B. 大数据平台到数据仓库

C. 大数据平台到数据挖掘　　　　　　D. 数据挖掘到数据仓库

20. BYO自助服务时代已经来临，它包括（　　）等属于分析活动的自助服务方式。

① 自备数据　　　② 自备资金　　　③ 自备工具　　　④ 自备模型

A. ①②④　　　　　B. ①③④　　　　　C. ①②③　　　　　D. ②③④

第**5**章
构建分析路线与用例

【导读案例】 大数据时代，看透 "假数据"

2008 年全球金融危机后，德、美、日、中等国家都不约而同地制定了振兴制造业的国家战略。虽然各国战略的侧重点不同，但通过物联网、大数据等技术，实现赛博世界（Cyberspace，指在计算机以及计算机网络里的虚拟现实）与物理世界深度融合，提升制造企业的竞争力，是这些国家战略的共同目标。

牛津大学教授维克托·迈尔·舍恩伯格在 2012 年出版的《大数据时代》中前瞻性地指出："大数据带来的信息风暴正在变革我们的生活、工作和思维，大数据开启了一次重大的时代转型，将带来大数据时代的思维变革、商业变革和管理变革，大数据是云计算、物联网之后 IT 行业又一大颠覆性的技术革命。"

对于国内广大制造型企业来讲，在竞争激烈、成本飙升的经济转型困难期，利用大数据等先进技术，充分挖掘企业内部潜力，对各类数据进行及时采集、科学分析，将是企业从粗放管理成功转型升级的一条有效途径。

数据真实是前提

DADA 模型指出："基于准确真实的数据，通过各种算法进行数据处理与分析，然后根据分析结果和所需目标，找出最优的解决方案，即决策。最后按照科学的决策进行精准的行动，形成闭环的迭代过程。"在这个模型中，如果数据不准确、不真实，得到的决策就不可能科学，就不能很好地应用于实际工作。

但在制造企业实际的运营过程中，由于习惯、技术手段等限制，很多场景下的数据都是靠人工汇报等形式进行采集，这就必然存在数据不及时、不客观、不准确、不全面等情况发生。这种情况下得出的结论往往是有偏差的，甚至是错误的，因此不仅不能解决问题，反而增加了问题的复杂度与不确定性，很难看清问题所在，更谈不上科学管理了。

管理大师德鲁克说："你无法度量它，你将无法管理它"。即便是拥有了很多数据，即便是花费了大量人力物力，如果数据不准确，管理仍然是不科学的，企业竞争力就难以提升。

引以自豪的 "假数据"

在传统管理模式下，往往因为数据的不准确、不真实而误导了管理者的判断和决策。某大型国有企业，近年来企业发展迅速。看到繁忙的生产车间，企业的李总感到非常满意，并常常自豪地向来宾介绍他们快速增长的业绩与各类先进的软硬件系统。

记得第一次与兰光创新技术团队进行交流时，李总提到他们的设备有效利用率（OEE）都在60%以上。兰光创新的售前经理听后感觉非常惊讶。

当获知这些数据都是统计员人工统计的时候，经验丰富的售前经理就猜到了大概的原因。几个月后，兰光创新为他们实施了设备物联网系统，通过该套系统可以实时、自动、准确地采集到每台设备的状态，包括开关机、故障信息、生产件数、机床进给倍率等众多详实信息，每台设备都处于24小时全天候的监控过程中，企业管理者可在办公室随时查看设备状态、任务生产进度。

同时，通过系统的大数据分析功能，可以从海量数据中分析出各种图形与报表，设备的各种数据、运行趋势、异常情况一目了然，管理者可以很好地进行生产过程的实时、透明化管理。

数据精准，提效明显

项目实施完成后不久，当李总从系统查看设备利用率时，脸色突然变得异常难看，原来，他查看到设备的平均利用率只有36.5%，和他之前设想的60%有巨大的偏差。经过耐心解释，李总终于明白了原因，系统已经将调试、空转、等待、维修等无效时间全部去除，体现的是机床真正的切削时间，也就是说，36.5%才是企业真实的设备利用率。而以前人工统计的时间比较粗糙，只是记录了加工开始与结束时间，中间大量的等待、调试等时间也被计算在内，而这些时间，恰恰是企业可以通过管理或技术手段进行压缩的，是企业挖掘潜力之所在。

系统运行一年后，当工程师回访时，李总高兴地说："现在，企业的设备利用率已经平均达到60%以上了，比去年提升了65%！我们统计科由原来的4人减少到了1人，并且这个人也不用现场统计，所有的数据全用系统自动采集，他只负责每周将统计分析的结果整理汇报，工作也高效多了。"最后，李总感慨地说："这套软件系统让我对生产过程'看得见、说得清、做得对'，对我们的生产管理帮助非常大！"

从李总由衷的感慨中，可以真切地感受到，工业4.0与智能制造的浪潮已经来临，制造企业应该充分发挥设备自动化、管理数字化的优势，积极借鉴工业互联网、大数据技术等先进理念，将决策建立在准确、真实的数据基础上，避免以前在"假数据"基础上进行管理的尴尬现象。只有这样，管理与决策才是科学有效的，企业才会有更强的竞争力，企业才能转型成功。

资料来源：朱铎先，兰光创新，2020-1-5。

阅读上文，请思考、分析并简单记录：

（1）文中提及："实现赛博世界与物理世界深度融合，提升制造企业的竞争力"，请通过查阅相关资料，进一步了解"赛博世界"的内涵。请简单描述，什么是"赛博世界"？

答：＿＿＿＿＿＿＿＿＿＿＿＿＿＿＿＿＿＿＿＿＿＿＿＿＿＿＿＿＿＿＿＿＿＿＿＿

＿＿＿＿＿＿＿＿＿＿＿＿＿＿＿＿＿＿＿＿＿＿＿＿＿＿＿＿＿＿＿＿＿＿＿＿＿＿

（2）请分析，文中所述的"假数据"是怎么产生的？

答：＿＿＿＿＿＿＿＿＿＿＿＿＿＿＿＿＿＿＿＿＿＿＿＿＿＿＿＿＿＿＿＿＿＿＿＿

＿＿＿＿＿＿＿＿＿＿＿＿＿＿＿＿＿＿＿＿＿＿＿＿＿＿＿＿＿＿＿＿＿＿＿＿＿＿

（3）请阐述：大数据时代，如何才能保证数据精准，避免"假数据"自嗨？

答：_____

_____

5.1　什么是分析路线

现代的大数据分析会紧密结合主要和次要的商业战略，同时具备主动调整的特性，使企业实现"飞跃"，或者以一种具备行业或企业特色的方式更快、更智慧地发展。

5.1.1　商业竞争 3.0 时代

商业竞争的 1.0 时代是传统的围绕企业内部开展的竞争，表现为谁家的产品好、营销强、渠道多等。这时，企业就像一个有机体，企业间的竞争本质上还是一维竞争。

升级为产业链之间的竞争，就进入 2.0 时代，这时的整个产业链效率更高、反应更快。我国制造业能够处于全球领先地位，关键在于国内和出口市场规模巨大，产业链规模优势极为明显：成本低、速度快、覆盖全。这就类似种群间的竞争，从单体的竞争升级为种群间的竞争，是二维竞争。

商业竞争 3.0 时代是三维竞争，类似群落间的竞争、甚至是生态系统间的竞争（见图 5-1）。例如淘宝的 C2C、B2C 生态强调种类繁多，京东的"京东到家"与社区店构建 B2C 生态，强调体验和物流——竞争仍在角力中。企业如果不能尽快转型、布局生态，就可能被其他生态系统吃掉。

图 5-1　商业竞争 3.0 时代

下面来看看沃尔玛的例子。

在商业竞争 1.0 时代，沃尔玛不断提升企业自身经营效率，努力做到极致。1969 年，沃尔玛成为最早采用计算机跟踪库存的零售企业之一；1980 年，沃尔玛最早使用条形码技术提高物流和经营效率；1983 年，沃尔玛史无前例地发射了自己的通信卫星，随后建成了卫星系统。

不仅如此，沃尔玛在提升自身能力的同时，也与上下游企业共同构筑产业链竞争力，进入商业竞争 2.0 时代。1985 年，沃尔玛最早利用电子数据交换（EDI）与供货商进行更好的协调；1988 年，沃尔玛成为最早使用无线扫描枪的零售企业之一；1989 年，沃尔玛最早与宝洁公司等供应商实现供应链协同管理。

可以看出，在每一个历史阶段，沃尔玛总是扮演了先进生产技术领先应用的典范。沃尔玛依托自身规模与制造商形成低价战略、依靠自身的物流和信息流构建了卓越的供应体系。

进入商业竞争3.0时代，沃尔玛却被电商业务超越了，这就是商业生态系统与产业链间的竞争。沃尔玛在新时代面前，曾经的优势不再，结果也不言自明。

沃尔玛的发展之路在现实社会中并不少见。人们经常可以看到，很多企业，特别是同一个行业的企业，它们生产类似的产品，甚至使用相同的工艺流程，但是，其中有一些企业成功了，而有的停滞不前，有的甚至破产。人们感兴趣的，是那些成功企业做了什么、创造了独特性，并且它们是如何做到这一点的。"What（什么）"描述了他们的经营战略，而"How（如何做）"可以说是他们业务战略的运营执行创造了他们在市场上的价值主张。成功企业执行上的差异优势创造了独特的价值主张，形成了可持续的差异化竞争。

5.1.2　创建独特的分析路线

企业试图通过组织中有序的执行来创建独特的优势。然而，全球市场正朝着比历史上任何时候都更快、更复杂的方向发展。当企业处于越来越多的数据和决策的"围城"之中时，如何寻找一个可持续发展的优势呢？企业可以量身定制其分析战略来支持其独特的经营策略，以帮助实现业务目标；可以利用数据，或者转向更快的基于事实的决策执行。

要创建一个独特的分析策略，企业必须充分利用各种资源、专业知识和技术来创造出独特的分析路线图，推动其进入分析快车道，加速企业独特经营策略的运营执行。要创建一个独特的分析思路，企业需要突破条条框框，并确定如何利用分析来加强竞争优势。

如今，分析应用还处于起步阶段。要释放一个企业分析技术的全部潜力，需要商业与技术在资产和能力上都匹配的系统发现方法，在发现的过程中考虑如何应用各种能力。

（1）业务领域。考虑如何将分析应用到一个新的业务领域或问题中。第一代的分析在客户与营销分析、供应链优化、风险和欺诈等业务领域获得了成功的应用。如今，随着第二代更强大的分析功能的问世，企业的各个方面都有利用分析的机会，如销售、市场营销、运营、分销、客户支持、财务、人力资源、风险、采购、合规、资产管理等，这意味着组织的每一项工作都可以从分析洞察中获益。企业核心价值主张中最重要的业务领域——"重大"和"微小"的基本策略——将从定制分析中获益最大，量身定制的分析将巩固独特的业务战略的运营执行。对于其他业务领域，市场上已经存在的分析解决方案可用于驱动非核心业务的竞争价值。这种组合为组织提供了一个独特的分析路线图（定制开发和购买的分析解决方案的组合）来巩固其独特的业务战略。

（2）数据。考虑利用新的数据源来充实分析洞察力。分析策略需要帮助企业超越自身的"围城"——利用企业传统事务处理系统以外的新兴数据源，丰富企业创造新的、高价值的洞察能力，同时驱动整个企业增长收入、降低成本，而不仅仅是在商业的某一领域。

当前的问题不是"如何利用已有的数据"，而在于"我想知道什么以及如何利用洞察力来增加企业的价值"。利用新的、强大的数据源很重要，但也要抓住机会通过已有信息点的连接来推导无法获得的信息。通过这些丰富的新数据组合，企业能够获得更加显著的商业价值。

（3）方法。考虑采用创新的分析方法来发现新的模式和价值，发现和利用隐藏的模式。数据科学家是新一代的多学科科学家，他们剖析问题，用科学的方法采用分析技术的独特组合来发现新的模式和价值。数据科学家不是将问题仅仅看成简单的统计问题或运筹学问题，而是要理解业务问题并应用分析技术的正确组合（例如，数据挖掘加上仿真和优化）来解决问题和推动组织的巨大商业价值。因为，很难找到具备所有这些技能的个体，更常见的是找到一个数据科学团队——具有来自数学、统计、科学、工程、运筹学、计算机科学和商学的混合技术、经验和观点，这些奇思妙想和团队间的密切合作产生了一种独特的方法来解决问题。这样的团队不仅存在于互联网企业，如谷歌和脸书，而且存在于大型银行、零售商和制药公司。

（4）精准。考虑如果能够识别个体（人、交易或资源）而不是群体，那么会实现什么样的额外价值？精准或细粒度控制是洞察到个人，而不是群体或汇总数据。比如从传统的人口细分转化到一个体现精准营销的细分。

更一般地，精准是关于理解人员、流程或事件中驱动个性化行为的独有特点的。通过了解个性化的行为，可以更精确地预测未来的行为。

（5）算法。创建或使用尖端的算法来取得优势。算法是一个特定目标计算结果的步骤的组合。几乎任何可以想到的问题都能用算法来解决，从最简单的问题（如求平均值）到复杂的、高度专业化的算法（如自动提取和分析化学位移差的自组织神经网络）。

在那些使用分析方法已经有很长一段时间的行业里，使用新的、创新的而且往往是专业化的算法，有助于推动淘汰竞争对手所需要的增量值。这在金融服务行业最明显，算法交易依赖于高度专业化算法技术的日益成熟。

（6）嵌入。将分析嵌入自动化的生产和操作流程中，来系统化人们的洞察，不断改善业务流程，这是用基于分析洞察力的持续执行，来达到实现组织最高价值的目的。通常，嵌入是通过用于评估和改进模型的连续闭环过程或自学习和自适应技术来实现的。通过不断学习和改进过程，来改善通常被认为过于复杂而难以执行的运营活动，但也正是这种技术为组织带来了持续不断的价值。

（7）速度。加快分析洞察力的步伐，超越竞争对手。当人们使用分析速度来驱动洞察时，实际上打造了一个灵活且无摩擦的环境，让企业锲而不舍地超越自己的核心价值主张。

总之，独特的分析路线图利用这些方法的正确组合来驱动游戏规则的变革，产生组织的最高商业价值。分析路线图是创建一个统一、全面视角的关键，使得在不同阶段的分析项目都能够与企业的总体商业战略、目标相匹配。分析路线图形成后，可以作为一个组织的沟通机制。

5.2　大数据分析路线

利用分析手段设计、建立自己独特的分析路线图，可按照下面 8 个步骤来操作。

5.2.1　第 1 步：确定关键业务目标

分析路线图从一开始就要确定目标，也就是说需要清楚地了解企业的业务目标是什么。这样，分析应用才能够帮助企业实现最终目标。我们使用基本价值原则作为指导来创建一个简单的路线图。

例如关键工作目标。要与一个顾问公司合作，为一家矿业公司完成咨询任务。这家矿业公司的第一原则是运营卓越，第二原则是客户至上。三个关键的业务目标如下。

（1）通过运营流程提高效率。

（2）减少浪费。

（3）增加市场的灵活性。

5.2.2 第2步：定义价值链

在确定了主要的工作目标后，下一步就是定义公司的价值链。价值链在所有活动中识别出最主要或者最核心的活动，这为关注如何通过分析来增加商业价值提供了一个简便的框架。核心活动是商业项目中必须要使用定制的分析方案提供有竞争差异化的领域。辅助活动是分析的第二优先级领域，其作用仅仅是提供一些判断的依据。辅助活动分析一般采用市场上现成的分析解决方案，其中提供了通用的功能，而不是高价值的分析方案。

例如，采矿业的价值链（见图5-2），核心活动主要是勘探和可行性研究、矿井开发、开采、加工和选矿、市场营销和销售，以及运输和配送，辅助活动是一系列业务及后台支持服务。

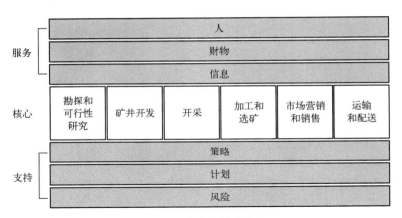

图5-2 采矿业的价值链

当把重点原则、重点业务目标和价值链结合在一起时，能够为核心活动创造出有差异化竞争优势的分析路线图进行展开。对于核心活动，分析方法需要高度定制以贴合商业流程，而在辅助的商业服务和支持领域，可以采用市场上通用的或现成的分析解决方案。

一个高阶的价值链被确定后，下一步是将价值链分解，直到达到限定的价值链步骤。通常情况下，三层就足够了。

例如，分解采矿业价值链中的核心活动。在采矿业核心活动的分解中（见图5-3），第一层包括项目启动、开采及加工、物流和销售。第二层包括勘探和地质、设计和可行性研究等。进一步的，第三层是进行下一步特定的分解，以便开启头脑风暴，找到可以达成价值链上关键工作步骤业务目标的分析解决方案。

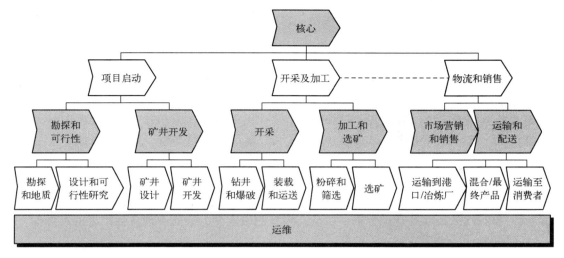

图 5-3　采矿业价值链的分解

5.2.3　第 3 步：头脑风暴分析解决方案机会

下一步是集思广益，设计出价值链上每一个环节潜在的分析解决方案。价值链的每一个环节上都存在着多种可能的分析方案，包括战略、管理、运营、面向客户和科学。每种类型的分析解决方案在时间跨度、周转时间和部署上都不相同。

1. 应用描述

下面对每一类分析应用进行描述。

（1）战略。战略分析并不频繁，但这类不经常使用的分析方法通常可以提供高价值，并在线下决策或流程中执行。它们通常对将来的一段时间（例如 1~3 年）提供预测全景图。

例如，设计战略性网络时，对整个网络的分布进行了分析和优化，以减少资本资产的支出，降低运营成本，并预测由网络扩张所带来的新市场、新需求。网络设计将定期进行评估（例如每年一次或每三年一次），以确定是否需要改进。重新评估不会频繁进行，因为任何改变都将对整个供应链产生影响。

（2）管理。这类不常用的分析应用通常可以在中期规划中提供价值，往往通过半自动或全自动流程实现这类分析。管理分析通常会提供更短时间的前景预估（例如三个月至一年）。

例如，需求规划考虑了不同的需求输入，包括客户购买历史、库存水平、交货时间、未来的促销活动。更重要的是，预测购买需求并预测整个供应链相应的生产过程和产出。

（3）运营。这类分析应用已经嵌入公司的流程并作为日常运作的一部分被执行。运营分析适用的范围为从实时（现在的）到短期内（今天或本周）。

例如，实时广告定向技术使用流媒体、实时网络、移动数据结合历史购买情况以及其他行为信息来即时在网站上播放有针对性的广告。

（4）面向客户。这类分析应用的价值在于能够提供针对客户的调查，它们的范围也是实时的或短期的。

例如，个性化医疗的分析使用个人生物识别技术、相关疾病知识的巨大资源库和匿名患者信息，帮助消费者认识到他们日常的行为对健康的直接和长期的影响。

（5）科学。这类分析应用通常以知识产权的形式为公司增加新的知识，频率可以是周期性的（每年）或临时的（每隔几年）。

例如，药物发现分析根据已有的药物和疾病相关的信息确定现有药物的新应用。此外，科学分析还可用于发现在分子水平上治疗疾病的潜在新衍生药物。

2. 分析手段

通过头脑风暴活动，为价值链的每个环节设计出不同的分析方法，通过分析来解决不同的商业问题。这一过程中要了解每种分析手段可以解决的问题类型。分析手段如下。

（1）描述性分析——这类分析手段描述发生在过去的事情。

① 发生了什么事？

② 为什么会发生？

（2）诊断性分析——这类分析手段反复模拟随机事件，借此发现各种结果的可能性。

① 还有什么可能发生？

② 如果改变某些条件，会发生什么？

（3）预测性分析——这类分析手段利用历史数据并从中发现有价值的联系和洞察，进行未来情况的预测。

① 什么事可能发生？

② 什么时候发生？

③ 为什么它会发生？

④ 如果照此趋势继续下去，会发生什么？

⑤ 在一些特定特征和可能的结果之间的关系是什么？

（4）规范性分析——这类分析手段评估许多（或者全部）潜在的情况，确定最佳或一组最佳方案，以在各种约束条件下达到给定目标。

① 什么是最好/最坏的情况？

② 什么是最好的结果之间的权衡？

③ 什么是最好的执行计划？

为了获得灵感，现在开始在价值链上每一个环节都探寻问题，探寻的问题如下。

- 如果你能……将会怎么样？
- 在工作中有什么事你希望今天就知道，而不是未来才知道？
- 什么将是一个有益的预警信号？哪些数据将构成预警信号？
- 你觉得哪里有隐藏的模式能够使你的公司受益？
- 尽可能做出最好的决定将使你的公司在哪方面受益？
- 理解可能的最好决定中的权衡将对哪方面有利？
- 缩小最佳结果的范围将对哪方面有利？
- 了解各种场景将对哪方面有利？
- 知道需求多少和哪里有需求，将对你哪方面有利？
- 知道接下来会发生什么，将对你哪方面有利？
- 知道什么是可能发生的最好的情况，将对你哪方面有利？
- 通过连接新的数据和系统你可以学到什么？需要哪些数据？需要整合哪些系统？通过系统连接这些点的好处是什么？
- 如何推动新的收入来源？

- 怎么提高盈利能力？
- 如何鼓励创新？
- 什么是可以超越竞争对手的正确投资？
- 怎么知道什么时候去做……？
- 如何提高高利润客户的忠诚度？
- 如何找到更多的客户，并发展成最盈利的客户？
- 谁是最有可能干……的人？
- 关于客户的事你有什么是想知道的，它将有助于你发掘新的商机或给客户提供更好的服务？
- 什么是做某事的最佳方式？
- 如果能预测到……你会怎样？

很多著名的头脑风暴技巧都可以帮助激发活跃思维，举例如下。

① 名义群体：是指在决策过程中对群体成员的讨论或人际沟通加以限制，群体成员是独立思考的。像召开传统会议一样，群体成员都出席会议，但群体成员首先进行个体决策。

② 定向头脑风暴。

③ 有引领的集体讨论。

④ 思维导图。思维导图软件是一个创造、管理和交流思想的通用标准，其可视化的绘图软件有着直观、友好的用户界面和丰富的功能，帮助有序地组织自己的思维、资源和项目进程。

⑤ 组内传递。

⑥ 问题献计献策。

对于参与头脑风暴的团队，使用其中的一种或者几种适合的方法。

例如，识别分析解决方案。如图 5-4 所示，是一个有两个价值链环节的集体讨论会的结果。在这个例子中，使用分析应用法的一部分（即战略、管理和运营分析）来说明，你可以把集体讨论的范围聚焦到部分可能的分析应用，或者也可以全范围使用。

	开采	加工与选矿
战略	• 战略综合规划优化	
管理	• 战术综合规划优化 • 矿井开发规划优化 • 基坑设计优化 • 地质建模 • 灾难恢复规划优化 • 运营训练驾驶舱模拟 • 装载、运输优化 • 矿井效益优化 • 移动设备优化	• 研磨优化 • 粉碎和筛选优化 • 选矿工艺的优化
运营	• 作业调度优化 • 地质矿床模型协调优化 • 装载、运输调度优化	

图 5-4　分析解决方案

5.2.4　第4步：描述分析解决方案机会

经过集思广益收集所有可能的分析方法之后，下一步就要详尽地阐述每个想法。这通常是对潜在方案的一个简单总结，提到的关键要素能够简洁地解释该想法。关键要素如下。

（1）描述——对于潜在分析解决方案的总体解释。

（2）可以解决的问题——根据经验，这部分总结最好以列表的形式将潜在可以解决的问题——列出。

（3）数据来源——提供关于方案的数据或数据来源的初始想法。

（4）分析技术——提供关于方案用到的分析技术的初始想法。

（5）对于价值链的影响——对价值链潜在的定性或定量影响的初步总结。

例如：分析解决方案描述。当开始将设想具体化时，一些合并或取消自然会出现。

5.2.5　第5步：创建决策模型

如果时间或预算允许，大多数企业都能够识别很多的潜在分析解决方案。因此，企业需要确定最急需处理的解决方案，拟定一个路线图。一个简单的决策模型可以帮助整个组织与利益相关方同时考虑到不同的决策标准并达成共识。

例如，评估标准。要建立一个简单的决策模型，需要建立可用于评估潜在分析解决方案的评价标准。评估标准可以是严格的定量分析，但通常定性和定量的组合标准往往就可以达到令人满意的效果。每个标准应根据与其他评估标准之间的比较而被赋予权重，从而确定其在整体决策上的重要性（见表5-1）。

表5-1　评估标准

评 估 标 准	评估标准的描述	权　　重
商业价值契合度	解决问题的相关价值主张	35%
行业需求契合度	相关的复杂水平，不确定性（经常与时间成比例），流程之间的相互关系	20%
价值原则契合度	与价值原则的契合度	15%
技术契合度	与解决问题相关的工具和人的能力	15%
数据契合度	数据的相关适用程度	10%
应用能力契合度	解决方案的相关需求和使用	5%

表5-1所示的评估标准的样例中，矿业公司为分析解决方案的商业价值契合度赋予了一个高权重，而为数据契合度赋予了一个较低的权重，因为该公司具有生成或获取新数据的能力。其他组织则可能对标准赋予的权重非常不同。

接下来的任务是为评估标准开发一个规则，这为潜在的分析解决方案进行评分提供了一致性。表5-2说明了定性的标准是如何被确定的。定量标准通常会基于范围进行评分。

表 5-2　评分规则

分数	商业价值契合度	行业需求契合度	价值原则契合度	技术契合度	数据契合度	应用能力契合度
1	没有回报或没有成本、产出或恢复驱动力	众所周知的问题与精确定义的解决方案	只满足三级驱动	无知识	大部分数据来源未知	
2	重要成本、产出或恢复驱动			了解领域知识或技术方法	一些数据来源未知	战略
3		高度复杂性和许多变量	满足二级驱动	存在软件模型	大部分数据来源已知	管理
4	高产出或恢复驱动性	决策具有高度不确定性	只满足一级驱动	存在书面模型	已知或可识别的数据源	
5	高风险/回报（产出、恢复或成本）驱动	流程相互关系中高层次取舍	满足一级和二级驱动	软件可用并且不需要开发	已知并且可用的数据源	运营

5.2.6　第 6 步：评估分析解决方案机会

在制定好评分规则之后，可以同利益相关者一起对潜在的分析机会给出评分，这可以共同完成，或通过个人单独评分最后将结果进行合并来完成。

例如，分数决策模型。将应用加权标准来确定每个潜在的解决方案的加权得分，潜在的解决方案列表可以按照加权得分的顺序进行排列（见表 5-3）。

表 5-3　评分决策模型

机会	商业价值契合度	行业需求契合度	价值原则契合度	技术契合度	数据契合度	应用能力契合度	总加权得分
研磨优化	5	5	5	2	5	5	4.55
资产维护优化	4	5	5	4	5	5	4.5
库存管理优化	5	3	3	4	4	5	4.05
短期矿井规划优化	4	4	5	2	4	5	4
资产投资优化	4	3	4	4	4	5	3.85
资本资产组合优化	4	5	5	2	3	2	3.85
移动设备优化	4	4	5	2	5	5	3.8
勘探和前期开发投资组合优化	5	4	4	1	4	2	3.8
入库物流优化	3	5	4	4	4	2	3.75
粉碎和筛选优化	4	3	4	2	5	5	3.65
销售机会优化	3	4	4	4	4	2	3.6
人员名册优化	3	5	2	4	5	3	3.6
综合规划优化	2	5	5	5	2	2	3.5
地质统计建模	4	3	3	2	5	5	3.5
市场模拟	5	2	3	4	2	2	3.5
选矿工艺优化	3	4	5	1	5	5	3.5
矿井寿命优化	3	5	5	1	4	2	3.45
场景规划优化	3	5	4	2	4	2	3.45

既然与利益相关者之间已经达成共识，下一步就要考虑预算和时间的因素。为了做到这一点，可以采用以下几种办法。

（1）自上而下法——在这种方法中，管理人员建立一份预算和时间表。例如，一个一千万美元的三年期预算。

（2）自下而上规划——这种方法会审视和评估每一个潜在的解决方案，来建立一个时间表和总预算。

（3）自上而下和自下而上相结合——这种方法会设定一个最大的预算和时间表，会调整潜在的解决方案来"契合"预算和时间表。

以下是在一些场景中需要解决的问题清单。

- 在整体业务方案中场景的上下文是什么——现状、难题、解决办法？
- 情景的目标是什么？
- 存在哪些业务问题？如果有的话，什么是预先存在的条件、约束和依赖性？
- 什么是场景的触发器？如果有的话，什么是瓶颈？
- 适用的业务规则有哪些？如果有的话，有什么可被触发的替代方案？
- 什么是显著的商业结果？如果有的话，什么是集成点？
- 在该场景下谁是关键的利益相关者？包括来自内部和外部的哪些业务部门或利益相关者会受到场景的影响？
- 什么是经济和运营效益？

5.2.7 第7步：建立分析路线图

利用预算和时间安排的限制，加上高层次解决方案的描述，对于每一个潜在的分析解决方案，可以创建一个关于预算和项目进度的粗略估算。方法之一是使用螺旋方法创建更小范围内的项目，当这些更小范围的项目取得成功后，在初步成功的基础上继续进行下一阶段。通过使用这种方法，可以提前开始并完成更多的项目，可以更快实现业务影响力和总结经验教训。

5.2.8 第8步：不断演进分析路线图

独特的分析路线图应该是不断演进的，不断地通过实施并使用分析作为一个战略杠杆来推动业务价值和实现对业务的影响。为了坚定不移地推进路线图，需要定期地进行更新和修正。更新的频率取决于业务按照路线图的执行速度。如果是一个快速成长的组织，具备一流的执行能力，那么业务的脉搏会跳动得更快，因此需要频繁地更新路线图。当业务需求为了响应市场而不断发生变化时，就可能会影响到路线图，因此需要不断更新路线图。科技日新月异，而这些变化可能会影响路线图的可行性。在路线图中建立一个闭环的变革管理流程，并一定要与相关团队共享这些变化，使每个人都与路线图的最新状态保持一致。

分析路线图上的每一个项目都具有既定的目标。作为项目实施的一部分，实际业绩和业务影响都要与既定目标进行比较，直到达到或超过目标。生产部署后，应该建立新的目标以推动持续分析的进程。对于任何失败的分析项目，应该对项目失败的原因进行彻底剖析，这样就可以在未来的项目中避免同样的错误。

5.3　关键用例分析

前面从那些需要使用分析洞察力的组织角色出发，熟悉了相关的分析应用场景。下面，换一个角度来看数据分析。关键的用例分析描述了分析师解决的通用问题和用于解决这些问题的方法与技术。由于没有任何一种技术可以解决所有分析问题，因此，了解企业使用分析方法的组成是构建企业分析架构的基础。

计算机开发中的统一建模语言（UML）是一种为面向对象系统的产品进行说明、可视化和编制文档的标准建模语言，它独立于任何具体程序设计语言。

用例又称需求用例，是 UML 中的一个重要概念，它是软件工程或系统工程中对系统如何反应外界请求的描述，是一种通过用户的使用场景来获取需求的技术，已经成为获取功能需求最常用的手段。每个用例提供一个或多个场景，该场景说明系统是如何和最终用户或其他系统互动，也就是谁可以用系统做什么，从而获得一个明确的业务目标。用例一般是由开发者和最终用户共同创作，使用最终用户或者领域专家熟悉的语言。虽然用例这个概念最初是和面向对象一同提出的，但是它并没有局限于面向对象系统。

一个用例是实现一个目标所需步骤的描述，而分析用例是那些需要定义分析架构的组织所需要的关键要素之一。分析用例和分析应用程序之间存在着一种多对多的关系。在商业应用中，个性化营销和信用风险都是预测用例的实例。但是，个性化营销的应用也可能综合其他用例，如市场细分和图形化分析。用例模型是描述组织中的分析师所共用的流程的一种简便方式，即使这些分析师可能支持的是不同的业务应用。

由于分析方法存在着很大的不同，需要对用例进行区分。例如，虽然预测用例和解释用例使用了很多相同的技术，但它们的基本目标和输出是不同的。表 5-4 显示了按照用例以及应用程序分类来组织的分析应用。

表 5-4　应用和用例

用例	应　　用				
	战略用例	管理用例	运营用例	科学用例	面向客户的用例
预测	重大灾难风险分析	市场活动计划	信用评分	副作用预测	体育竞猜
解释	市场占比分析	市场属性分析	质量缺陷分析	基因治疗分析	信用下调原因
预报	战略规划	年度预算	门店排班优化	天气预报	
发现					
文本和文件识别处理		内容管理	接收邮件分发	抄袭监测	文件搜索
分类	战略性市场划分	战术性市场分类		心理研究	
关联		市场容量分析	比对		建议
违规监测			网络威胁监测		
图形和网络分析		社交网络分析	欺诈检测	犯罪学	社交比对
模拟	业务场景分析	风险价值分析	市场活动模拟	天气模型	
优化	资本资产优化	营销组合优化	市场活动优化	粒子群优化	农业产出优化

深入理解组织的分析用例是非常重要的，因为分析架构的效率和有效性取决于对其支撑的业务流程的理解程度。使用相同用例的应用程序可以使用相同的技术，这就提供了节约成本的机会。另外，特定的用例则需要特定的工具和技术来实现。

5.3.1 预测用例

在预测用例中，分别讨论模型建立和模型评分，这两者指向同一个目标且都很重要，但模型评分往往需要组织中不同的人参与，通常有着不同的技术要求。

构建预测模型是分析中的经典用例（见图 5-5），它是许多常见应用的基础，比如市场营销、信贷风险管理，以及许多其他商业领域。

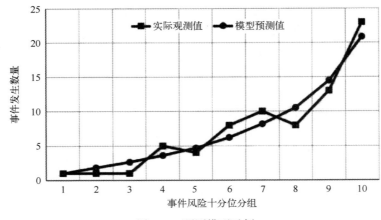

图 5-5 预测模型示例

大多数人都认为数据越多，分析结果就会越好。在许多情况下，通过更大的数据集采样，分析师可以建立一个完美的模型。更大的分析数据集也为分析师带来了新的机会和问题，这体现在三个方面。

（1）更多的用例、更多的观察结果、更多的数据行——分析师可以对样本进行分类处理，为每个分类建立特定模型，从而获得更好的整体预测。在使用采样分析方法时，更多的样本数量会减少模型的样本误差，提高模型精度。

（2）更多的变量、更多的特性、更多的数据列——通过搜索更多的潜在预测因子，分析人员可以通过识别信息增量值的变量来改善预测模型。

（3）许多小模型——主要是对大量小群体的批量分析，例如商店、持有者或顾客。

这三种类型的问题对分析师需要的工具有不同影响。对于用例增加而带来的工作量增加，可以通过消除数据移动，使用并行处理并采用其他能够提高整体性能的技术来应对。总体模拟技术简化了在总样本中为各个子样本分类构建模型的工作。

从另一个角度来讲，为了解决字段的拓展，分析师必须使用降维技术（如特征选择或特征提取），或使用专门用于处理多维数据的技术。正则化和逐步回归是针对多维数据集进行回归算法的有效技术。分析软件应该能够支持针对多维数据集的稀疏矩阵运算，以获得良好的性能。

分析师越来越多地寻求建立大量的、数以千计的模型。每个模型可能仅使用相对少量的数据，但作为一个整体，所有模型所需的数据集是非常大的。

例如：

- 一个分析服务提供商为其零售客户在库存进出计量单位（SKU）层面建立了超过一千多个消费者的"购买倾向"模型。
- 一家有 3 000 多个门店的零售商为每一位顾客建立各自的基于时间序列的消费预测。
- 一家拥有数以百万计信用卡的发卡机构用每个账户的相关信息来评估拖欠和违约倾向。
- 一家管理百万计仓位的投资银行用每只证券的历史表现数据来建立各自的走势模型。

在每一个模型层面，用于"很多小模型"的技术基本和用于"一个大模型"的技术是相同的，而且所使用的数据总量可能也是相同的。然而，它们的计算工作量和对特性的影响却有很大的不同。当独立模型的数量非常大的时候，分析师不可能分别建立每一个模型。相反，需要一个模型的自动生成器，使分析师可以同时运行和监控许多模型创建进程，同时能够对每个模型的有效性有着足够的信心。

评分活动使用预先建立的模型来计算在数据集中每个用例下预测值的数据，可以是单独计算或批量计算。评分是模型的部署，通常是高度并行的。这意味着，一个主进程可以分发任务给众多的工作进程以并行执行，最终结果是对各个分布式进程的输出进行一个简单组合。当有办法将预测模型从分析工作的开发环境传到生产数据仓库时，评分计算在大规模并行处理（MPP）数据库中相对容易实现。

对于评分计算和预测需要注意几个细节问题。

首先，用于建立预测模型和用于评分的数据集大小之间没有必然的关系。完全可以通过使用一个大的数据集来建立模型，然后在每笔交易发生时对其进行实时评分。反过来也是如此，分析师可以基于一个样本来建立模型，然后用这个模型对众多的用例进行评分。

其次，分析人员可以从一个数据库建立预测模型，然后使用不同数据库的数据来进行预测。比如，信用风险分析师可能会使用某个企业数据仓库的数据来建立信用额度管理的违约模型，用于信用额度管理的自适应控制系统。利用这种方法的前提是，分析数据库必须是生产数据库的子集，但不能是超集。

最后，预测不是决策。评分是对新数据基于分析模型的简单计算，预测通常需要将原始评分进行某种形式的变形，转化成有用的形式，而自动决策需要将预测与业务规则相结合。例如：

- 对客户个人数据采用拖欠的逻辑回归模型进行计算，将产生一个介于 0 和 1 之间的客户拖欠率概率。
- 利用历史数据，分析师可以确定在不同的原始评分范围的损失。
- 根据以上结果，分析师建议在决策系统中实施一条规则，原始评分在 0.3 以下的客户可以提供信用额度的增加。

正如构建许多模型不同于构建一个大模型，对许多模型进行评分也提出了新的需求。仅使用少数模型的组织可以将模型评分运算过程的开发作为个别开发项目来管理。随着模型数量的增加，对模型管理功能的需求越发强烈，使得企业可以在体系内部跟踪、监控和部署模型。

5.3.2　解释用例

所谓"解释"，泛指由一个指标的变化导致的其他指标的系统性变化。在某些情况下，业务主要关心的是预测——事先估算某种应对措施的价值。在其他情况下，企业寻求理解某种应对措施所产生的影响，但预测不是最重要的。还有一些情况下，企业两者都需要。理解这种区别非常重要，因为一些分析方法支持两个目标，而另一些则适用于其中一个目标。大多数统计方法对预测和解释都是非常有用的，而机器学习方法主要用于预测。也有一些统计方法（如混合线性模型）主要用于解释。

在响应归因分析中，营销人员主要关注的是营销举措（如促销或广告活动）所能带来的效果，预测是这种分析的副产品。许多营销举措是不可重复的，因此预测未来的反应并不重要，重要的是理解过去哪些活动达到效果，哪些活动没有达到效果及其原因。

例如，信用风险分析是既需要预测也需要解释的一种应用。在决定是否给予客户信贷的过程中，贷款人想要尽可能好的预测。然而，贷款人也必须能够在拒绝的情况下，为客户提供合理的解释。

5.3.3　预报用例

时间序列分析和预报包括广泛应用于企业的一类独特分析，并且往往嵌入企业系统中，用于管理制造、物流、门店运营等，有助于发现数据随时间变化的模式。通过识别数据集中的长期趋势、季节性周期模式和不规则短期变化，时间序列分析通常用来做预测。不像其他类型的分析，时间序列分析用时间作为比较变量，且数据的收集总是依赖于时间，一旦确定，这个模式可以用于未来的预测。例如：

- 零售商预测每小时品牌商店的客流量，并使用预报来排班。
- 酿酒厂采用超过 700 项商品和物料来预测库存水平，利用预报来调整生产和交付计划。
- 投资银行预报其投资组合中超过百万的持仓价格。
- 基于历史产量数据，农民应该期望多少产量？

时间序列图是一个按时间排序的、在固定时间间隔记录的值的集合，它充分利用时间序列，可以分析在固定时间间隔记录的数据。时间序列图通常用折线图表示，横轴表示时间，纵轴记录数据值，例如一个包含每月月末记录的旅客人数的时间序列（见图 5-6）。

大多数运营时间序列预报系统属于"很多小模型"的范畴，并不一定需要为每个预报处理大量数据。此外，倾向于使用相对简单和标准化的建模技术，但需要使用工具来自动化学习和预报过程。

然而，分析可能需要处理非时间序列形式的原子源数据。在这种情况下，分析人员需要执行数据准备步骤，把带时间标记的交易信息记录到时间序列中，执行日期和时间的计算，并创建延时变量用于自动回归分析。此步骤在 SQL 中执行可能非常困难或无法实现。分析师通常不在数据库中执行这种任务，而是使用带有时间序列功能的专业软件。

当处理大量的时间序列时，分析师无法单独处理每个模型，而必须依赖于适合进行时间序列分析的模型自动处理工具。

时间序列分析一般不需要独立评分。分析师可以直接将预测图形化或将它们转移到一个使用这些数据的应用程序中。传统的模型也同样可以处理，然而当时间序列的数目比较大时，模型管理能力仍然是必需的。

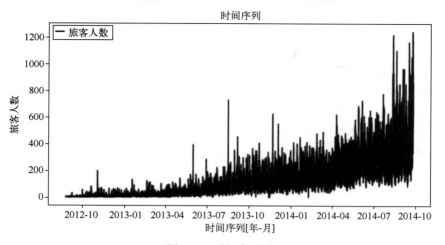

图 5-6　时间序列图

5.3.4　发现用例

有时分析师试图发现在数据中有用的模式，但并不需要正式预测、解释或预报。这样的模式有以下几种存在形式。

（1）在文本或文档中有意义的内容。

（2）同质的用例组。

（3）对象之间的关联。

（4）不寻常的用例。

（5）用例之间的联系。

发现用例的输出可以有两种形式。在业务发现中，分析产品是一个可视化的结果，例如词汇云是一种可视化文本中字数统计的方法（见图 5-7）。在运营发现中，发现的模式是一种传递给其他应用程序的对象。例如，欺诈检测应用程序可以使用异常检测来识别异常交易，并将识别的交易转给调查人员做进一步的分析。

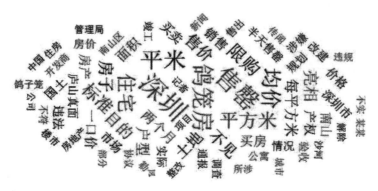

图 5-7　词汇云

关于发现的应用情况，由于使用了不同的技术和工具，会产生不同的场景。

5.3.5 模拟用例

模拟是"大分析"不依赖于"大数据"的一个例子。大多数模拟问题不依赖大型数据集，并且不从与数据平台的紧密集成中获益。

网格计算给模拟分析提供了一个很好的平台。在大多数情况下，模拟是高度并行的。运行一个 10 000 个场景的高度并行模拟的最快方法是将其分布到 10 000 个处理器上进行。仿真特别适合于云计算，因为只有很少或没有数据移动来限制远程计算。

模拟也非常适合将负载下发到一个通用图形处理器（GPU）。许多投资和交易业务使用 GPU 来进行基于市场模拟的实时投资机会分析。分析师反馈使用 GPU 进行模拟，可以达到 750 倍的速度提升。

5.3.6 优化用例

数学优化是分析中的一个专业领域，它包括各种优化方法，如线性规划、二次规划、二次约束规划、混合整数线性规划求解、混合整数二次规划以及混合整数二次约束规划。虽然计算复杂，但这些方法对硬件 I/O 要求很低，因为即使是最大的优化问题的矩阵，相对于其他分析应用程序也是很小。最先进的优化软件通常运行在多线程服务器上，而不在分布式计算环境中。

【作业】

1. 在现实社会中，经常可以看到，成功企业执行上的（   ）创造了独特的价值主张，形成了可持续的差异化竞争。

A. 人才优势　　　　B. 资金优势　　　　C. 差异优势　　　　D. 技术优势

2. 当企业处于越来越多的数据和决策的"围城"之中时，为寻找一个可持续发展的优势，可以（   ）来支持它们独特的经营策略，以帮助实现业务目标。

A. 量身定制其分析战略　　　　　　　　B. 加大生产规模
C. 引进人才提高研究水平　　　　　　　D. 厉行节约减少成本

3. 要创建一个独特的（   ）策略，企业必须充分利用各种资源、专业知识和技术来创造出独特的分析路线图。

A. 竞争　　　　　　B. 学习　　　　　　C. 分析　　　　　　D. 发展

4. 精准或细粒度控制是洞察到个人，而不是群体或汇总数据。通过了解（   ）的行为，可以更精确地预测未来的行为。

A. 个性化　　　　　B. 群体化　　　　　C. 创新性　　　　　D. 独特性

5. 分析路线图从一开始就要确定目标，也就是说，需要清楚地了解企业的（   ）是什么。

A. 员工水平　　　　B. 资金能力　　　　C. 盈利目标　　　　D. 业务目标

6. 在确定了主要的工作目标后，下一步就是定义公司的价值链。价值链在所有活动中识别出（   ）的活动。

A. 最漂亮　　　　　B. 最核心　　　　　C. 最廉价　　　　　D. 最值钱

7. 经过集思广益收集所有可能的分析方法之后，下一步就要详尽地阐述每个想法，其中的关键要素不包括（   ）。

　　A. 数据来源　　　　　B. 分析技术　　　　　C. 价值等级　　　　　D. 价值链影响

　　8. 企业需要确定最急需处理的解决方案，拟定路线图。一个简单的（　　　）可以帮助整个组织与利益相关方同时考虑到不同的决策标准并达成共识。

　　A. 加权模型　　　　　B. 决策模型　　　　　C. 价值模型　　　　　D. 时间模型

　　9. 建立分析路线图之后，对于每一个潜在的分析解决方案，可以创建一个关于预算和项目进度的（　　　）。

　　A. 粗略估算　　　　　B. 精确计算　　　　　C. 混合运算　　　　　D. 四则运算

　　10. 用例分析描述了分析师解决的通用问题和用于解决这些问题的方法和技术，（　　　）可以解决所有分析问题。

　　A. 有一些技术　　　　　　　　　　　B. 没有任何一种技术

　　C. 多数现有的技术都　　　　　　　　D. 不清楚是否有技术

　　11. 用例又称需求用例，是一种（　　　）的技术，已经成为获取功能需求最常用的手段。

　　A. 计算机程序设计　　　　　　　　　B. 利用用户数据完善管理

　　C. 通过用户信息反馈来测试系统　　　D. 通过用户的使用场景来获取需求

　　12. 每个用例提供一个或多个（　　　），说明系统是如何和最终用户或其他系统互动。

　　A. 场景　　　　　　　　　　　　　　B. 数据

　　C. 程序　　　　　　　　　　　　　　D. 函数

　　13. 一个用例是实现一个目标所需步骤的描述，而分析用例是那些需要定义（　　　）的组织所需要的关键成功要素之一。

　　A. 程序模板　　　　　　　　　　　　B. 数据结构

　　C. 分析架构　　　　　　　　　　　　D. 对象实例

　　14. 由于分析方法存在着很大不同，需要对用例进行区分，为此，研究者提出了六种分析用例，但（　　　）不属于其中之一。

　　A. 预测　　　　　　　　　　　　　　B. 测试

　　C. 发现　　　　　　　　　　　　　　D. 优化

　　15. 构建（　　　）是分析中的经典用例，它是许多常见应用的基础。

　　A. 预测模型　　　　　　　　　　　　B. 数据模型

　　C. 数据结构　　　　　　　　　　　　D. 程序模块

　　16. 为建立一个完美的模型，更大的分析数据集为分析师带来了新的机会和问题，但（　　　）是错误的。

　　A. 更多的用例、更多的观察结果、更多的数据行

　　B. 更多的变量、更多的特性、更多的数据列

　　C. 更好的算法和结构

　　D. 许多小模型

　　17. 预测通常需要将原始评分进行某种形式的变形，以转化成有用的形式，而自动决策需要将预测与（　　　）相结合。

　　A. 程序设计　　　　　　　　　　　　B. 数据结构

　　C. 测试数据　　　　　　　　　　　　D. 业务规则

　　18. （　　　）和预报包括广泛应用于企业的一类独特分析，并且往往嵌入企业系统中，

用于管理制造、物流、门店运营等。

    A. 时间序列分析　　　　　　　　　B. 业务增长预测

    C. 蒙特卡洛分析　　　　　　　　　D. 线性增长估算

19. 有时，分析师会试图（　　　）在数据中有用的模式，但并不需要正式预测、解释或预报。

    A. 计算　　　　　B. 评估　　　　　C. 处理　　　　　D. 发现

20. 在某些情况下，分析师将从文本中提取出的特性补充到预测模型中，称之为（　　　）问题。

    A. 文件分析　　　　B. 数据分析　　　　C. 文本挖掘　　　　D. 数值分析

第6章

大数据分析的运用

【导读案例】 数据驱动 ≠ 大数据

数据驱动这样一种商业模式是在大数据的基础上产生的，它需要利用大数据的技术手段，对企业的海量数据进行分析处理，挖掘出其中蕴含的价值，从而指导企业进行生产、销售、经营、管理（见图6-1）。

图6-1 数据驱动的企业

1. 数据驱动与大数据有区别

数据驱动与大数据无论是从产生背景还是从内涵来说，都有很大的不同。

（1）产生背景不同。伴随着移动互联网、云计算、大数据、物联网和社交化技术的发展，一切皆可数字化，全球正逐步进入数据社会阶段，企业也存储了海量的数据。在这样的进程中，曾经能获得竞争优势的定位、效率和产业结构，均不能保证企业在残酷的商业竞争中保证自身竞争优势。在这样的背景之下，未来谁能更好地由数据驱动企业生产、经营、管理，谁才有可能在残酷的竞争中立于不败之地。

大数据早于数据驱动产生，但都是在互联网、移动互联网、云计算、物联网之后。随着这些技术的应用，积累了海量的数据。单个数据没有任何价值，海量数据则蕴含着不可估量的价值，通过挖掘、分析，可从中提取出相应的价值，而大数据就是为解决这一类问题而产生的。

可见，数据驱动与大数据产生的背景及目的是有差别的，数据驱动并不等于大数据。

（2）内涵不同。数据驱动是一种新的运营模式。在传统商业模式之下，企业通过差异化的战略定位、高效率的经营管理以及低成本优势，可以保证企业在商业竞争中占据有利位置，这些可以通过对流程的不断优化实现。而在移动互联网时代以及正在进入的数据社会时代，这些优势都不能保证企业的竞争优势，只有企业掌握的数据才是企业竞争优势的保证，也就是说，企业只有由数据驱动才能保证其竞争优势。

在这样的环境之下，传统的经营管理模式都将改变为以数据为中心，由数据驱动（见图 6-2）。消费电子产品经历了一个从模拟走向数字化的历程，与此类似，企业的经营管理也将从现有模式转向数据驱动的模式。这样的转变实际上也是全球企业面临的一场新变革。

图 6-2　数据驱动的经营管理模式

2. 数据驱动与大数据有联系

数据驱动是一种全新的商业模式，而大数据是海量的数据以及对这些数据进行处理的工具的统称。二者具有本质上的差别，不能一概而论。

虽然数据驱动与大数据有许多不同，但是由上文阐述可以知道，数据驱动与大数据还是有着一定的联系。大数据是数据驱动的基础，而数据驱动是大数据的应用体现。

如前所述，数据驱动这种商业模式是在大数据的基础上产生的，它需要利用大数据的技术手段，对企业海量的数据进行分析处理，挖掘出这些海量数据蕴含的价值，从而指导企业进行生产、销售、经营、管理。

同样的，再先进的技术，如果不用于生产实践，则对于社会是没有太大价值的。大数据技术应用于数据驱动的企业这种商业模式之下，正好体现其应用价值。

资料来源：综合网络资料。

阅读上文，请思考、分析并简单记录：

（1）请在理解的基础上简单阐述：什么是数据驱动？

答：＿＿＿＿＿＿＿＿＿＿＿＿＿＿＿＿＿＿＿＿＿＿＿＿＿＿＿＿＿＿＿＿＿＿＿＿＿＿

＿＿

（2）请简单阐述：本文为什么说"数据驱动≠大数据"？

答：＿＿＿＿＿＿＿＿＿＿＿＿＿＿＿＿＿＿＿＿＿＿＿＿＿＿＿＿＿＿＿＿＿＿＿＿＿＿

（3）请简单分析数据驱动与大数据的联系与区别。

答：_____

_____

_____

6.1　企业分析的分类

对企业的分析有一些不同的分类方法。下面针对不同类型分析的基本要求，研究需求将如何影响组织对分析方法和工具的选择。由于没有任何一个单一的方法和工具能够满足每一个需求，因此，对于所有层面分析决策的关键问题是，人们该怎样应用分析结果。

我们将企业分析归为五类。

（1）战略分析——为高层管理人员服务的分析。

（2）管理分析——为职能领导服务的分析。

（3）运营分析——支持业务流程的分析。

（4）科学分析——支持发展新知识的分析。

（5）面向客户的分析——针对最终消费者的分析。

根据分析使用者在组织中的角色来描述不同类型的分析，讨论分析使用者的角色是如何影响分析项目的关键特征，包括时效性和可重复性，以及这些特性将如何影响工具和方法的选择。在每个分析项目开始时，分析师一定要清楚的是，谁将使用这个分析？

6.2　战略分析

组织的战略分析主要针对高层管理人员的决策支持需求，解决战略级的挑战与问题。

战略问题有四个鲜明的特点。第一是风险高，如果战略方向不对会造成严重后果；第二，战略问题常常会突破现有政策的约束；第三，战略问题往往是不可重复的，在大多数情况下，组织解决了一个战略问题，但不会再解决另一个同样的战略问题；第四，以何种方式推进是最好的，对此领导层没有就此达成共识，有很多不确定性，管理层对事实有不同的认识。换句话说，如果没有异议，也就没有必要进行分析。

战略问题的例子包括：

● 是否应该继续投资一条表现不佳的业务线？

● 一个拟议中的收购将如何影响现行的业务？

● 预计明年的经营环境是怎么样的？会如何影响我们的销售？

由于高管依靠战略分析以达成共识，分析的价值更多地取决于信誉和该分析师的经验（而不是方法的精度或理论的缜密）。分析师的独立性也是关键，尤其是因为分析将用于解决管理层之间的异议。此外，分析结果的快速出台也很重要。

虽然某个问题对于某一家公司来说可能是一次性的，但其他公司却可能已经经历过类似情况。与内部分析师相比，曾经处理过类似情况的经验使得外部顾问的价值大大提升。此外，回答战略问题通常需要使用一些不太容易获得的数据，例如组织外部的数据。

由于上述原因，基于独立性、可信性、过往成就的纪录、紧迫性和外部数据，企业倾向于更多地依赖外部顾问进行战略分析。但是，分析型领导者会建立一个内部团队来进行战略分析，这个团队一般在传统职能部门之外独立运行。

6.2.1 专案分析

专案分析是指针对一个特定的问题收集相关新数据并进行相对简单的分析，如连接表、汇总数据、简单统计、编制图表等。企业会投入大量的时间和精力做专案分析。

传统商务智能很难或无法解决不可重复的问题和需要管理层关注的问题。那些基于数据仓库的商务智能系统非常适合重复的、基于历史的和在政策框架内操作的低层面的决策，而专案分析可以弥补高层管理人员的需求和商务智能系统能力之间的差距。

专案分析这种类型的工作往往会吸引具有丰富经验和能力的分析师，他们能够在压力下快速、准确地工作，团队专家的背景往往也是各种各样。例如，一家保险公司的一个专案分析团队，其中就包括人类学家、经济学家、流行病学家和具有丰富经验的索赔专家。

发展分析领域、业务和组织方面的专业知识可以增进战略专案分析师工作的可信度。更重要的是，成功的分析师会对数据持怀疑态度，为获得答案而进行很多主动的探索，这往往意味着要攻克更多的困难，例如使用编程工具和细分数据来找到问题的根本原因。

因为专案分析需要灵活性和敏捷性，因此，成功的专案分析团队会突破标准流程而在IT部门之外运作，并允许分析师在组织和管理数据时具有更大的灵活性。

6.2.2 战略市场细分

市场细分既是组织高层所追求的战略，也是用于支持制定战略的分析方法。企业可以运用分析技术来进行战术性的针对营销，在这种情况下，内部客户是初级管理人员，而战略市场细分的客户则是首席营销官（CMO）和企业高级管理层的其他成员。

当企业进行如下几类活动时，需要对市场进行细分：开发新产品投放市场、进入新市场，或者重新激活已经进入市场饱和状态的产品线。通过将一个广阔的市场分割成有不同需求和沟通习惯的不同人群，企业可以找出更有效地解决消费者问题的方法并建立起消费者的忠诚度。

在大多数情况下，战略市场细分的目的是寻找更好的方法来挖掘潜在消费者。细分分析通常包括从调查中捕捉的外部数据或者二手资料来源。外部顾问往往承担这一工作，因为他们有进行可靠的细分分析所需要的专业知识，也因为细分分析的工作总体而言并不经常进行，建立起内部分析能力并不划算。

6.2.3 经济预测

在许多组织中，周期性的计划和预算通常从经济环境评估开始，这不是简单地猜测未来。管理层在很大程度上依赖于计量经济学预测中对于经济增长、通货膨胀、货币走势等指标的基准线预测。

计量经济学家使用数学、统计学以及高性能计算机来构建复杂的经济模型，然后使用这些模型来对关键指标进行预测。因为建立和维护这些模型是十分昂贵的，所以只有较大的企业才建立自己的经济计量模型。相反，大多数企业购买由专业公司所产生的预测数据，然后利用分析建立自身的关键指标与购买的经济指标之间的联系。

6.2.4　业务模拟

计量经济模型利用数学理论方法来构建复杂的大体量体系的模型。当预测的关键指标与主要经济指标走势一致时，这些模型非常有效。例如，一家全国性的百货连锁企业可能会发现自己的零售销量与家庭总消费支出的预测非常吻合。

尽管通过计量经济预测所产生的预测点估计对于战略规划是有用的，但在许多情况下，管理层更关心的是一系列可能的产出结果，而不仅仅是简单的一项预测。管理者们可能会关心某些明确定义的流程所带来的影响（如生产制造操作），或一些资产所带来的影响（如一套保险政策或一个投资组合）。在这种情况下，业务模拟是一个有用的应用方法。

业务模拟是一个随时间变化的真实世界体系的数学表现。模拟取决于代表着被模拟系统或流程的关键特征和行为的数学模型的初始结构。这个模型就代表这个系统，而一个模拟过程则表示在一系列假设下随时间变化的系统运作。

因为管理者可以调整假设，所以业务模拟是进行"假设"分析的一个很好的工具。例如，一家人寿保险公司可以基于投保人行为、死亡率和金融市场情况等不同假设模拟自己的财务结果。管理者们就可以根据模拟的结果对是否要进入某一业务线、收购另一家运营商、对投资组合进行再保险或对其他具有战略影响的问题进行决策。

6.3　管理分析

例如，在某交易平台的管理分析中，为中层管理者需求服务的分析应专注于具体的功能问题（见图6-3）。

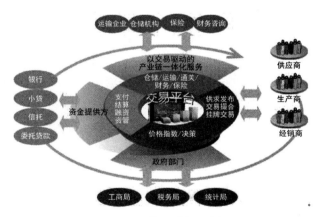

图 6-3　管理分析示例

- 管理现金的最佳方式是什么？
- 产品是否能够按照预期运营？
- 营销计划的有效性怎么样？
- 在哪里可以找到开设新零售店的最佳机会？

不同的功能问题有不同的专业术语，不同的专业分析也有其独特的分析时机或分析条件（如商店位置分析、营销组合分析、新产品的预测等）。管理分析问题一般分为三类：

- 测量现有实体（如产品、项目、商店、工厂等）的结果。
- 优化现有实体的业绩。

● 规划和开发新的实体。

为企业开发报表工具、商务智能仪表盘、多维数据钻取等测量工具是当前商务智能（BI）系统的主要功能。在数据及时可信、报告易于使用的情况下，这样的系统将会十分高效，并且该系统反映了一个有意义的评估框架。这意味着活动、收入、成本和利润这些指标反映了业务功能的目标，而且能确保不同实体间的比较。

在 BI 技术下，内部功能（如销售、承保、店面运营等）分析团队往往要花费很多时间为经理们准备例行报告。例如，一个保险客户要求的一个评估报告实际由超过 100 个 SAS 用户组成的一个工作组完成。

在一些情况下，报告花费了分析师大量的时间，因为企业缺少在必要的工具和引擎上的投资，不过这是一个很容易解决的问题。通常情况下，产生这种情况的根本原因是缺乏一致的评估标准。在缺乏准确计量的组织中，评估将成为一件困难的事情，在这种混乱的情况下，单个项目或产品的经理要寻求能够展现他们项目或产品最大优势的定制分析报告也很困难。因为在这样的评估环境下，每个项目或者产品都是最优的，并且分析失去了管理的意义。对于这个问题至今没有合适的技术性解决方案，它需要领导者为组织制定清晰的目标并且建立其一致认可的评估框架。

对于规划和发展新的实体（如程序、产品或门店）的分析通常需要组织外部的信息，并可能需要一些现有员工中无人掌握的技能。由于这两个原因，组织通常将这种分析外包给拥有相关技能和数据的分析供应商。在组织内的分析师看来，这种分析的技术要求很像做战略分析所需要的。这种能力能够快速从任何融合了灵活敏捷的编程环境和功能支持的资源中快速获取数据，从而服务于广泛的通用性分析问题。

营销归因分析就是管理分析的一个很好的例子。归因分析利用历史数据和高级分析将消费者的购买行为与市场营销方案和效果关联起来。在电子商务和数字营销大规模出现前的单一市场中，营销依赖于对媒体市场的综合分析，来评估广告的影响。随着营销组合手段从传统媒体转向数字媒体，市场营销人员开始依赖建立在单个消费者层面的归因分析来衡量各个营销活动和沟通的有效性。归因分析使企业能够节省资金，增加每个营销活动的收入，并且个性化地定义消费者与企业间的关系。

6.4 运营分析

运营分析是为提高业务流程效率或效益的分析。管理和业务分析之间的区别有时是很小的，并且总体而言可以归结为汇总的程度和分析频率的差别。例如，首席营销官对所有营销方案的效果和投资回报率感兴趣，但是不太可能对某个项目的运营细节感兴趣。而一个营销项目的经理会对该项目的运营细节十分感兴趣，但又不会太关注其他营销项目的运营效果。

在汇总程度和分析频率上的差异导致了相关类型的分析之间巨大的差异。一个首席营销官的关注重点应该在一个项目是"继续进行或者立即停止"的层次上：如果这个项目有效果的话就要继续为这个项目提供资金支持，如果没有效果则该项目应立即停止。这种类型的问题很适合使用融合了可靠利润指标和投资回报率指标的"仪表盘"模式的商务智能系统处理。另一方面，对于项目经理来说，他们感兴趣的一系列洞察指标不仅仅是这个项目的运营效果，而且是为什么这个项目能达到现在的运营效果以及能够怎样改进该项目。并且，项目经理会深入参与运营决策，如选择目标、选择目标受众、确定哪方提供分配资源、处理出现的异常反应，以及管理交付计划和预算，这是运营分析要达到的效果。

尽管任何一个 BI 软件包都可以处理不同层次和类型的运营问题，整个业务流程中不同性质的操作细节仍然使问题变得更加复杂。一个社交媒体营销方案的实施依赖于数据源和运营系统，这与网页媒体和邮件营销方案完全不同。例如，预先批准和非预先批准的信用卡采集程序使用不同的系统来分配信贷额度。这些过程的一部分或者全部都是可以外包出去的。只有极少数的企业能够成功将他们所有的运营数据集成到单一的企业数据存储中。因此，通常 BI 系统很难全面地支持管理和业务的分析需求，更为常见的是，由一个系统来支持管理分析（对于一个或多个准则），而其他不同的系统和专案分析来支持运营分析。

在这种情况下，问题往往可以特定于某个领域，而分析师也能够在该领域中进行非常专业的分析。一个在搜索引擎优化方面很专业的分析师不一定擅长信用风险的分析。这与分析师使用的分析方法无关，而是有些类似于不同业务之间的区别，并且与在特定业务中使用的语言和术语以及在特定领域中使用的技术和管理问题有关。就像一个生物统计学家很了解常见的医疗数据格式和 HIPAA 法规（健康保险携带和责任法案），一个消费者信用风险分析师很了解 FICO 评分、FISERV 格式和公平信用报告法（FCRA）。在这两个例子中，分析师都必须对组织的业务流程有深刻理解，因为这对识别改进项目的时机和确定分析项目的优先次序是十分重要的。

虽然运营分析可能会通过许多不同的方式来改进业务流程，但是大多数分析应用还是分为以下三类。

（1）应用决策系统：通过大量更优的决策来支持业务流程。例如，包括客户要求的信用额度增加或信用卡交易授权系统，通过采用平衡风险和收益的一致性数据驱动的规则来改善业务流程。将分析嵌入应用决策系统可以帮助组织优化"松"与"紧"标准之间的取舍问题，并能够确保决策标准反映实际的情况。与基于人工决策的系统相比，一个分析驱动的系统能够更快速和更稳定地运行，并且能够比人工决策系统考虑到更多的信息。

（2）定位和路由系统：可以通过自动转发提高事务处理的速度。例如文本处理系统，它可以读取每个传入的电子邮件并将其发送给相应的客户服务专家。而应用决策系统主要用于对一系列事务中"是或否""同意或取消"类型的决策进行建议，一个定向系统则是从候选项集合中进行选择并且可能从替代路线中做出高质量的决策。这种类型的系统对于业务的好处就在于它能够提高生产率、减少加工时间。例如，组织不再需要一个专门的团队来阅读每封邮件并将其转到相应的专家那里。分析应用使这样的系统成为可能。

（3）业务预测系统：用于规划影响运营的关键指标。例如，利用预测的商店流量来确定人员配置水平的系统。这种系统通过对客户需求进行协调运作来确保本组织能够更高效地运营。同样，应用分析使这样的系统成为可能。虽然在理论上即使没有分析预测的部分也能够建立一个这样的系统，但是无法想象会有管理人员将运营寄托于这种侥幸的猜测。与前两种应用不同，业务预测系统通常使用总体数据而不是原子数据。

对进行分析报告的工作而言，能够迅速地从运营数据源（内部和外部）攫取数据的能力是至关重要的，正如将报告发布到一个通用的报表和 BI 展示系统中的能力也是很重要的。

部署能力是进行预测性分析工作的关键要求，分析人员必须能够将预测模型发布为预测模型标记语言（PMML）文件或是在可选择编程语言中可执行的代码文件。

6.5　科学分析

战略、管理和运营分析涵盖了各种不同类型的分析，管理者在不同层次依靠不同分析来做出决策。科学分析被用来帮助实现一个完全不同的目标：新知识的产生。

科学知识有两种完全不同的类型。由大学和政府资助的公共知识可以免费获得，私人知识则不同，包括知识产权法保护知识产权和为了开发商业产品而投资于知识的私有资本投资。由于知识产权的高潜在回报，对专用知识分析（如生物技术、制药和临床研究）的投资在分析总支出上占了很大的份额。

科学分析师十分重视使用能够经受住同行评议审查的分析方法，这种关注往往会影响他们对于分析技术的选择。这与其他商业应用形成了鲜明的对比，因为在其他商业应用中，预测结果是首要关心的问题。

例如，纽约州立大学布法罗分校拥有一家世界领先的多发性硬化症（MS）研究中心，团队研究来自 MS 患者的基因组数据，来识别那些变异后能够降低 MS 发病率的基因。由于基因产物需要与其他基因产物和环境因素相互作用而生效，因此该研究团队对于研究相互作用的基因组合十分感兴趣。在基因组研究中使用的数据集是非常大的，并且分析计算十分复杂，因为研究人员要寻找数千基因与环境因素之间的相互作用。由于基因组合数量呈爆炸式增长，有可能要以百亿级的数量级来衡量可能的作用。纽约州立大学布法罗分校的团队使用 R 语言企业集成软件与 IBM 的专家集成系统一同来完成分析应用，以便简化和加速对于大数据集的复杂分析。

6.6　面向客户的分析

面向客户的分析被定义为针对最终消费者解决问题而细分产品的分析。

就像前面所指出的，不同层级的管理者有时会借助外部供应商来满足因各种原因所产生的分析需求。但是，如果外部供应商所使用的分析方法和技术与内部团队能提供的一样，就不认为这是一种完全不同的分析形式。

面向客户的分析区分产品与替代品，用于企业在市场上创造独特的价值。目前有三种不同类型的面向客户的分析，即预测服务、分析应用和消费分析。

6.6.1　预测服务

传统的分析咨询服务出售和交付的"产品"就好比一个分析项目。咨询价格取决于完成项目所需要的咨询时间和所消耗资源的时间价值。对于预测服务而言，产品销售和交付给客户的过程就是一种预测的过程，而不是一个项目，价格取决于使用的预测事务结果的数量。信用评分是预测服务最著名的案例，在销售、市场营销、人力资源以及保险承保领域也有许多其他预测服务的案例。

组织能够通过内部开发或购买模型来满足预测服务的需求。但是，外部进行的预测服务往往有与内部不同的工作方式。外部开发者将预测模型成本分摊到很多项目上，这样可以使广大的小微企业市场也从预测分析中受益，否则它们根本无法负担。预测服务供应商也能够实现规模经济并且可以经常访问原本不能获取的企业数据源。

6.6.2 分析应用

分析应用系统是预测服务的一个自然延伸,这是使用数据驱动的预测并支持一个业务流程所有或部分的商业应用系统。图 6-4 显示了一个客户感知指标体系设计思路。

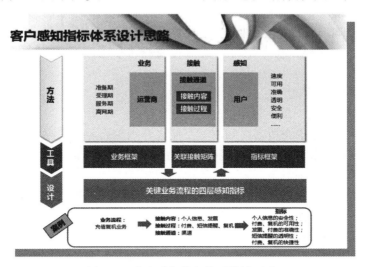

图 6-4 客户感知指标体系设计思路

例如:

- 抵押贷款申请的决策系统(使用申请人偿还贷款倾向的预测)。
- 保险承保系统(使用一个保险策略预期损失的预测)。
- 欺诈案件管理系统(使用单个或一组索赔是欺诈的可能性的预测)。

开发商经常采用"剃须刀和刀片"策略来销售和交付这些应用系统。在这种策略下,应用系统本身的固定价格与提供预测服务的长期协议是关联在一起的。

例如,[X+1]平台作为最早的编程营销中心而闻名,它旨在使品牌的数字营销更加有效并且更贴近消费者。该平台包括以交换为基础的普通广告购买,它结合了许多用于进行数据管理、现场决策、标签管理以及移动广告的工具。

[X+1]平台的核心是一个名为预测优化引擎(POE™)的集中决策引擎,它利用 R 语言企业集成工具和由它的大数据框架管理的专有数据与第三方数据。POE™针对不同渠道的最佳受众,实时地通过网站和访客为个人定制信息。

6.6.3 消费分析

面向客户分析的前两类分析产品很相似,并且会与内部团队交付的战略、管理和运营分析产生冲突。而第三类,即消费分析,可能是最具冲击性并能够为企业带来最大潜在回报的分析。消费分析通过解决消费者的问题来以更有意义的方式区分企业的产品。

例如,消费者查找信息有困难,谷歌的搜索引擎——大规模的应用文本挖掘解决了这个问题。消费者寻找他们想要看的电影有困难,奈飞的推荐引擎——电影推荐解决了这个问题。

这些例子都是利用机器学习技术在这些问题上直接使客户受益。然而,那些提供间接受益服务的企业,则是通过建立网站流量,销售更多的产品,或以竞争对手不能轻易复制的方式来满足消费者需求。

6.6.4 案例：大数据促进商业决策

分析是帮助创建独特价值的工具之一，可以描述商业行为、掌握行业动向。但更重要的是，分析通过发现数据的规律，帮助揭示未知，使那些常常被忽视的机遇大放异彩，从而赋予人们去发现潜在的事情并赋予其自动化的能力，实现商务战略需要和节省运营成本。即使目标相互冲突，在大量可靠的数据支持下，分析也可以辅助进行复杂的和更好的决策。

1. 分析，助你无限可能

想象一下人们可以做到以下几点。

- 推出新产品，并用现在所需时间的一半使之开始盈利。
- 不断地聘用具有合适技能和其他特定角色所需成功特质的人才，大大提高企业绩效，降低员工流失和培训成本。
- 在竞争对手做出决策之前，先确定他们的可能动向，并通过引入自己的战略行动，抢占市场先机，主动减缓竞争对手动向所带来的冲击。
- 为所有客户定制个性化的激励措施，实现利润最大化并提高客户忠诚度。
- 主动预测高昂的生产停机的可能性，做到未雨绸缪，消除或减少其影响。
- 不断地推出新产品以满足市场中潜在的、未被满足的需求。
- 对特定的微市场不断设定定价策略，最大限度地提高盈利能力。
- 发现目标区域产品的空白市场，采取合适的战术部署，驱逐竞争对手，赢得客户。

那些了解如何系统性地推进分析应用并产生结果，并且具有高度分析成熟度的组织，是毋庸置疑的市场赢家。建立更好的前瞻性模型并从中提取价值，能够影响他们的业务战略并巩固其业务执行，这些分析驱动型的顶级执行组织正从先行者优势中收获回报，同时他们建立技术壁垒，使其竞争对手越来越难以与之匹敌。

以谷歌为例，分析使之成为在线广告世界的霸主。沃尔玛通过供应链优化赢得"大箱零售大战"的胜利。Capital One 通过分析创造并赢得了次级信贷市场，同时通过算法交易，金融市场已经无可挽回地被颠覆了。

许多分析方法在现在的市场中都获得了成功应用，但如何取得成功的细节往往被认为是商业秘密。然而，你会发现一个突破性的、创新的分析应用方法，可以激发你和你的团队。这些例子是关于将分析应用到新的业务领域和问题上，采用创新的方法并与新的数据相结合，在整个业务范围内推动分析洞察到一个新的精度水平。

2. 刺激客户，驱动更高利润

如今，绩效卓越的组织正在使用分析技术来为他们的业务锦上添花。为了实现这个目标，他们通过影响其战略举措，以及在他们的业务中通过系统的分析嵌入来实施执行，从而向分析驱动、无摩擦的环境发展。

迪恩·雅培是资深数据挖掘和预测分析专家，拥有的高级分析工作经验包括国防和商业行业在内的多种应用。雅培是 Smarter Remarketer（更聪明的营销人员）的首席数据科学家和联合创始人，Smarter Remarketer 是一个以客户为中心的营销智能平台，使零售商能够对消费者进行先进且精准的定位。在这个经常由"象牙塔"专家们主导的产业中，雅培的务实精神和针对现实问题提出的基于商业价值的分析方法，让他成功脱颖而出。

　　据雅培介绍，2010 年他帮助一个计算机硬件和设备服务中心的一个很小的、具备好奇心与创新性的内部团队创建了一个秘密武器。即"公司核心战略资产，以致不能公开它们到底是做什么的。这个电子行业领域服务公司中的小团队，因为其极具创造性的模型所带来的成果，竟然成为公司盈利中的摇滚明星。"

　　该公司承认现场服务存在一个问题，因为在首次预约服务中服务技术人员往往没有带合适的零件来修复存在的问题，这导致对客户承诺的延迟和低效，耗时和昂贵的返工，以及客户不满的增加。

　　为了防止货车不得不返回仓库去取所需的零部件，内部的信息技术团队分析了呼叫中心记录并开始尝试将呼入电话的关键词与货车上没有所需零部件的首次服务电话调度进行关联。虽然最初文本分析的结果是有启发的，但是没有足够深刻的洞察力能让人系统地依赖于它。

　　雅培帮助这个团队挖掘结果，从关键词分析（实际上是文本分析）到基于决策树的预测模型分析。决策树是在多种选择和概率之间，使用树图来说明各种可行方案的分析类型。但是最初预测结果不尽如人意。经过进一步数据挖掘和修改后，团队意识到决策树的方法有两个缺点。当有很多已知信息（或相当密集的信息）时，决策树能够呈现较佳的效果。该小组一直在使用独立的工单，这种工单包含相对较少（或稀少）的信息，而且没有关于类似工单的历史信息。此外，没有很多的关键词为决策树提供决策支撑。

　　根据雅培的描述，这个团队开始了头脑风暴，这也正是创新发生的时候。团队使用来自一线的服务维修历史，针对每个工单来收集相关的描述性统计数据。他们使用如下方法统计数据。

- 针对每一段故障代码（如 40 或 41），与维修零件相关联的故障代码所占比例？
- 针对每一个关键词，维修需要的零件有多少时间比例涉及这个关键词？

　　这些统计数据给决策树中的备选项赋予权重，从而显著地提高了决策的准确性。

　　将历史数据整合到决策树上目前观测到的分类变量中，这种整合数据被认为是数据中至关重要的一部分，可以解锁具有价值的洞察力。这项技术是常用的分析方法：并不是把一个单一变量添加到预测模型中，而是捕捉到关于变量的一个总结性信息或其他相关统计数据，并将其添加到模型中。

　　决策树建立之后，团队确认由于关键词有同义词与代替词，树中存在大量的重复信息。对于类似但不完全相同的信息，就会产生建立不同类型决策树的效果。这有效地为团队创建了一组规则或条件，可以结合使用来创建一个决策层次。

　　综合这些独特的方法——文本挖掘、描述性统计、集成学习——来建立一个预测模型，带给公司一个非常可靠和准确的模型，可以持续增加盈利能力并且提供令人满意的结果。模型通过该公司的呼叫中心应用程序接入访问，并允许该公司提前将可能需要的零件存放到维修卡车上，使技术服务人员可以在第一次呼叫维修让客户满意。这给公司带来了竞争优势，并且提高了其客户的忠诚度，减少返工，并有效地利用了备件库存。

　　3. Gartner 察觉跨行业的行为分析

　　道格·兰尼是 Gartner 公司负责信息创新的副总裁，负责业务分析解决方案、大数据用例、信息学和其他数据治理的相关问题。兰尼知道拥有分析技术和大数据，提升业务就有无穷的可能性，所以他鼓励客户向行业之外的革新者进行学习以获取适合他们的灵感和应用。例如，他们使用的是什么类型的数据？什么类型的分析？他们解决什么样的业务问题？他们优先考虑什么事？他们用各种新的方式看待问题吗？他们是否解决了一个并不真正存在的问题，但仍然有一个机会去解决它？兰尼分享了几个关于这些创新者的故事。

Express Scripts 是一个药房（见图 6-5），想要干预那些可能不会正确地使用治疗药方的患者。Express Scripts 构建了一个模型，分析了 400 个变量，包括处方史和病人所在地区的经济结构，预测病人是否会按规定服药。该模型目前对于预测患者是否按规定服药或是否实际会服药具有 90% 的准确性。这使得 Express Scripts 可以制定人工干预监督，包括电话提醒和签订自动补充药物的合约。Express Scripts 采用了带声音的瓶盖，从而使得患者的服药率提高了 2%。该公司还为健忘的病人提供了一个计时器，提醒他们服药，使得服药率增加了 16%。

图 6-5 Express Scripts 药房

黑暗数据是为了一个目的收集的数据，而未用于其他的用途。另一个有趣的案例研究是 Infinity Insurance，该公司意识到其坐拥黑暗数据的金矿：历史索赔调整报告。它挖掘历史索赔调整报告，并通过对报告中涵盖或排除的词汇和语言执行文本分析，使用数据来与已知的欺诈活动进行比较。通过执行这种类型的分析，该公司能够将其欺诈性索赔识别成功率从 50% 提高到 88%，这削减了其索赔调查时间，并使得代位追回款的净利润增加了 1200 万美元。代位追偿是保险人从第三方追回债权损失的一种权利。此外，公司在其营销应用中使用了这些相同的洞察力，防止针对个人和组织可能提交的欺诈性索赔。

麦当劳给出了关于嵌入式操作分析的一个例子。麦当劳通过利用多媒体分析技术来显著改变流程，减少了大量浪费。麦当劳因其质量的一致性而享誉世界，但是使用包括色卡和卡尺在内的手工流程衡量汉堡包大小、颜色和汉堡包上的芝麻分布，需要耗费大量的时间。现在麦当劳在汉堡从烤箱出来时对其进行图像分析，并且可以自动调节烤箱。这种新的嵌入、实时分析流程，通过自动调整烤箱来保持公司的一致性和质量标准，每年减少了成千上万浪费的产品。

【作业】

1. 由于没有任何一个单一的方法能够满足每一个需求，所以，对企业的分析有一些不同的分类方法。本章定义的五类企业分析方法是（   ）和科学分析、面向客户的分析。

① 战略分析　　　　② 管理分析　　　　③ 战术分析　　　　④ 运营分析

A. ①②③　　　　　B. ②③④　　　　　C. ①②④　　　　　D. ①③④

2. 面向客户的分析，是指针对（   ）的分析。

A. 业务伙伴　　　　B. 企业中层　　　　C. 产品下游　　　　D. 最终消费者

3. 在每个分析项目开始时，分析师一定要清楚的是（　　）。

A. 谁将使用这个分析　　　　　　　B. 这个分析项目收益如何

C. 分析项目的等级　　　　　　　　D. 分析的难易程度

4. 战略问题有四个鲜明的特点，例如战略问题常常会突破现有政策的约束，其他还包括（　　）。

① 盈利显著　　　　　　　　　　　② 风险高，战略方向不对会造成严重后果

③ 战略问题不可重复　　　　　　　④ 对推进方式缺乏共识

A. ②③④　　　　B. ①②③　　　　C. ①②④　　　　D. ①③④

5. 下列（　　）例子不属于组织的战略问题。

A. 是否应该继续投资一条表现不佳的业务线

B. 一个拟议中的收购将如何影响现行的业务

C. 如何处理某个 SUV 翻车的事故

D. 预计明年的经济大环境会如何影响我们的销售

6. 基于独立性、可信性、过往成就的纪录、紧迫性和（　　），企业倾向于更多地依赖外部顾问进行战略分析。

A. 内部数据　　　B. 核心数据　　　C. 外部数据　　　D. 重要数据

7. （　　）是指针对一个特定的问题收集相关新数据并进行相对简单的分析。组织会投入大量的时间和努力做这项工作。

A. 利润分析　　　B. 专案分析　　　C. 风险评估　　　D. 趋势分析

8. 发展（　　）方面的专业知识可以增进战略专案分析师工作的可信度。

① 分析领域　　　② 业务　　　　③ 财务　　　　④ 组织

A. ②③④　　　　B. ①②③　　　　C. ①③④　　　　D. ①②④

9. 重要的是，成功的分析师会对数据持（　　）态度，为获得答案而进行很多主动的探索，这往往意味着要攻克更多的困难。

A. 怀疑　　　　　B. 信任　　　　　C. 重视　　　　　D. 忽略

10. 战略分析师使用（　　）进行工作并使用标准的办公软件工具（如 Excel）展现其成果。

① R（程序语言）　　　　　　　　② PowerPoint（演示文稿）

③ SAS（统计分析软件）　　　　　④ SQL（结构化查询语言）

A. ①②③　　　　B. ①③④　　　　C. ①②④　　　　D. ②③④

11. 对一个战略分析团队来讲，最重要的是具备能够快速获取和组织任何来源及任何格式数据的能力。不断增长的数据量对（　　）架构的性能提出了挑战。

A. 传统的 Word　　　　　　　　　B. 现代的 Windows

C. 现代的 Excel　　　　　　　　　D. 传统的 SAS

12. 市场细分既是组织高层所追求的战略，也是用于支持制定战略的分析方法。战略市场细分分析的客户是首席营销官（CMO）和企业（　　）的其他成员。

A. 财务部门　　　B. 中层干部　　　C. 基层领导　　　D. 高级管理层

13. 为中层管理者需求服务的分析应用专注于（　　）功能问题。

A. 重要的　　　　B. 具体的　　　　C. 现实的　　　　D. 严重的

14. 运营分析是为（　　）或效益的分析。

A. 提高业务流程效率　　　　　　　B. 降低生产成本

C. 提高生产线速度　　　　　　　　D. 降低生产现场浪费

15. 虽然运营分析可能会通过许多不同的方式来改进业务流程，但是大多数分析应用还是分为（　　）这样三类。

① 数值计算系统　　　　　　　　② 应用决策系统

③ 定位和路由系统　　　　　　　④ 业务预测系统

A. ①②④　　　　B. ①③④　　　　C. ②③④　　　　D. ①②③

16. 科学分析帮助实现一个完全不同的目标，即（　　）的产生。

A. 新技术　　　　B. 新产品　　　　C. 新方法　　　　D. 新知识

17. 科学知识中，由大学和政府资助的公共知识可以免费获得，而知识产权法保护知识产权和为了开发商业产品而投资于知识的（　　）。

A. 论证报告　　　B. 私有投资　　　C. 技术方案　　　D. 文件报告

18. （　　）十分重视使用能够经受住同行评议审查的分析方法，这种关注往往会影响他们对于分析技术的选择。比起预测结果，他们也往往更关心对方差产生原因的认识。

A. 科学分析师　　B. 运营分析师　　C. 战略分析师　　D. 企业分析师

19. 面向客户的分析区分产品与替代品，用于企业在市场上创造独特的价值。有（　　）三种不同类型的面向客户的分析。

① 预测服务　　　② 分析应用　　　③ 产值分析　　　④ 消费分析

A. ①③④　　　　B. ②③④　　　　C. ①②④　　　　D. ①②③

20. 对于（　　）而言，产品销售和交付给客户的过程就是一种预测的过程，而不是一个项目，价格取决于使用的预测事务结果的数量。

A. 运营分析　　　B. 消费分析　　　C. 分析应用　　　D. 预测服务

第7章
预测分析方法

【导读案例】 准确预测地震

地震是由构造板块（即偶尔会漂移的陆地板块）相互挤压造成的（见图7-1），这种板块挤压发生在地球深处，并且各个板块的相互运动极其复杂。因此，有用的地震数据来之不易，而要弄明白是什么地质运动导致了地震，基本上是不现实的。每年，世界各地约有7 000次里氏4.0或更高级别的地震发生，每年有成千上万的人因此丧命，而一次地震带来的物质损失就有千亿美元之多。

虽然地震有预兆，但是人们仍然无法通过它们可靠、有效地预测地震。相反，人们能做的就是尽可能地为地震做好准备，包括在设计、修建桥梁和其他建筑的时候就把地震考虑在内，并且准备好地震应急包等。

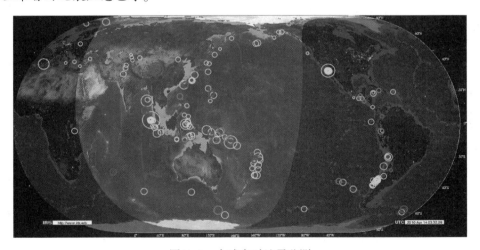

图7-1　全球实时地震监测

如今，科学家们只能预报某个地方、某个具体的时间段内发生某级地震的可能性。例如，他们只能说未来30年，某个地区有80%的可能性会发生里氏8.4级地震，但无法完全确定地说出何时何地会发生地震，或者会发生几级地震。

科学家能预报地震，但是他们无法预测地震。归根结底，准确地预测地震，就要回答何时、何地、何种震级这三个关键问题，需要掌握促使地震发生的不同自然因素，以及揭示它们之间复杂的相互运动的更多、更好的数据。

预测不同于预报。不过，虽然准确预测地震还有很长的路要走，但科学家已经越来越多地为地震受害者争取到几秒钟的时间了。

例如，斯坦福大学的"地震捕捉者网络"就是一个会生成大量数据的地震监测网络的典型例子，它由参与分布式地震检测网络的大约 200 个志愿者的计算机组成。有时候，这个监测网络能提前 10 秒钟提醒可能会受灾的人群。这 10 秒钟，就意味着你可以选择是搭乘运行的电梯还是走楼梯，是走到开阔处去还是躲到桌子下面。

技术的进步使得捕捉和存储如此多数据的成本大大降低。能得到更多、更好的数据不只为计算机实现更精明的决策提供了更多的可能性，也使人类变得更聪明了。

从本质上来说，准确预测地震既是大数据的机遇又是挑战。但是单纯拥有数据还远远不够，既要掌握足够多的相关数据，又要具备快速分析并处理这些数据的能力，只有这样，才能争取到足够多的行动时间。越是即将逼近的事情，越需要人们快速地实现准确预测。

阅读上文，请思考、分析并简单记录：

（1）你亲历或者听说过的地震事件有哪些？

答：_____

_____

_____

（2）针对地球上频发的地震灾害，请尽可能多地列举你所认为的地震大数据内容？

答：_____

_____

_____

（3）认识大数据，对地震活动的方方面面（预报、预测与灾害减轻等）有什么意义？

答：_____

_____

_____

7.1 预测分析方法论

预测分析使用的技术可以发现历史数据之间的关系，从而预测未来的事件和行为。因此，预测分析已经在各行各业得到广泛应用，例如预测保险索赔、市场营销反馈、债务损失、购买行为、商品用途、客户流失等。

假设治疗数据显示，大多数患有 ABC 疾病的病人在用 XYZ 药物治疗后反映效果很好，尽管其中有个别人出现了副作用甚至死亡。可以拒绝给任何人提供 XYZ 药物，因为它有副作用的风险，但这样一来，大多数病人就可能会继续受到疾病的折磨；或者也可以让病人自己来做决定，通过签署法律文件来免责。但是，最好的解决方法是基于患者的其他信息，利用分析来预测治疗的效果。

7.1.1 数据具有内在预测性

现实中大部分数据的堆积都不是为了预测，但预测分析系统能从这些庞大的数据中学到预测未来的能力，正如人们可以从自己的经历中汲取经验教训那样。人们敬畏数据的庞大数量，但规模是相对的，数据最激动人心的不是其数量，而是数量的增长速度。

世上万物均有关联，这在数据中也有反映，举例如下。

- 你的购买行为与你的消费历史、在线习惯、支付方式以及社会交往人群相关，数据能从这些因素中预测出消费者的行为。
- 你的身体健康状况与生命选择和环境有关，因此数据能通过小区以及家庭规模等信息来预测你的健康状态。
- 你对工作的满意程度与你的工资水平、表现评定以及升职情况相关，而数据能反映这些现实。
- 经济行为与人类情感相关，因此数据也将反映这种关系。

数据科学家通过预测分析系统不断地从数据集中找到规律。如果将数据整合在一起，尽管你不知道自己将从这些数据里发现什么，但至少能通过观测解读数据语言来发现某些内在联系。

预测常常是从小处入手。预测分析是从预测变量开始的，这是对个人单一值的评测。近期性就是一个常见的变量，表示某人最近一次购物、最近一次犯罪或最近一次发病到现在的时间，近期值越接近现在，观察对象再次采取行动的概率就越高。许多模型的应用都是从近期表现最积极的人群开始的，无论是试图建立联系、开展犯罪调查还是进行医疗诊断。

与此相似，频率——描述某人做出相同行为的次数，也是常见且富有成效的指标。如果有人此前经常做某事，那么他再次做这件事的概率就会很高。实际上，预测就是根据人的过去行为来预见其未来行为。因此，预测分析模型不仅要基于基本的人口数据，例如住址、性别等，而且也要涵盖近期性、频率、购买行为、经济行为以及电话和上网等产品使用习惯之类的行为预测变量。这些行为通常是最有价值的，因为我们要预测的就是未来是否还会出现这些行为，这就是通过行为来预测行为的过程。

预测分析系统会综合考虑数十个甚至数百个预测变量，把全部已知数据都输入系统，然后等待系统运转。系统内综合考量这些因素的核心技术正是科学的魔力所在。

7.1.2　预测分析的流程

分析方法论应该充分利用分析工具所具有的功能。为了使效用最大化，分析师和客户应该全神贯注于项目过程开始和结论的部分——业务定义和部署。业务定义和部署之间的技术开发活动，如模型训练和验证是很重要的，但是这些步骤中的关键选择却取决于如何定义这个问题。

预测分析的目标是根据你所知道的事实来预测你所不知道的事情。例如，你可能会知道一所住房的特征信息——它的地理位置、建筑时间、建筑面积、房间数等，但是你不知道它的市场价值。如果知道了它的市场价值，你就能为这个房子制定一个报价。类似的，你可能想知道一个病人是否患有某些疾病，一个手机用户每月消费的通话时长，或者借款人是否会每月按时还款等。在每个例子里，你都要利用那些已经知道的数据来预测需要知道的信息。精准预测能产生很大的好处，能带动商业价值的增加，因为可靠的预测能够带来更好的决策。

预测分析的流程包括四个主要步骤或部分，即业务定义、数据准备、模型开发和模型部署，每一个部分又包括一系列子任务（见图 7-2）。应该明确的是，现代企业中的分析方法不只是一组数据的技术说明，还有一些必要的组织步骤来确保预测模型能够完成组织的目标，同时不会给业务带来法律法规的风险。

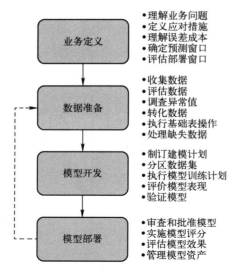

图 7-2　预测分析的流程

7.2　定义业务需求

一个分析项目应该以结果为导向，并且其结果也应该对业务产生积极的作用，但这一点常常会被忽略。例如，有的分析师往往不知道或者无法阐明他们所进行的分析会对项目的业务产生怎样的影响。

7.2.1　理解业务问题

每个分析项目都应该从一个清晰定义好的业务目标开始，并且从项目利益相关者的角度来进行阐述。例如：

- 将市场活动 ABC 的反馈率提高至少 X%。
- 将欺诈交易损失减少 Y%。
- 将客户留存率提高 Z%。

分析师经常抱怨组织不用他们的分析结果。换言之，分析师花费了很大精力来收集数据、转化数据，运用分析构建预测模型，然后，该模型却被束之高阁，这样其实就是失败了。大多数的失败案例都是由于缺少精确定义的业务价值。这跟分析本身不同，实施预测模型是一项跨部门的活动，它需要利益相关者、分析师和 IT 等多方合作，并且也有既定的项目实施成本。

7.2.2　定义应对措施

应对的措施之一就是获得想要的预测内容。为了实现更大的价值，应对措施应该能对那些产出结果会影响组织关键指标的决策或者业务流程起到作用。例如，一个针对性的促销是否会对目标客户有影响，一个住房最可能的销售价格是多少，一个页面访问者最可能的下一次点击位置，或者一个足球赛中的进球分布。

在大多数分析案例中，应对措施代表了一种未来事件，因此还不知道这种对策方法产生的结果。例如，一个信用卡发卡机构可能想要预测某个客户是否会在明年申请破产。一个发生在未来的事件本质上是不确定的，如果你的目的是避免给破产客户提供贷款从而减少债务损失，那么事后才得到信息就太晚了。

在一些情况下，应对措施代表了一个当前或过去的事件。例如，如果因为一些原因无法获得破产记录，那么可以利用预测模型在其他客户信息的基础上估计一个客户是否之前已经申请了破产。

应对措施的时间维度应该是明确的。假设想要预测一个潜在借款人是否会在十年分期贷款里违约，你应该定义违约的应对措施是在整个贷款周期内还是在一个更短的周期内？长期应对举措往往更适合商业决策，但是也需要更多的历史数据去验证。预测长期行为也比预测短期行为更加困难，因为外部因素有更大的可能性来影响到你希望模拟的行为。

对于任何商业应用，都有可能需要预测多种对策，举例如下。

- 税务机关需要确定应该审核哪些纳税申报表：审计的成本很高，并且审计师的数量有限。为了最大限度地提高每个审计师带来的收益，税务机关应该同时预测瞒报收入的查出概率和税务机关可能收回的金额。
- 一所大学希望最大限度地提高在校友捐赠活动中的投资回报。为了正确制定不同的策略，校方应该预测两个概率：每个校友响应的可能性和每位校友可能会捐赠的金额。

如果面对很多商业问题，你想要预测的就可能是多个应对措施。例如，为了最大限度地提高一场捐赠活动的投资回报率（ROI），你会想知道预测捐赠活动的潜在目标是否会得到响应，以及如果响应了可能会捐助多少钱。

尽管存在单个模型对应多种应对措施建模的技术，但大多数分析师更愿意将问题划分成几个部分，然后针对每种应对措施分别建立预测模型。以这种方式分解问题，能够确保分析师针对每个应对措施产生的影响来独立优化预测模型，并且可以给业务使用者提供更大的灵活性。

例如，考虑两组可能的捐赠人：对活动响应度较低却有较高的平均捐赠额的人，以及对活动响应度较高却有较低的平均捐赠额的人。这两部分都有着相似的整体预期值。然而，通过细分应对行为和分别建模，可以区分这两组捐赠人并采用不同的策略。

大多数预测问题可以分成两类：分类和回归。在分类中，分析师希望预测将在未来发生的一个可分类的事件，在大多数案例中这是一个二值问题。例如，消费者要么对一个营销活动做出响应要么不响应，负债人要么宣布破产要么不破产。在回归中，分析师希望预测一个连续值，例如消费者将会消费的手机通话时长，或者购买者将会在一个时期里消费的金额。有一些技术适合分类问题，而另一些适合回归问题，还有一些则同时可以用于分类和回归。分析师一定要了解所预测的问题，从而选择正确的技术。

7.2.3　了解误差成本

在理想情况下，人们希望用一个模型就能完美地预测未来的事件，但实际上这样的可能性不大。但放弃追求建立完美模型的想法，就应考虑模型要多精确才算"足够好"？

通常，预测模型必须能够提高决策的有效性，从而带来足够多的经济收益，以抵消开发和部署模型的成本。当风险价值较高时，预测模型能够产生很好的经济效益。如果风险价值较低，即使一个非常好的预测模型也只能提供很少的经济效益或几乎没有经济效益，因为做一个错误决策的损失很小。许多组织不愿意费心建立针对邮件营销活动的预测模型，就是因为发一封电子邮件给一个不会响应的消费者的增量成本很低，这也意味着你的邮箱里会有更多的垃圾邮件。

假设风险价值高到需要建立一个预测模型，那么这个模型的效果一定要比现有的针对性方案的效果更好。预测模型的总体准确性十分重要，但一定要考虑到误差的成分。一个二值分类模型有两种正确的结果：它可以精准地预测一个事件是否会发生，或者它可以预测这个事件是否不会发生。同样它也有两种错误的结果：它可能错误地预测一个事件将会发生，或者它错误地预测这个事件不会发生。

假设开发预测模型的目标是预测在ICU（重症监护病房）的患者心脏骤停这个事件。如果模型预测结果是该患者心脏会骤停，那么ICU的工作人员将会主动采取治疗措施，在这种情况下，患者有更大的可能活下来。否则，这些工作人员只会在患者心脏骤停时采取措施，到那时一切都太迟了。

如果一个预测模型错误地预测了该患者会心脏骤停，那么结果可以称作积极错误；如果预测模型预测该患者不会心脏骤停，但是患者实际上心脏骤停了，那么结果则被称作消极错误。在大多数实际的决策中，错误的代价是不对称的，这意味着积极错误的代价和消极错误的代价有天壤之别。

在这个案例中，积极错误的代价只是不必要的治疗，而消极错误的代价则是患者死亡概率增加。大多数医疗决策中，利益相关者把重心放在最大限度地减少消极错误而不是积极错误上。

7.2.4 确定预测窗口

预测窗口对分析项目的设计有很大影响，它会影响到分析方法的选择和数据的选择。所有的预测都与未来发生的事件有关，但是不同的商业应用对预测提前的时间有不同的要求。例如，在零售业商店，排班人员可能只对明天或接下来几天的预期店铺流量感兴趣；采购经理可能会关注接下来几个月的店铺流量；而商场选址人员可能会关注未来几年的预测流量。

一般来说，随着预测窗口长度延长，模型预测的精确性会下降。换句话说，预测明天的店铺流量要比预测未来三年的店铺流量简单得多。这里有两个主要原因，一是预测窗口延长了，突发事件发生的概率会增加。例如，如果一个突发事件发生在店铺的附近，那么该店铺的流量将会发生改变。二是随着时间的变化，随机误差会累积增加，并且对预测产生很大的影响。

预测窗口也会影响预测中作为预测因子使用的数据。还是以零售业为例，假设想要提前预测一天中一个店铺的流量，使用建立在动态参数上的一个时间序列分析可能就很好用，比如过去三天中的每日流量。另一方面，如果想要预测未来三年的店铺流量，可能不得不加入一些基础要素数据，如本地住房建设情况、家庭分布、家庭收入变化以及竞争格局的变化等。

7.2.5 评估部署环境

部署是分析过程的重要部分，分析师在开展预测建模项目工作前一定要了解预测模型的部署环境。有两种方式可以用来部署预测模型：批量部署或者事务部署。在批量部署中，评分机制会针对一组实体计算记录级的预测结果，并且将结果存储在一个信息仓库中，需要使用预测结果的商业应用可以直接从信息库中获取预测结果。在事务部署中，评分机制根据应用程序的请求对每个记录计算预测结果，该应用程序会立即使用预测结果。事务型的或者实时的评分对需要实时或很小延迟的应用至关重要，但是它们的成本也会更高，同时大多数应用并不一定需要较小的延迟。

分析师一定要知道一个应用程序可以在部署环境中获得哪些数据。这个问题很重要，因为分析师通常是在一个"沙箱"环境中开展工作，在这种环境中数据相对容易获取，也相对容易将其合并到分析数据集。而生产环境中可能存在运营上或者法律上的约束，这可能会限制数据的使用，或者让数据使用的成本大大增加。

从战略角度来说，如果目的是利用分析来确定什么数据对业务有最大的价值，那么在预测模型中使用当前部署环境没有的数据，可能会十分有效。然而在这种情况下，组织应该计划更长的实施周期。

部署环境也会影响分析师对分析方法的选择。一些方法，如线性回归或者决策树，生成的预测模型很容易在基于 SQL 的系统中实现。其他一些方法，如支持向量机或者神经网络，则很难实现。一些预测分析软件包支持多种格式的模型导出。但是，部署环境可能不支持分析软件包的格式，并且分析软件包可能不支持所有分析工具的模型导出。

7.3　建立分析数据集

为分析预测工作而准备数据的过程包括数据采集、评估和转化，建立分析数据集是预测分析的第一步（见图 7-3）。数据处理（准备）工作需要占据整个周期的大部分时间，它们代表了流程改进和上下游协同的机会。

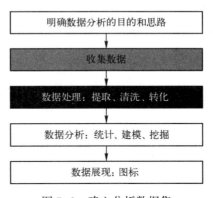

图 7-3　建立分析数据集

7.3.1　配置数据

理想状态下，分析师是将分析工具连接到一个高效的企业信息仓库中，而现实生活中的企业分析与上述理想情况相比，不同点在于：数据存在于企业内部和外部的不同资源系统中；数据清理、集成和组织处理使数据从"混乱"到"干净、有条理、可记录"。虽然企业在数据仓库和主数据管理（MDM）方面已经取得了长足的进步，但只有很少的企业能跟得上不断增长的数据量和愈加复杂的数据。

"主数据管理"描述了一组规程、技术和解决方案，这些规程、技术和解决方案用于为所有利益相关方（如用户、应用程序、数据仓库、流程以及贸易伙伴）创建并维护业务数据的一致性、完整性、相关性和精确性。

分析师是为那些有即时业务需求的内部客户工作的，所以他们往往会在 IT 部门之前开始工作，会花费大量的时间收集和整合数据。这些时间大部分都花在调查数据潜在来源、了解数据采集、购买文档和数据使用许可上。实际操作中，将数据导入分析"沙箱"只会花费相对很少的时间。

7.3.2 评估数据

当接收到数据文件时，分析师首先要确定数据格式是否与分析软件兼容。分析软件工具往往只支持有限的几种格式。如果可以读取数据，那么下一步就是执行测试，以验证数据是否符合相关文档。如果没有文档，分析师将花费一些时间来"猜测"数据格式和文件的内容。

如果数据文件是可读的，分析师会读取整个文件，如果文件很大的话，则读取一个样本文件，并且对数据进行一些基本的检查。例如对于表格数据，这些检查包括如下内容。

- 确定键值是否存在，这对关联到其他表是必要的。
- 确保每个字段都被填充。字段不需要填充每一个记录，但所有行都是空白的字段可以从分析中删除。
- 检查字段的变化。每行都填充相同值的字段可以从分析中删除。
- 评估字段的数据类型：浮点、整数、字符、日期或其他数据类型，数据类型与特定平台相关。
- 确定在数据文件中是否有对应此项目应对措施的数据字段。

7.3.3 调查异常值

含有极端值或异常值的数据集会对建模过程产生不必要的影响，极端情况下甚至可能会使建立准确模型的工作变得困难。分析师不能简单地丢弃任何一个异常值（见图 7-4），例如一个保险分析师不能简单地放弃卡特里娜飓风所造成的损失。

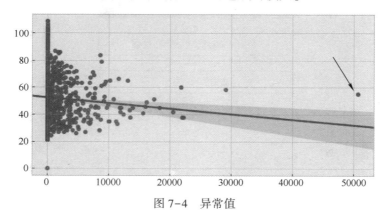

图 7-4 异常值

分析师应该调查离群值，以确定它们是否是在数据采集过程中人为造成的。例如，一位研究超市 POS 机数据的分析师发现了一些消费金额非常大的账户。在调查中，他发现这些"极端"的顾客是超市收银员在刷自己的会员卡，以使那些没有会员卡的顾客获得折扣。

又例如，研究租赁公司数据的分析师发现，在一个市场中出现了这样的不寻常现象，大量进行贷款申请的客户并没有随后激活和使用这些贷款。分析师和客户提出了一些假设来"解释"观察到的这种行为。但是在调查中分析师发现，系统管理员在系统中跑了很多测试申请，但是却没有将测试申请和真实客户申请进行区分。

7.3.4　数据转换

在建模开始前，必要的数据转换取决于数据的条件和项目的要求。因为每个项目要求的不同，对数据转换进行统一概括是不可能的，但是可以审查数据转换的原因以及通用类型的操作。

对研究数据进行转换的原因有两个。第一个原因是源数据与应用程序的业务规则不匹配。原则上，组织应在数据仓库后端实施流程，确保数据符合业务规则，这使整个企业有一致的应用程序。但实际上分析师往往必须在组织数据仓库之前进行分析工作，并且所用的数据也不是企业数据仓库的一部分。也有一些特殊情况，分析师会采用与企业业务规则不同的业务规则，以满足内部客户的需要。

第二个原因是为了改善所建立预测模型的准确性和精确性。这些转换包括简单数学变换、"分箱"的数值变量、记录分类变量以及更复杂的操作，如缺失值处理或挖掘文本提取特征。一些预测分析技术需要数据转化，而分析软件包会自动处理所需的转换（见图 7-5）。

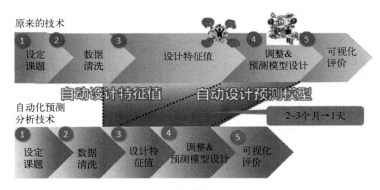

图 7-5　分析的自动处理

当分析师验证模型时，转换数据极大地提高了模型的精确性和准确性。然而，分析师最重要的问题是，这样的转换是否能够在部署环境中实现。分析沙箱中"规范"的数据不能改善预测模型在实际市场中的预测效果，除非在部署环境中的数据可以利用相同的转换变成"规范的"。

7.3.5　执行基本表操作

分析工具软件一般需要将全部数据（应对措施和预测因子）加载到一个单独表格中。除非所有需要的数据已经存在于同一张表中，否则分析师必须执行基本表操作来建立分析数据集。这些操作包括：

- 连接表。
- 附加表。

- 选择行。
- 删除行。
- 添加一列并用计算字段填充。
- 删除列。
- 分组。

高性能的 SQL 引擎通常在表操作方面比分析软件更有效，分析师应尽可能地利用这些工具进行基本数据的准备。

7.3.6 处理丢失数据

数据可能会因为某些原因从数据集中丢失。数据有时是逻辑上丢失，例如当数据表包括记录客户数据服务使用的字段，但是消费者却没有订购该服务。在其他一些情况下，数据丢失是因为源系统使用一个隐含的零编码（零表示为空格）。数据丢失也可能是由于数据采集过程中人为的因素，例如如果客户拒绝回答收入问题，该字段可能是空白的。

许多统计软件包要求每个数据工作表的单元格中都有值，并且将从表格中删除那些每列不是都有值的行。所以分析师使用一些工具来推断缺失数据的值，所使用的方法包括从简单的平均替代到复杂的最近邻方法。

对丢失数据的处理不会为数据增加信息价值，它们仅仅是为了可以应用那些无法处理缺失数据的分析技术。因为数据丢失很少是由于随机现象引起的，所以分析师需要在理解数据缺失的原因后，谨慎地使用推断技术来补足相关数据。

如同其他转换一样，分析师需要问自己是否能够在部署环境中将缺失的数据"修复"，以及"修复"所需的成本是多少。比起在分析数据集中"修复"数据，更好的做法是使用能够处理缺失数据的分析技术，例如决策树。

7.4 降维与特征工程

解决大数据分析问题的一个重要思路是减少数据量。针对数据规模大的特征，要对大数据进行有效分析，需要对数据进行有效的缩减。进行数据缩减，一方面是通过抽样技术让数据的条目数减少；另一方面，可以通过减少描述数据的属性来达到目的，也就是降维技术。采用有效选择特征等方法，通过减小描述数据的属性来达到减小数据规模的目的。

7.4.1 降维

分析师常常将维度、特征和预测变量这三个词混用（视为同义词）。分析师利用两类方法来降低数据集中的维度：特征提取和特征选择。顾名思义，特征提取方法是将多个原始变量中的信息合成到有限的维度中，从噪声中提取信号数据；特征选择方法帮助分析师筛选一系列预测因子，选出最佳的预测因子用于模型训练，同时忽略其他的预测因子。特征提取比特征选择有着悠久的学术使用历史，特征选择则是更实用的工具。

许多预测模型技术包含内置的特征选择功能。这种技术自动地评估和选择可获得的预测因子。当建模技术中有内置的特征选择功能时，分析师可以从建模过程中省略特征选择步骤，这是使用这些方法的一个重要原因。

7.4.2　特征工程

特征是大数据分析的原材料,对最终模型有着决定性的影响。数据特征会直接影响使用的预测模型和实现的预测结果。准备和选择的特征越好,则分析的结果越好。影响分析结果好坏的因素包括模型的选择、可用的数据、特征的提取。优质的特征往往描述了数据的固有结构。大多数模型都可以通过数据中良好的结构很好地学习,即使不是最优的模型,优质的特征也可以得到不错的效果。优质特征的灵活性可以使简单的模型运算得更快,更容易理解和维护。

优质的特征还可以在不是最优的模型参数的情况下得到不错的分析结果,这样用户就不必费力去选择最适合的模型和最优的参数了。

特征工程的目的就是获取优质特征以有效支持大数据分析,其定义是将原始数据转化为特征,更好地表示模型处理的实际问题,提升对于未知数据的准确性。它使用目标问题所在的特定领域知识或者自动化的方法来生成、提取、删减或者组合变化,从而得到特征。

特征工程(见图7-6)包含特征提取、特征选择、特征构建和特征学习等问题。

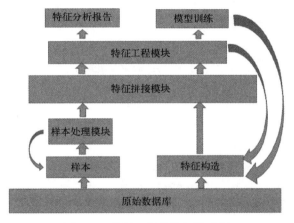

图 7-6　特征工程整体架构示例

(1)大数据分析中的特征。特征是观测现象中的一种独立、可测量的属性。选择信息量大的、有差别性的、独立的特征是分类和回归等问题的关键一步。

最初的原始特征数据集可能太大,或者存在信息冗余,因此在分析应用中,初始步骤就是选择特征的子集,或构建一套新的特征集,减少功能来促进算法的学习,提高泛化能力和可解释性。

在结构化高维数据中,观测数据或实例(对应表格的一行)由不同的变量或者属性(对应表格的一列)构成,这里的属性其实就是特征。但是与属性不同的是,特征是对于分析和解决问题有用的、有意义的属性。

对于非结构化数据,在多媒体图像分析中,一幅图像是一个观测,但是特征可能是图中的一条线;在自然语言处理中,一个文本是一个观测,但是其中的段落或者词频可能才是一种特征;在语音识别中,一段语音是一个观测,但是一个词或者音素才是一种特征。

(2)特征的重要性。这是对特征进行选择的重要指标,特征根据重要性被分配分数并排序，其中高分的特征被选择出来放入训练数据集。如果与因变量（预测的事物）高度相关，则这个特征可能很重要。相关系数和独立变量方法是常用的计算特征重要性的方法。

在构建模型的过程中，一些复杂的预测模型会在算法内部进行特征重要性的评价和选择，如多元自适应回归样条法、随机森林、梯度提升机。这些模型在模型准备阶段会进行变量重要性的确定。

（3）特征提取。一些观测数据如果直接建模，其原始状态的数据太多。像图像、音频和文本数据，如果将其看作表格数据，那么其中包含了数以千计的属性。特征提取是自动地对原始观测数据降维，使其特征集小到可以进行建模的过程。

对于结构化的高维数据，可以使用主成分分析、聚类等映射方法；对于非结构化的图像数据，可以进行线或边缘的提取，根据相应的领域，图像、视频和音频数据可以有很多数字信号处理的方法对其进行处理。

（4）特征选择。不同的特征对模型准确度的影响不同，有些特征与要解决的问题不相关，有些特征是冗余信息，这些特征都应该被移除。

在特征工程中，特征选择和特征提取同等重要，可以说数据和特征决定了大数据分析的上限，而模型和算法只是逼近这个上限而已。因此，特征选择在大数据分析中占有相当重要的地位。

通常，特征选择是自动地选择出对于问题最重要的那些特征子集的过程。特征选择算法可以使用评分的方法来进行排序；有些方法通过反复试验来搜索出特征子集，自动地创建并评估模型以得到客观的、预测效果最好的特征子集；还有一些方法，将特征选择作为模型的附加功能，像逐步回归法就是一个在模型构建过程中自动进行特征选择的算法。

工程上常用的方法有以下几种。

① 计算每一个特征与响应变量的相关性。

② 单个特征模型排序。

③ 使用正则化方法选择属性。求解不适定问题的普遍方法是，用一组与原不适定问题相"邻近"的适定问题的解去逼近原问题的解，这种方法称为正则化方法。

④ 应用随机森林选择属性。

⑤ 训练能够对特征打分的预选模型。

⑥ 通过特征组合后再来选择特征。

⑦ 基于深度学习的特征选择。

（5）特征构建。特征重要性和特征选择是告诉使用者特征的客观特性，但这些工作之后，需要人工进行特征的构建。特征构建需要花费大量的时间对实际样本数据进行处理，思考数据的结构和如何将特征数据输入给预测算法。

对于表格数据，特征构建意味着将特征进行混合或组合以得到新的特征，或通过对特征进行分解或切分来构造新的特征；对于文本数据，特征构建意味着设计出针对特定问题的文本指标；对于图像数据，特征构建意味着自动过滤，得到相关的结构。

（6）特征学习。特征学习是在原始数据中自动识别和使用特征。深度学习方法在特征学习领域有很多成功案例，比如自编码器和受限玻尔兹曼机。它们以无监督或半监督的方式实现自动学习抽象的特征表示（压缩形式），其结果用于支撑大数据分析、语音识别、图像分类、物体识别和其他领域的应用。

抽象的特征表达可以自动得到，但是用户无法理解和利用这些学习得到的结果，只有黑盒的方式才可以使用这些特征。用户不可能轻易懂得如何创造和那些效果很好的特征相似或相异的特征，这个技能是很难的，但同时它也是很重要的。

7.4.3　特征变换

特征变换（见图 7-7）是希望通过变换消除原始特征之间的相关关系或减少冗余，从而得到更加便于数据分析的新特征。

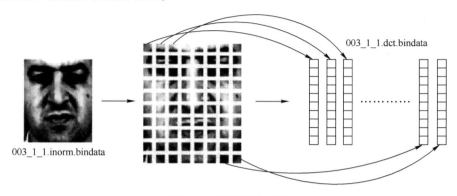

图 7-7　特征变换示例

从信号处理的观点来看，特征变换是在变换域中进行处理并提取信号的性质，通常具有明确的物理意义。从这个角度来看，特征变换操作包括傅里叶变换、小波变换和卡博尔变换等。

从统计的观点来看，特征变换就是减少变量之间的相关性，用少数新的变量来尽可能反映样本的信息。从这个角度来看，特征变换包括主成分分析、因子分析和独立成分分析。

从几何的观点来看，特征变换通过变换到新的表达空间，使得数据可分性更好。从这个角度来看，特征分析包括线性判别分析和方法。

7.5　建立预测模型

尽管分析师经常会偏爱某一种技术，但是对于一个基于特定数据集的问题而言，通常事先并不知道用哪种技术才能建立最好的预测模型，分析师需要通过实验来确定最佳模型。现代高效的分析平台能够帮助分析师进行大量的实验，并且分析软件包有时也会包括脚本编写功能，因此分析师可以通过批量方式来指定和执行实验。

7.5.1　制订建模计划

尽管事实上可以通过暴力搜索得到最佳模型，但是对于大多数问题，实验的数量可能会庞大到令人难以置信。因此，利用建模技术能够提供许多不同的变量给分析师，任何一个变量都可能对模型效果产生质的影响。同时，加入分析数据集的每一个新预测变量会产生许多种确定一个模型的方法。因此需要考虑新预测因子产生的主要影响和对模型的多种数学转换，以及新预测因子和其他已存在因子之间的交互影响。

分析师能够通过一些方法缩小实验搜索区间。首先，因变量和自变量的特征可以限定可行分析技术的范围（见表 7-1）。

表 7-1 变量特征限定可行分析技术方法

技 术 方 法	因 变 量	自 变 量
线性回归	连续	连续
广义线性模型	依赖于分布	连续
广义相加模型	依赖于分布	连续
逻辑回归模型	分数或序数	连续
生存分析	事件时间	连续
决策树		
CHAID	分类	分类
分类和回归树	连续或分类	连续或分类
ID3	分类	分类
C4.5/C5.0	连续或分类	连续或分类
贝叶斯	分类	分类
神经网络	连续或分类	连续（标准化）

其次，分析师可以通过计算每个预测变量的信息值来删除那些没有数值的变量，从而缩小实验范围。通过使用正则化或逐步回归建模技术，分析师建立了只包含正向信息值变量的一个初步模型。许多分析软件包包含内置特征选择算法，分析师还可以利用开放的特征选择分析工具。

7.5.2 细分数据集

对分析数据集进行分割或者分区是实际模型训练前的最后一步。分析师对于分割的正确数量和大小有不同的意见，但是在一些问题上达成了广泛的认同。

首先，分析师应该利用随机样本来创建所有的分区。只要分析师使用一个随机过程，简单采样、系统采样、分层采样、聚类采样都可以被接受。

其次，分析师应该随机选择一个数据集，并在模型训练过程中持续使用。这个数据集应该足够大，使分析师和客户可以对应用于生产数据的模型性能得出有意义的结论。

根据所使用的具体分析方法，分析师可以进一步将剩余的记录数据分为训练和剪枝数据集。一些方法（如分类和回归树）集成了一些原生的功能，可以对一个数据集进行训练，并且对另一个数据集进行剪枝。

在处理非常大量的数据记录时，分析师可以通过将训练数据分割为相等的子数据集，并对单个子数据集运行一些模型的方法来加速实验进程。在对第一个复制数据集运行模型后，分析师可以放弃效果不佳的模型方法，然后扩展样本大小。分析师也可以显式地测量当样本扩大时模型的运行效果。

7.5.3 执行模型训练计划

在这个任务中，分析师运行所需要的技术步骤来执行模型训练计划。使用的技术和该技术的软件实现不同，具体的技术步骤也不同。然而在理想情况下，分析师已经使用分析软件的自动化功能，或通过自定义脚本来使这个任务自动化完成。因为在一个有效模型训练计划中运行的单个模型数量可能会很大，所以分析师应该尽可能避免手工执行。

7.5.4 测量模型效果

当运行大量模型时，需要一个客观方法来衡量每个模型的效果，由此可以对候选模型排名并选择最好的模型。如果没有一个测量模型效果的客观方法，分析师和客户就必须依赖手工对每个模型进行评价，这样会限制可能的模型实验数量。

测量模型效果有许多方法。例如"酸性测试"就是针对模型的业务影响，但要在建模过程中执行有效测量几乎不可能，所以分析师一般依靠近似测量。对测量的选择有四个一般性标准。

（1）测量应该对指定的建模方法和技术具备通用性。

（2）测量应该反映独立样本下的模型效果。

（3）测量应该反映模型在广泛数据下的效果。

（4）测量应该可以被分析师和客户双方理解。

一般来说，测量方法可以分为以下三类。

（1）适合分类因变量的测量方法（分类）。

（2）适合连续因变量的测量方法（回归）。

（3）既适合分类也适合回归的测量方法。

对于分类问题，简单的总体分类准确性很容易计算和理解。所提出的列联表（"混淆矩阵"）的测量方法很容易理解（见表7-2）。

表 7-2 混淆矩阵

实际行为			
预测行为	反 应	无 反 应	总 量
反应	312	4 688	5 000
无反应	224	44 776	45 000
总量	536	49 464	50 000

整体分类准确率：（312+44 776）/50 000≈90%

整体分类准确率不区分积极错误和消极错误。但是，在实际情况中，收益矩阵往往是不对称的，并且两类错误有不同的代价。一个预测模型可能会呈现出比另一种模型更好的总体准确率，但是除非理解积极错误和消极错误之间的区别，否则可能无法选出最佳的模型。

7.5.5 验证模型

在分析项目的过程中，一个分析师可能会建立几十个甚至上百个候选模型。验证模型有两个目的。首先，它能够帮助分析师探测过度学习，例如，一个算法的过度学习训练数据得到的特征无法推广到整体中。其次，帮助分析师对模型从最好到最差进行评级，以此来识别对业务最好的模型选择。

分析师要区别不同种类的验证：

● n 折交叉验证。

● 分割样本验证。

● 时间样本验证。

　　n 折交叉验证是一种能够确保分析师利用小样本的抽样数据，通过二次采样现有数据，实现多次重叠复制，并且对每次复制数据单独进行验证模型的方法。当数据非常昂贵时（如临床试验）这是一种可使用的合理方法，但是对于大数据来说就不必要了。

　　在分割样本验证中，分析师将可用数据分割为两个样本，利用其中一个训练模型，而另一个用于验证模型。一些分析工具有内置的功能来指定训练和验证数据集，使分析师可以将以上两个步骤结合起来。

　　可以利用时间样本验证对模型进行部署前的二次验证。分析师在用于模型训练和验证的原始样本之外的不同时间点另外单独抽取样本。这项检查用来确保模型准确性和精确性的估计是稳定的。

7.6　部署预测模型

　　预测模型在组织部署之前都是没有实际价值的（见图 7-8）。在一些组织中，当建模结束时，部署计划就开始了，这经常导致非常大的延迟和较长的部署周期。最坏的结果就是项目的失败，而这种情况经常发生。在一次调查中，只有 16% 的分析师说，他们的组织"总是"执行了分析的结果。

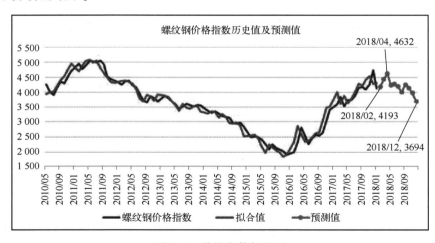

图 7-8　价格指数与预测

　　部署计划应该在建模开始前就展开。分析师在开始建模前一定要理解技术、组织和法律的约束。计划开始早期，IT 组织可以与模型开发并行地执行一些任务，以减少总周期时间。

7.6.1　审查和批准预测模型

　　在许多组织中，部署的第一步是对预测模型的正式审查和批准。这个管理步骤有很多作用。首先，它确保了模型符合相关的管理个人信息使用的法律和法规。其次，它提供一个机会对模型和建立模型的方法进行同行审查。最后，正式批准模型投入生产环境所需资源的预算控制。

　　批准流程实际上在分析开始前就已经展开。如果不能保证部署资源，开展一个预测建模项目将是毫无意义的。分析师和客户应该在收集数据前，充分了解数据使用的相关法律约束。如果法律和合规审查要求从一个模型中移除一个预测因子，分析师将不得不重新估计整个模型。

如果分析师和客户在项目开始阶段能够充分评测部署环境，审查步骤中就不应该有任何意外。如果模型使用的数据目前不在生产环境中，企业需要在数据源或者采取、转换和导入（ETL）流程环节进行投入来实现模型，这将增加项目的周期时间。

7.6.2　执行模型评分

组织以批量过程的方式或者单个事务的方式来执行模型评分，并且可以在分析平台中使用原生预测或者将模型转化为一个生产应用。

在组织和部署时，模式不同，执行的具体步骤也不同。在生产应用程序中的模型部署必然导致跨部门或跨业务单元的工作。在大多数业务中，IT 组织管理生产应用。这些应用可能涉及其他的业务利益相关者，他们必须在部署前审查并批准模型。这是分析开始前定义和了解部署环境的非常重要的另一个原因。

在分析应用中的模型部署需要较少的组织间协作，但是并不高效，因为它对分析团队有额外的要求。作为一个默认的规则，分析软件供应商不设计或构建用于支持生产水平性能和安全要求的软件，并且分析团队很少有支持生产经营的流程和纪律。

（1）批量评分非常适合使用不经常更新数据的高延迟性分析。当所有的预测因子有着相同的更新周期时，执行评分过程最有效的方式就是把它嵌入到 ETL 的过程中，更新存储分数的资料库。否则，一个被预测因子更新所触发的数据库过程将是最有效的。

（2）单个事务评分是对低延迟性分析最好的模型，在低延迟性分析中业务需要使用尽可能新的数据。当预测模型使用会话数据时，必须有单个事务评分，例如一个网站用户或者呼叫中心代表输入的数据。对于实时的事务评分，组织一般使用为低延迟分析设计的专业应用程序。

无论什么样的部署模式，分析师都有责任保证所产生的评分模型准确地再现经批准的预测模型。在一些情况下，分析师实际上要编写评分代码。更为常见的情况是，分析师编写一个规范，然后参与应用程序的验收测试。

尽管今天存在一些技术能够取代人工编程来建立评分模型，但是许多组织缺乏使用这些技术需要的数据流和表结构的一致性，由此造成的结果就是人工编程对很多组织来说仍然是模型部署过程中的瓶颈问题。

7.6.3　评价模型效果

模型开发步骤结束时进行的验证测试为业务提供了信心，该模型将在生产部署时有效地运行。验证测试不能证明模型的价值，只有在部署模型后才能确定该模型的价值。

在理想情况下，预测模型在生产中会运行得像在验证测试中一样好。在现实情况中，模型可能会因为一些原因而表现得不那么好。最严重的原因是执行不力：分析师建立的分析数据集不能代表总体，不能对过度学习进行控制，或者以不可重现的方式转换数据。而且，即使完全正确执行的预测模型仍会随着时间的变化"漂移"，因为基础行为发生变化，消费者的态度和品味将会改变，一个预测购买倾向的模型无法像它首次部署时表现得那样好。

组织必须跟踪和监控已部署模型的运行效果，这可以用两种主要的方式进行。最简单的方法就是捕捉评分历史记录，分析在一个固定周期的评分分布，并且将观测到的分布与原始模型验证时的评分分布相比较。如果模型验证评分服从一个正态分布，应该假设生产评分也服从正态分布。如果生产评分与模型验证评分不一致，就可能是基础过程在一些方面发生了改变，从而影响了模型的效果。在信用评分应用程序中，如果生产评分呈现一个趋向更高风险的偏斜，业务可能要采用一些导致逆向选择的措施。

漂移的评分分布并不意味着模型不再起作用，但是应该对它做进一步调查。为了评测模型效果，分析师通过对比实际行为和评分来进行验证研究。实际上，这花费的时间和精力与从头重新建立模型一样。当现代技术可以使建模过程自动化时，许多组织会完全跳过验证研究，而仅仅是定期重建生产模型。

7.6.4　管理模型资产

预测模型是组织必须要管理的资产，随着组织扩大对分析的投资，这项资产管理的难度也在加大。

在最基本的层次上，模型管理只是一个编目操作：在一个合适的浏览和搜索库中，建立和维护每个模型资产的记录，这减少了重复的工作。一个业务单元要求的项目，其项目需求可能与某一个现有资产的需求非常相似。理想情况下，一个目录包括响应和预测变量以及所需源数据的相关信息。这使组织在删除服务数据源时，能够确定数据依赖关系和所影响的模型。

在高层次上，模型管理库保留模型生命周期的信息。这包括从模型开发到验证的关键工作，如预期模型的得分分布，再加上定期从生产环境更新过来的数据。

更新模型管理库是预测建模工作流中的最后任务。

【作业】

1. 预测分析的目标是根据你所知道的事实来预测（　　）的事情。

A. 已经发生　　　　B. 不会发生　　　　C. 你不知道　　　　D. 很少发生

2. 预测分析使用的技术可以发现（　　）之间的关系，从而预测未来的事件和行为。

A. 历史数据　　　　B. 原始数据　　　　C. 当前数据　　　　D. 数据模型

3. 在目前流行的众多分析方法中，最著名的就是（　　）。

A. Excel　　　　B. WPS Office　　　　C. PowerPoint　　　　D. SAS

4. 预测分析的流程包括四个主要步骤，即业务定义、数据准备、模型开发和（　　），每一个部分又包括一系列的任务。

A. 模型测试　　　　B. 模型部署　　　　C. 系统调试　　　　D. 数据更新

5. 一个分析项目应该以（　　）为导向，并且对业务产生积极的作用。

A. 数据　　　　B. 程序　　　　C. 结果　　　　D. 利润

6. 每个分析项目都应该毫无例外地从一个清晰定义好的（　　）开始。

A. 业务目标　　　　B. 方针政策　　　　C. 利润指标　　　　D. 质量指标

7. 分析项目大多数的失败案例都是由于缺少精确定义的（　　）。

A. 发展规模　　　　B. 方针政策　　　　C. 政治要求　　　　D. 业务价值

8. 在大多数的分析案例中，应对措施代表了一种（　　），因此还不知道这种对策方法产生的结果。

A. 重要对策　　　　B. 未来事件　　　　C. 应急措施　　　　D. 业务价值

9. 大多数分析师更愿意将问题划分成几个部分，然后针对每种应对措施分别建立（　　）。

A. 盈利模式　　　　B. 数据结构　　　　C. 预测模型　　　　D. 系统架构

10. 在大多数实际的决策中，错误的代价是不对称的，这意味着积极错误的代价和消极错误的代价有（　　）。

A. 天壤之别　　　　B. 很多相似　　　　C. 相当一致　　　　D. 色彩差异

11. 预测窗口对分析项目的设计有很大影响，它会影响到（　　）。

A. 系统规模的设定　　　　　　　　B. 系统质量的要求

C. 启动时间的设置　　　　　　　　D. 分析方法的选择和数据的选择

12. 一般来说，随着预测窗口长度的延长，模型预测的精确性会（　　）。

A. 上升　　　　B. 反弹　　　　C. 下降　　　　D. 不确定

13. 部署是分析过程的重要部分，组织用两种方式来部署预测模型：批量部署或者（　　）。

A. 人事安排　　　　B. 事务部署　　　　C. 规模设置　　　　D. 质量要求

14. 为分析预测工作准备数据的过程包括数据采集、数据评估和转化，建立分析数据集是预测分析的（　　）。

A. 第一步　　　　B. 第二步　　　　C. 第三步　　　　D. 最后一步

15. 对分析数据集进行分割或者分区是实际模型训练前的（　　）。

A. 第一步　　　　B. 第二步　　　　C. 第三步　　　　D. 最后一步

16. 解决大数据分析问题的一个重要思路就在于减少数据量。可以通过减少描述数据的属性来达到目的，这就是（　　）技术。

A. 降维　　　　B. 减法　　　　C. 复合　　　　D. 审计

17. （　　）是大数据分析的原材料，对最终模型有着决定性的影响。

A. 数据　　　　B. 特征　　　　C. 资源　　　　D. 信息

18. 特征工程的目的就是获取优质特征以有效支持大数据分析，其定义是将（　　）数据转化为特征，更好地表示模型处理的实际问题，提升对于未知数据的准确性。

A. 核心　　　　B. 结构　　　　C. 原始　　　　D. 大型

19. 特征工程包含（　　）、特征选择、特征构建和特征学习等问题。

A. 结构重组　　　　B. 特征提取　　　　C. 结构简化　　　　D. 数据清洗

20. （　　）是希望通过变换消除原始特征之间的相关关系或减少冗余，得到新的特征，更加便于数据的分析。

A. 特征选择　　　　B. 特征运算　　　　C. 特征加工　　　　D. 特征变换

第 8 章
预测分析技术

【导读案例】 中小企业的"深层竞争力"

什么是企业真正的竞争力？日本福山大学经济学教授、中小企业研究专家中泽孝夫以"全球化时代中小企业的制胜秘籍"为主题做了一次演讲，以下是演讲的主要内容。

在日本，一家企业经营得好不好通常有两个认定标准。

第一，企业每年平均到每一个人的利润状况。

第二，企业是否能够持续经营。以一定时间内的营收总额去判断一个企业的好坏，似乎也可以作为一个标准，但也有做得很大后来却倒闭的企业。

在日本，百年以上的企业超过3万家，两三百年的企业也很多。为什么日本会有这么多"长寿"的中小企业？其中一定有独到之处。那它们的竞争优势，究竟体现在什么地方？

这种竞争优势分为两种。一种是眼睛看得见的表层竞争力，比如产品的外观设计或者某项功能。但这种竞争力很容易被替代，例如只要找到更好的人才，或者花钱把技术买过来，就可以解决，所以这不是真正的竞争力。真正的竞争力，是看不见的深层竞争力。

丰田、日产发动机曾经一台成本要差五万日元，差距在哪里？

20世纪60年代，当时的日产规模是大过丰田的，因为它和另外一家公司合资，总规模远远超过丰田。但是30年之后，日产的营收规模就只有丰田的1/3了，而这期间丰田和日产的经营环境几乎是一模一样的。

为什么会有这么大的区别？主要是看不见的深层竞争力在发挥着关键作用。比如，日产和丰田曾经同时推出过一款相似的车型，售价都为120万日元，但日产的发动机比丰田的发动机（见图8-1）成本要高5万日元（相当于3 150元人民币），这样，日产的利润率就相对较低了，为什么会出现这种情况？

这是因为丰田在生产流程和制造工艺上竭尽全力、想方设法降低成本。五万日元的差异，实际上是制造能力的差异。而创造这种制造优势的人就是企业现场的员工。

图8-1 丰田汽车发动机

在生产过程中难免会发生各种小故障，丰田员工会去琢磨：为什么会发生故障？原因在哪儿？怎么解决？而不是像其他公司那样，故障出现以后就叫技术人员过来处理。时间一久，就沉淀为一种"现场的力量"，同样的产品，花 5 个小时和 10 个小时生产出来，价值是不一样的，丰田的现场是持续思考的现场。

同样做相机，为何柯达失败了，这家企业却转型成功？

做企业，其实就是为了提高产品附加值。产品价值是通过加工过程来实现的。这又涉及两方面：第一，在时间上做文章；第二，怎么做出好产品，这要在工艺、作业方法上下功夫，想办法降低不良率、不出不良品。

在大阪有一家叫东研的公司，东研在泰国的工厂给丰田、电装做配套。当时在这个工厂里发生了一件事情：有一天，有个员工在对一批零件做热处理，已经连续做了 3 天，当天正在紧张地进行最后 200 个的加工。他越做感觉越不对劲，总觉得这 200 个和之前做出来的颜色不一样。他感到奇怪，想弄清楚为什么，于是马上通知客户。客户派人调查，结果发现最后 200 个产品是他们送错了材料。丰田非常感激，幸亏发现得及时，不然这 200 个零配件混到整车里面，将产生很大的麻烦。

为什么这个工人有这样的现场反应？这位员工具备敏锐发现问题的能力，这属于"工序管理能力"。通过生产线的管理体制，只要按照这个方法在生产线上进行操作，就很快能具备这种敏锐发现问题的能力。这是一种现场的提案能力，员工会边做边思考"我能不能做得更好？"然后反向给领导提建议，从而把工序进行不断的优化。这种现场提案能力，慢慢会积淀出整个工艺流程、生产现场的力量。

这就是看不见的深层竞争力。那么与表层竞争力之间是什么关系呢？

表层竞争力是深层竞争力的外在体现，深层竞争力是表层竞争力的来源。如果一个企业具备深层竞争力，它就会具备转型的能力。柯达为什么失败了，他缺乏转型的能力。

日本做传统相机的这些企业后来都转到哪里去了？比如奥林巴斯做相机，后来转到了化妆品、医疗器械，包括复印机领域。因为它掌握了原材料的开发能力、化学能力、成像能力。现在奥林巴斯是一个典型的医疗器械公司，它有一个产品，能把 0.3 毫米的设备伸到人的血管里做微创手术。奥林巴斯还有一款 CT 扫描机，其技术来自于它的成像技术和解析技术。成像技术就是怎么看得见，解析技术就是看见了以后解释这是什么。通过做相机，奥林巴斯掌握了相关核心技术，顺利切换到了其他领域（见图 8-2）。

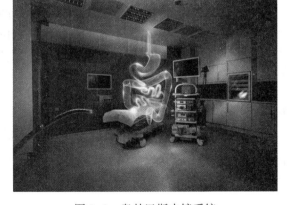

图 8-2　奥林巴斯内镜系统

资料来源：中泽孝夫，中外管理杂志，2018-8-8。

阅读上文，请思考、分析并简单记录：

（1）什么是"表层竞争力"？什么是"深层竞争力"？

答：_____

_____

_____

（2）文章指出的"行业最突出的企业反而失败了"，请简述为什么？有哪些典型例子？

答：_____

_____

_____

（3）为什么有说法说：人工智能、新能源汽车、物联网在日本都是伪命题？

答：_____

_____

_____

8.1 统计分析

用于预测分析的技术已经有了一定的发展，目前有上百种不同的算法用于训练预测模型。许多统计技术同时适用于预测和解释，而有一些技术，如混合线性模型，则主要用于解释，也就是分析师想要评价一个或者多个措施对于其他措施的影响。

一些预测分析的关键技术（如线性回归）是成熟的、易理解的、广泛应用的，并且在很多软件工具中容易获得。统计分析和机器学习是大数据预测分析的两个重要技术。细分、社会网络分析和文本分析等无监督学习技术也在预测分析工作流中起着重要的作用。

统计分析就是用以数学公式为手段的统计方法来分析数据。统计方法（例如线性回归）利用已知的特征来估计数学模型的参数。分析师试图检验设定的假设，比如利率符合特定的数学模型，这些模型的优势在于它们具有高度的可归纳性。如果能证明历史数据符合已知的分布，就可以使用这个信息来预测新情况下的行为。

例如，如果知道炮弹的位置、速度和加速度，可以用一个数学模型计算来预测它将在哪里落下；如果能证明对营销活动的反馈遵循一个已知的统计分布，可以根据客户的过去购买记录、人口统计指标、促销的品类等，预测营销活动的效果。

统计方法大多是定量的，但也可以是定性的。这种分析通常通过概述来描述数据集，比如提供与数据集相关的统计数据的平均值、中位数或众数，也可以被用于推断数据集中的模式和关系，例如回归性分析和相关性分析。统计方法面临的问题是，现实生活中的现象经常不会符合已知的统计分布。

8.2 监督和无监督学习

在学习中，如果所有练习都有答案（标签），则为监督学习（又称有监督学习），而如果没有标签，那就是无监督学习。此外还有半监督学习，是指训练集中一部分数据有特征和标签，另一部分只有特征，综合两类数据来建立合适的模型。

8.2.1 监督学习

"监督学习"需要定义好因变量，是从标签化训练数据集（见图8-3）中推断出函数的机器学习。显然，大数据分析师主要使用监督学习技术进行预测分析。如果没有预先设定的因变量，分析师会试图识别特征，但不会试图预测或者解释特定关系，这些用例就需要运用无监督学习技术。

a) 少量签数据集（两个标签数据）

b) 对未知数据集做归类（预测）

图 8-3　标签化训练数据集

监督学习是最常见的分类（区别于聚类）问题。在监督学习中，训练数据由一组训练实例组成，每一个例子都是一个输入对象（通常是一个向量）和一个期望的输出值（也称监督信号）。通过监督学习算法分析训练数据并产生一个推断，可以用于映射新的例子。也就是说，用已知某些特性的样本作为训练集，从给定的训练数据集中学习出一个函数（模型参数）以建立一个数学模型（如模式识别中的判别模型、人工神经网络法中的权重模型等），当输入新的数据时，可以根据这个函数预测结果，即用已建立的模型来预测未知样本，这种方法是最常见的监督学习的机器学习方法，其目标是让计算机去学习已经创建好的分类系统（模型）。

监督学习常用来训练神经网络和决策树，这两种技术高度依赖事先确定的分类系统所给出的信息。对于神经网络，分类系统利用信息判断网络的错误，然后不断调整网络参数。对于决策树，分类系统用它来判断哪些属性提供了最多的信息。

在监督学习中，训练集的每一个数据都有特征和标签，即有输入数据和输出数据，通过学习训练集中输入数据和输出数据的关系，生成合适的函数将输入映射到输出，比如分类和回归。

常见的监督学习算法是回归分析和统计分类，应用最为广泛的算法是支持向量机（SVM）、线性回归、逻辑回归、朴素贝叶斯、线性判别分析、决策树以及 k-近邻（KNN）等。

8.2.2　无监督学习

虽然分析师主要使用监督学习进行预测分析，但如果没有预先设定的因变量，分析师会试图识别特征，而不会试图预测或者解释特定的关系，这些用例就需要用无监督学习技术。

"无监督学习"是在无标签数据（见图 8-4）或者缺乏定义因变量的数据中寻找模式的技术。也就是说，输入数据没有被标记，也没有确定的结果。样本数据类别未知，就需要根据样本间的相似性对样本集进行分类（聚类），试图使类内差距最小化、类间差距最大化。

a) 在非标签数据集中做归纳

b) 对未知数据集做归类（预测）

图 8-4　无标签数据

无标签数据有位图图片、社交媒体评论和从多主体中聚集的心理分析数据等。例如，可以要求肿瘤学家去审查一组乳腺图像，将它们归类为可能是恶性的肿瘤（或不是恶性的），但这个分类并不是原始数据源的一部分。无监督学习技术帮助分析师识别数据驱动的模式，这些模式可能需要进一步的调查。

无监督学习的方法分为两大类。

（1）基于概率密度函数估计的直接方法：指设法找到各类别在特征空间的分布参数，再进行分类。

（2）基于样本间相似性度量的简洁聚类方法：其原理是设法确定不同类别的核心或初始内核，然后依据样本与核心之间的相似性度量将样本聚集成不同的类别。

利用聚类结果，可以提取数据集中的隐藏信息，对未来数据进行分类和预测。应用于数据挖掘、模式识别、图像处理等。

预测分析的过程中，分析人员可以使用无监督学习技术来了解数据并加快模型构建过程。它往往用在预测建模过程中，包括异常检测、图与网络分析、贝叶斯网络、文本挖掘、聚类和降维。

8.2.3　监督和无监督学习的区别

监督学习与无监督学习的不同点如下。

（1）监督学习方法必须要有训练集与测试样本。在训练集中找规律，而对测试样本使用这种规律。而无监督学习方法没有训练集，只有一组数据，在该组数据集内寻找规律。

（2）监督学习方法是识别事物，识别的结果表现在给待识别数据加上了标签，因此训练样本集必须由带标签的样本组成。而无监督学习方法只有要分析的数据集的本身，预先没有什么标签。如果发现数据集呈现某种聚集性，则可按自然的聚集性进行分类。

（3）无监督学习方法寻找数据集中的规律性，这种规律性并不一定要达到划分数据集的目的，也就是说不一定要"分类"。这一点要比监督学习方法的用途更广。例如分析一堆数据的主分量，或分析数据集有什么特点，都可以归于无监督学习方法的范畴。

8.3　机器学习

机器学习专门研究计算机怎样模拟或实现人类的学习行为，以获取新的知识或技能，重新组织已有的知识结构，使之不断改善自身的性能。机器学习不是从一个关于行为的特定假设出发，而是试图学习与尽可能密切地描述历史事实和目标行为之间的关系，它与统计技术有本质的区别。机器学习技术不受具体统计分布的限制，所以往往能够更加精确地建立模型。

8.3.1　机器学习的思路

机器学习的思路是这样的：考虑能不能利用一些训练数据（例如已经做过的题），使机器能够利用它们（解题方法）分析未知数据（高考的题目）。最简单也是最普遍的一类机器学习算法就是分类，它输入的训练数据有特征、有标签。

所谓学习，其本质就是找到特征和标签间的关系。这样当有特征而无标签的未知数据输入时，就可以通过已有的关系得到未知数据标签。在上述的分类过程中，如果所有训练数据都有标签，则为监督学习；如果数据没有标签，就是无监督学习，即聚类（见图 8-5）。在实际应用中，标签的获取常常需要极大的人工工作量，有时甚至非常困难。

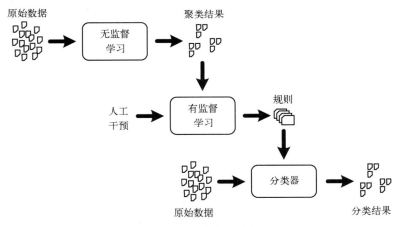

图 8-5　机器学习示意

介于监督学习和无监督学习的中间，就是半监督学习。半监督学习训练数据的一部分是有标签的，另一部分则没有标签，而且其中没有标签数据的数量居多（这符合现实情况）。隐藏在半监督学习下的基本规律在于：数据的分布必然不是完全随机的，通过一些有标签数据的局部特征，以及更多没有标签数据的整体分布，得到可以接受甚至是非常好的分类结果。

人类善于发现数据中的模式与关系，但不能快速处理大量的数据。另一方面，机器非常善于迅速处理大量数据，但它们得知道怎么做。如果人类知识可以和机器的处理速度相结合，机器可以处理大量数据而不需要人类干涉——这就是机器学习的基本概念。

机器学习已经有了十分广泛的应用，例如数据挖掘、计算机视觉、自然语言处理、特征识别、搜索引擎、医学诊断、检测信用卡欺诈、证券市场分析、DNA 序列测序、语音和手写识别、战略游戏和机器人运用等，其中很多都属于大数据分析技术的应用范畴。

然而，机器学习技术会过度学习，这意味着它们在训练数据中学习到的关系无法推广到总体中。因此，大多数广泛使用的机器学习技术都有内置的控制过度学习的机制，例如交叉检验或者用独立样本进行修正。

随着统计分析和机器学习的不断融合，它们之间的区别正逐渐变小。例如，逐步回归就是一种建立在这两种传统方法之上的混合算法。

8.3.2 异常检测

一位从事连锁超市信用卡消费数据分析的分析师注意到，有一些客户似乎消费了非常大的金额。这些"超级消费者"人数不多，但在总消费额中占有非常大的比例。分析师很感兴趣：谁是这些"超级消费者"？有没有必要开发一个特殊的计划来吸引这些消费者？

经历了一个相当大的数据挖掘过程，在更深入的调查中分析师发现，那些所谓的"超级消费者"实际上是为没有会员卡的用户刷了自己会员卡的超市收银员。

1. 异常及其检测

异常现象是在某种意义上不寻常的情况，它可能是在某个指标数值过大，比如银行储户有一笔金额很大的现金提款，或者是在多个指标上呈现出一种不符合常规的模式。根据业务场景，异常值可能意味着一种可疑活动、一个潜在的问题、一种新趋势的早期迹象，或者仅仅是一个简单的统计异常。不论是哪种情况，异常值需要进一步调查。通常，只有当异常是由数据采集过程中人为因素引起时，才将异常值从分析数据集中移除。调查异常值会花费大量的时间，因此，需要用常规方法尽可能快地识别数据中的异常。

异常检测是指在给定数据集中，发现明显不同于其他数据或与其他数据不一致的数据的过程。这种技术被用来识别异常和偏差，它们可以是有利的机会，也可能是不利的风险。

异常检测的目标是标示可疑的案例。为方便起见，可以将异常检测方法分为三大类。

（1）基于一般规则的方法。

（2）基于自适应规则的方法。

（3）多元方法。

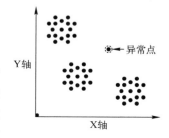

图 8-6　散点图突出异常点

异常检测与分类和聚类的概念紧密相关，虽然它的算法专注于寻找不同值，但是它可以基于监督或无监督学习。异常检测的应用包括欺诈检测、医疗诊断、网络数据分析和传感器数据分析。如图 8-6 所示的散点图直观地突出了异常值的数据点。

例如，为了查明一笔交易是否涉嫌欺诈，银行的 IT 团队构建了一个基于监督学习的使用异常检测技术的系统。首先将一系列已知的欺诈交易输入给异常检测算法，在系统训练后，将未知交易输入给异常检测算法来预测它们是否欺诈。

异常检测适用的样例问题如下。

● 运动员使用过提高成绩的药物吗？

● 在训练数据集中，有没有被错误地识别为水果或蔬菜的数据集用于分类任务？

● 有没有特定的病菌对药物不起反应？

2. 单变量和多变量异常检测

在许多情况下，简单的单变量方法就足够了。在单变量异常检测中，分析师只需要运用简单的统计方法，标记那些数值超过限定的最小值或最大值，或者超过平均值给定标准偏差的记录。对于分类变量，分析师会把变量值与一列已接受的值相比较，标记出那些不在列表中的记录。例如一个代表居住在中国的客户数据集中，一个"省/市/自治区简称"的变量应该只包括 2 个字节的值，有任何其他值的记录就需要分析师审查。

不过，异常检测的单变量方法可能会遗漏一些不寻常的模式。例如，一个人高 1.87 米，重 48 千克，这个人的身高和体重都没有超标，但是两者结合起来看就有点不寻常了。分析师利用多变量异常检测技术来识别这些特殊情况，例如聚类、支持向量机和基于距离的技术（如 K 最近邻域法），在异常检测分析时这些技术非常有用。

多变量系统会检查许多指标，并标记那些与设定统计模式不符的情况。例如，由于无法在每辆车进站时都进行物理检查，铁路公司会对每辆进站的车进行扫描并记录大量扫描数据。采用多元异常检测，该公司可以将检查目标聚焦在那些行为异常的车。事先并不知道车有什么问题，但检查员可以决定车是否需要修理。

异常并不意味着不良行为本身。例如，一个不寻常的交易可能意味着欺诈者已经劫持了信用卡账户，或者它可能意味着合法的持卡人想要进行一笔大额消费。因此，组织使用异常检测来安排人工检查的优先顺序，包括欺诈调查员、呼叫中心代表或车辆检修人员。这些系统通常需要"调校"，确保分析师不被误报所淹没。异常分析员会评估特定案例与正常情况的偏差程度，但不能独自确定区分异常情况的准确分界点，这个分界点必须由业务人员来确定。

在交易过程中进行实时异常检测分析，组织从中获得的收益最大。例如，一旦信用卡发卡机构批准了交易，如果交易是欺诈性的，可能很难或者无法挽回资金损失。

8.3.3 过滤

过滤是自动从项目池中寻找有关项目的过程。项目可以基于用户行为或通过匹配多个用户的行为被过滤。过滤常用的媒介是推荐系统，主要方法是协同过滤和内容过滤。

协同过滤是基于联合或合并用户过去行为与他人行为的过滤技术。目标用户过去的行为，包括喜好、评级和购买历史等，会被相似用户的行为所联合。基于用户行为的相似性，项目被过滤给目标用户。协同过滤依靠用户行为的相似性，需要大量用户行为数据来准确地过滤项目。

内容过滤是专注于用户和项目之间相似性的过滤技术。基于用户以前的行为创造用户文件，例如喜好、评级和购买历史。用户文件与不同项目性质之间所确定的相似性可以使项目被过滤并呈现给用户。和协同过滤相反，内容过滤致力于用户个体偏好，并不需要其他用户数据。

推荐系统预测用户偏好并且为用户产生相应建议，推荐项目如电影、书本、网页和人。推荐系统通常使用协同过滤或内容过滤来产生建议，它也可能基于协同过滤和内容过滤的混合来调整生成建议的准确性和有效性。例如，为了实现交叉销售，一家银行构建了使用内容过滤的推荐系统。基于顾客购买的金融产品和相似金融产品性质所找到的匹配，推荐系统自动推荐客户可能感兴趣的潜在金融产品。

过滤适用的样例问题如下。

- 怎样仅显示用户感兴趣的新闻文章？
- 基于度假者的旅行史，可以向其推荐哪个旅游景点？
- 基于当前的个人资料，可以推荐哪些新用户做他的朋友？

8.3.4 贝叶斯网络

托马斯·贝叶斯是英国数学家、数理统计学家和哲学家，对概率论与统计的早期发展有重大影响。他提出的贝叶斯定理（又称贝叶斯公式、贝叶斯法则）用来描述两个条件概率之间的关系，是统计学中的一个基本工具。

尽管贝叶斯定理是一个数学公式，但其原理无需数字也可明了：如果你看到一个人总是做一些好事，则那个人多半会是一个好人。这就是说，当你不能准确知悉一个事物的本质时，你可以依靠与事物特定本质相关的事件出现的多少去判断其本质属性的概率。用数学语言表达就是，支持某项属性的事件发生得愈多，则该属性成立的可能性就愈大，这是概率统计中应用所观察到的现象对有关概率分布的主观判断（即先验概率）进行修正的标准方法。

但是，行为经济学家发现，人们在决策过程中往往并不遵循贝叶斯规律，而是给予最近发生的事件和最新的经验以更多的权值，在决策和做出判断时过分看重近期的事件。面对复杂而笼统的问题，人们往往走捷径，依据可能性而非根据概率来决策。这种对经典模型的系统性偏离称为"偏差"。由于心理偏差的存在，投资者在决策判断时并非绝对理性，会产生行为偏差，进而影响资本市场上价格的变动。但长期以来，由于缺乏有力的替代工具，经济学家不得不在分析中坚持使用贝叶斯定理。

例如，阿尔法狗就是这么战胜人类的，简单来说，阿尔法狗会在下每一步棋的时候，都计算自己赢棋的最大概率，就是说在每走一步之后，它都可以完全客观冷静地更新自己的信念值，不受其他环境影响。

一个贝叶斯简单网络（见图8-7）代表一个数学图中变量之间的关系，表达在图中作为节点的变量和作为边的条件的依赖关系。当与业务利益相关者共同定义预测模型问题时，这是探索数据的一个很有价值的工具。大多数商业和开源的分析平台都可以构建贝叶斯简单网络。

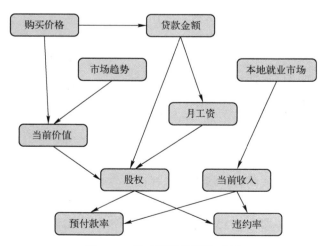

图8-7 贝叶斯简单网络示例

8.3.5 文本挖掘

文本和文档分析是分析的一个特别用例，其目标是从文本本身获取见解。这种"纯"

文本分析的一个例子是流行的"词汇云"——一个代表文档中单词相对频率的可视化表现（见图 8-8）。

通过电子渠道获取的数字内容的爆炸性增长创造了文档分析的需求，文档分析产生了相似性和相异性的度量，例如用来识别重复内容、检测抄袭或过滤不想要的内容。

在预测分析中，文本挖掘起着补充作用：分析师试图通过把从文本中获取的信息导入到一个捕捉主题其他信息的预测模型的方式来提高模型效果。例如，一家医院试图依靠一连串的定量措施，如诊断标准、首次入院后天数和治疗的其他特点，来预测哪些病人出院后可能会再次住院。类似地，一个保险的运营商能够通过从呼叫中心获取数据来提高预测客户流失的能力。

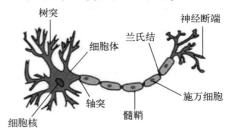

图 8-8　词汇云：文件中的高频词

8.4　神经网络与深度学习

大数据带给人们的东西，无论从内容的丰富程度还是详细程度上看都将超过从前，从而会让人们的视野宽度与学习速度实现突破。

应用了人工神经网络技术的深度学习是大数据和人工智能领域的一个相对较新的技术，它引发了人们对神经网络应用的新兴趣。此外，语义分析、视觉分析、情感分析等都说明大数据的预测分析技术已经有了长足的进步和愈加广泛的应用。

8.4.1　人工神经网络

人脑是一种适应性系统，必须对变幻莫测的事物做出反应，而学习是通过修改神经元之间连接的强度来进行的。现在，生物学家和神经学家已经了解了在生物中个体神经元（见图 8-9）是如何相互交流的。动物神经系统由数以千万计的互连细胞组成，而对于人类，这个数字达到了数十亿。然而，并行的神经元集合如何形成功能单元仍然是一个谜。

电信号通过树突（毛发状细丝）流入细胞体。细胞体（或神经元胞体）是"数据处理"的地方。当存在足够的应激反应时，神经元就被激发了。换句话说，它发送一个微弱的电信号（以毫瓦为单位）到被称为轴突的电缆状突出。神经元通常只有单一的轴突，但会有许多树突。足够的应激反应指的是超过预定的阈值。电信号流经轴突，直接到达神经断端。细胞之间的轴突—树突（轴突—神经元细胞体或轴突—轴突）接触称为神经元的突触。两个神经元之间实际上有一个小的间隔（几乎触及），这个间隙充满了导电流体，允许神经元间电信号的流动。脑激素（或摄入的药物如咖啡因）会影响当前的电导率。

图 8-9　生物神经元的基本构造

人工神经网络是一种非程序化、适应性、大脑风格的信息处理，其本质是通过网络的变换和动力学行为得到一种并行分布式的信息处理功能，并在不同程度和层次上模仿人脑神经系统，它涉及神经科学、思维科学、人工智能、计算机科学等多个领域。

人工神经网络运用由大脑和神经系统的研究而启发的计算模型，它们是由有向图（"突触"）连接的网络节点（"神经元"）。神经科学家开发神经网络是把它作为研究学习的一种方式，这些方法可以广泛应用于预测分析的问题。

在神经网络中，每个神经元接受数学形式的输入，使用一个传递函数来处理输入，并且利用一个激活函数产生数学形式的输出。神经元独立运行本身的数据和从其他神经元获得的输入。

神经网络可以使用很多数学函数作为激活函数。但分析师更经常使用非线性函数，像是逻辑函数，因为如果一个线性函数完全能够对目标建模，那神经网络就没有必要了。

神经网络的节点构成了层（见图 8-10），输入层接受外部网络的数学输入，而输出层接受从其他神经元的数学输入，并且把结果传输到网络外部。一个神经网络可能有一个或者一个以上的隐藏层，它们可以在输入层和输出层之间进行中间计算。

当使用神经网络进行预测分析时，首要步骤是确定网络拓扑结构。预测变量作为输入层，而输出层是因变量，可选的隐藏层则使模型可以学习任何复杂的函数。分析师使用一些启发式算法来确定隐藏层的数量和大小，但需要反复实验以确定最佳的网络拓扑结构。

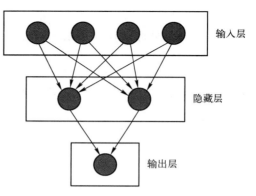

图 8-10　神经网络拓扑结构

有许多不同的神经网络体系结构，它们在拓扑结构、信息流、数学函数和训练方法上有所不同。广泛使用的架构包括：多层感知器、径向基函数网络、Kohonen 自组织网络、递归网络（包括玻尔兹曼机）。

神经网络的关键优势在于它可以建立非常复杂的非线性函数模型，非常适合潜在预测因子数非常多的高维问题，而主要弱点是很容易过度学习。利用神经网络技术时，分析师必须对网络的拓扑结构、传递函数、激活函数和训练算法做出一系列选择。因为几乎没有理论来指导做选择，分析师只能依靠反复实验和误差来找到最佳模型，因此神经网络将会花费分析师更多时间来产生一个有用的模型。

8.4.2　深度学习

深度学习是神经网络的拓展应用，它已经在商业媒体领域获得了很大的关注，分析师成功地在一系列高度可视化的数据挖掘竞赛中使用该技术。

深度学习是一类基于特征学习的建模训练技术，或者是从复杂无标签数据中学习一系列"特征"的一种功能。实际上，深层神经网络就是以无监督学习技术训练的有多个隐藏层的神经网络。

以往很多算法是线性的，而现实世界大多数事情的特征是复杂非线性的。比如猫的图像中，就包含了颜色、形态、五官、光线等各种信息。深度学习的关键就是通过多层非线性映射将这些因素成功分开。

多层神经网络比浅层神经网络相比的好处是可以减少参数，因为它重复利用中间层的计算单元。还是以猫的图像作为例子。多层神经网络可以学习猫的分层特征：最底层从原始像素开始，刻画局部的边缘和纹理；中间层把各种边缘进行组合，描述不同类型的猫的器官；最高层描述的是整个猫的全局特征。

深度学习需要具备超强的计算能力，同时还不断有海量数据输入。特别是在信息表示和特征设计方面，过去大量依赖人工，严重影响有效性和通用性，深度学习则彻底颠覆了"人造特征"的范式，开启了数据驱动的"表示学习"范式——由数据自提取特征，计算机自己发现规则，进行自学习。

示例 1：形状检测。

先从一个简单例子开始，从概念层面上解释究竟发生了什么。来试试看如何从多个形状中识别正方形（见图 8-11）。

首先检查图中是否有四条线（简单概念）。如果找到这样的四条线，进一步检查它们是相连的、闭合的还是相互垂直的，并且它们是否相等（嵌套的概念层次结构）。

所以，以简单的、不太抽象的方法完成了一个复杂的任务（识别一个正方形）。深度学习本质上是在大规模执行类似的逻辑。

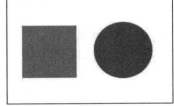

图 8-11　形状检测的简单例子

示例 2：计算机识别猫。

人们通常能用很多属性描述一个事物。其中有些属性可能很关键、很有用，但另一些属性可能没什么用。将属性称为特征，特征辨识是一个数据处理的过程。

利用传统算法识别猫，是标注各种特征：大眼睛，有胡子，有花纹。但如果只有这种特征，可能分不出是猫还是老虎，狗和猫也分不出来。这种方法就像"人制定规则，机器学习这种规则"。

深度学习的方法好比，直接给你百万张图片，说这里面有猫，再给你百万张图，说这里面没有猫，然后来训练，通过深度学习自己去学习猫的特征，计算机就知道了谁是猫。

8.5　语义分析

在不同的语境下，文本或语音数据的片段可以携带不同的含义，而一个完整的句子可能会保留它的意义，即使结构不同。为了使机器能提取有价值的信息，文本或语音数据需要像被人理解一样被机器所理解。语义分析是从文本和语音数据中提取有意义的信息的实践。

8.5.1　自然语言处理

自然语言处理是计算机科学领域与人工智能领域中的一个重要方向，是一门融语言学、计算机科学、数学于一体的科学。自然语言处理过程是计算机像人类一样自然地理解人类的文字和语言的能力，允许计算机执行如全文搜索这样的有用任务。自然语言处理研究能实现人与计算机之间用自然语言进行有效通信的各种理论和方法。因此，这一领域的研究将涉及自然语言，与语言学的研究有着密切联系但又有重要区别。

自然语言处理在于研制能有效地实现自然语言通信的计算机系统，特别是其中的软件系统。具体来说，包括将句子分解为单词的语素分析、统计各单词出现频率的频度分析、理解文章含义等。例如，为了提高客户服务的质量，冰激凌公司启用了自然语言处理将客户电话转换为文本数据，从中挖掘客户对服务不满意的原因。

不同于硬编码所需学习规则，监督或无监督的机器学习被用在发展计算机理解自然语言上。总的来说，计算机的学习数据越多，它就越能正确地解码人类文字和语音。自然语言处理包括文本和语音识别。对语音识别，系统尝试理解语音然后行动，例如转录文本。

自然语言处理适用的问题举例如下。

（1）怎样开发一个自动电话交换系统，它可以正确识别来电者的口语甚至方言？

（2）如何自动识别语法错误？

（3）如何设计一个可以正确理解不同口音的英语的系统？

自然语言处理的应用领域十分广泛，如从大量文本数据中提炼出有用信息的文本挖掘，以及利用文本挖掘对社交媒体上商品和服务的评价进行分析等。智能手机 iPhone 中的语音助手 Siri 就是自然语言处理的一个典型应用。

自然语言处理大体包括了自然语言理解和自然语言生成两个部分，这两部分都远不如人们原来想象的那么简单。从现有的理论和技术看，通用的、高质量的自然语言处理系统仍然是较长期的努力目标，但是针对一定应用，具有较好的自然语言处理能力的实用系统已经出现，典型的例子有多语种数据库和专家系统的自然语言接口、各种机器翻译系统、全文信息检索系统、自动文摘系统等。

8.5.2　文本分析

相比于结构化的文本，非结构化的文本通常更难分析与搜索。文本分析是专门通过数据挖掘、机器学习和自然语言处理技术去发掘非结构化文本价值的分析应用。文本分析实质上提供了发现，而不仅仅是搜索文本的能力。通过基于文本的数据中获得有用的启示，可以帮助企业从大量的文本中对信息进行全面的理解。

文本分析的基本原则是，将非结构化的文本转化为可以搜索和分析的数据。由于电子文件数量巨大，电子邮件、社交媒体文章和日志文件增加，企业十分需要利用从半结构化和非结构化数据中提取有价值的信息，而只分析结构化数据可能导致企业遗漏节约成本或商务扩展机会。

文本分析应用包括文档分类和搜索，以及通过提取的数据来建立客户视角的 360 度视图。

文本分析通常包括两步。

（1）解析文档中的文本提取。

● 专有名词——人，团体，地点，公司。

● 基于实体的模式——社会保险号，邮政编码。

● 概念——抽象的实体表示。

● 事实——实体之间的关系。

（2）用这些提取的实体和事实对文档进行分类。基于实体之间存在关系的类型，提取的信息可以用来执行上下文特定的实体搜索。图8-12简单描述了文本分析。

文本分析适用的问题举例如下。

（1）如何根据网页的内容来进行网站分类？

（2）怎样才能找到包含所需学习内容的相关书籍？

（3）怎样才能识别包含有保密信息的公司合同？

图 8-12 使用语义规则，从文本中提取并组织实体，以便搜索

8.5.3 文本处理

大数据多数包含文本和文件，如呼叫中心记录、医疗记录、博客日志、微信和脸书评论。处理文本数据引出了两个密切相关但却是不同类型的问题。在某些情况下，分析师将从文本中提取出的特性补充到预测模型中，称之为文本挖掘问题。在其他情况下，分析的目标是处理整个文件以识别重复、检测抄袭、监控接收的电子邮件等，称之为文件分析问题。舆情分析是一种特殊的文件分析，其分析的文本单元是新闻报道或社交媒体评论。

文本挖掘需要专门的文本处理工具，使分析师能够纠正拼写错误、删除某些词（如普通连词）等。文字清理后，分析师运行单词计数工具从文本中提取单词和短语来创建一个词计数矩阵（以文件为行、以词为列）。然后分析师将矩阵进行某种形式的降维（如奇异值分解）。接下来，分析师使用可视化工具，以产生文本的有意义的"图画"，例如词汇云。此外，分析师可以将缩减的文本特征矩阵和其他特征融合建立一个预测模型。

在处理整个文档时，分析师可以制定差异度和相似性指标，以便识别重复信息或检测剽窃。相似性得分较高的文件通常需要进一步审查。舆情分析需要复杂的自然语言处理工具，以检测情感词语，并将评论分类为积极的、消极的或者中立的。

8.5.4 语义检索

语义检索是指在知识组织的基础上从知识库中检索出知识的过程，是一种基于知识组织体系，能够实现知识关联和概念语义检索的智能化检索方式。与将单词视为符号来进行检索的关键词检索不同，语义检索通过文章内各语素之间的关联性来分析语言的含义，从而提高精确度。

语义检索具有两个显著特征，一是基于某种具有语义模型的知识组织体系，这是实现语义检索的前提与基础，语义检索则是基于知识组织体系的结果；二是对资源对象进行基于元数据的语义标注，元数据是知识组织系统的语义基础，只有经过元数据描述与标注的资源才具有长期利用的价值。以知识组织体系为基础，并以此对资源进行语义标注，才能实现语义检索。

语义检索模型集成各类知识对象和信息对象，融合各种智能与非智能理论、方法与技术来实现语义检索，例如基于知识结构、知识内容、专家启发式语义、知识导航的智能浏览和分布式多维检索等。分类检索模型利用事物之间最本质的关系来组织资源对象，具有语义继承性，能揭示资源对象的等级关系、参照关系等，充分表达用户的多维组合需求信息。

多维认知检索模型的理论基础是人工神经网络，它模拟人脑的结构，将信息资源组织为语义网络结构，利用学习机制和动态反馈技术，不断完善检索结果。分布式检索模型综合利用多种技术，评价信息资源与用户需求的相关性，在相关性高的知识库或数据库中执行检索，然后输出与用户需求相关、有效的检索结果。

自然语言理解是计算机科学在人工智能方面的一个极富挑战性的课题，其任务是建立一种能够模仿人脑去理解问题、分析问题并回答自然语言提问的计算机模型。从实用性的角度来说，人们所需要的是计算机能实现基本的人机会话、寓意理解或自动文摘等语言处理功能，因此还需要使用汉语分词技术、短语分词技术、同义词处理技术等。

8.6 视觉分析

视觉分析是一种数据分析，指的是对数据进行图形表示来开启或增强视觉感知。相比于文本，人类可以迅速理解图像并得出结论，基于这个前提，视觉分析成为大数据领域的挖掘工具，目标是用图形表示来开发对分析数据更深入的理解，特别是它有助于识别及强调隐藏的模式、关联和异常。视觉分析也和探索性分析有直接关系，因为它鼓励从不同的角度形成问题。

视觉分析的主要类型包括：热点图、空间数据图、时间序列图、网络图等，下面介绍前两种。

8.6.1 热点图

对表达模式，通过部分—整体关系的数据组成和数据的地理分布来说，热点图是有效的视觉分析技术，它能促进识别感兴趣的领域，发现数据集内的极（最大或最小）值。例如，为了确定冰激凌销量最好和最差的地方，使用热点图来绘制销量数据。绿色用来标识表现最好的地区，红色用来标识表现最差的地区。

热点图本身是一个可视化的、颜色编码的数据值表示。每个值是根据其本身的类型和坐落的范围而给定的一种颜色。例如，热点图将值0~3分配给黑色，4~6分配给浅灰色，7~10分配给深灰色。热点图可以是图表或地图形式的。图表代表一个值的矩阵，在其中每个网格都是按照值分配的不同颜色（见图8-13）。通过使用不同颜色嵌套的矩形，表示不同等级值。

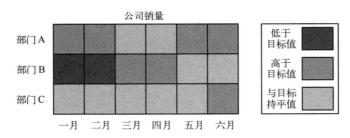

图 8-13　表格热点图描绘了一个公司三个部门在六个月内的销量

视觉分析适用的问题举例如下。

（1）怎样才能从视觉上识别有关世界各地多个城市碳排放量的模式？

（2）怎样才能看到不同癌症的模式与不同人种的关联？

（3）怎样根据球员的长处和弱点来分析他们的表现？

8.6.2 空间数据图

空间或地理空间数据通常用来识别单个实体的地理位置，而空间数据分析专注于分析基于地点的数据，从而寻找实体间不同地理关系和模式。

空间数据通过地理信息系统（GIS）操控，利用经纬坐标将空间数据绘制在图上。GIS 提供工具使空间数据能够互动探索。例如，测量两点之间的距离或用确定的距离半径来画圆确定一个区域。随着基于地点的数据的可用性的不断增长，例如传感器和社交媒体数据，可以通过分析空间数据来洞察其位置信息。

空间数据图适用的问题举例如下。

（1）由于公路扩建工程，多少房屋会受到影响？

（2）用户到超市有多远的距离？

（3）基于从一个区域内很多取样地点取出的数据，一种矿物的最高和最低浓度在哪里？

【作业】

1. 统计分析就是用以（　　　）为手段的统计方法来分析数据。

A. 计算函数　　　　B. 数学公式　　　　C. 数据结构　　　　D. 程序结构

2. 在学习中，如果所有练习都有（　　　），则为监督学习。

A. 公式　　　　　　B. 图片　　　　　　C. 答案　　　　　　D. 表格

3. "无监督学习"是指那些在（　　　）数据或者缺乏定义因变量的数据中寻找模式的技术。

A. 结构化　　　　　B. 无标签　　　　　C. 非结构化　　　　D. 有标签

4. （　　　）用例是一种在社会媒体分析、欺诈检测、犯罪学与国家安全中进行发现并证明有效的形式。

A. 表分析　　　　　B. 解释　　　　　　C. 发现　　　　　　D. 图分析

5. （　　　）是一个代表文档中单词相对频率的可视化。

A. 气泡图　　　　　B. 箱图　　　　　　C. 词汇云　　　　　D. 折线图

6. 分析师利用两类技术来降低数据集中的（　　　）：特征提取和特征选择。

A. 分组　　　　　　B. 维度　　　　　　C. 模块　　　　　　D. 函数

7. 分类是一种（　　　）的机器学习，它将数据分为相关的、以前学习过的类别。这项技术的常见应用是过滤垃圾邮件。

A. 完全自动　　　　B. 监督　　　　　　C. 无监督　　　　　D. 无需控制

8. 聚类是一种（　　　）的学习技术，通过这项技术，数据被分割成不同的组，每组中的数据有相似的性质。类别是基于分组数据产生的，数据如何成组取决于用什么类型的算法。

A. 手工处理　　　　B. 有控制　　　　　C. 监督　　　　　　D. 无监督

9. 过滤是自动从项目池中寻找有关项目的过程。项目可以基于用户行为或通过匹配多个用户的行为被过滤。过滤的主要方法是（　　　）。

A. 完全过滤和不完全过滤　　　　　　B. 数值过滤和字符过滤

C. 自动过滤和手动过滤　　　　　　　D. 协同过滤和内容过滤

10. 人脑是一种适应性系统，必须对变幻莫测的事物做出反应，而学习是通过修改（　　　）之间连接的强度来进行的。

A. 脑细胞　　　　　B. 记忆细胞　　　　C. 记忆神经　　　　D. 神经元

11. 电信号通过树突（毛发状细丝）流入（　　　），那里是"数据处理"的地方。

    A. 神经体　　　　B. 血管　　　　　　C. 细胞体　　　　D. 皮下脂肪

12. 人工神经网络的本质是通过网络的变换和动力学行为得到一种（　　　）的信息处理功能，并在不同程度和层次上模仿人脑神经系统。

    A. 并行分布式　　B. 开源　　　　　　C. 集中统一　　　D. 多层次

13. 深度学习是一类基于（　　　）的建模训练技术。

    A. 数据结构　　　B. 数据规模　　　　C. 特征学习　　　D. 模块层次

14. 实际上，深层神经网络就是一种以（　　　）学习技术训练的多个隐藏层的神经网络。

    A. 监督　　　　　B. 无监督　　　　　C. 混合监督　　　D. 云监督

15. 语义分析是从文本和语音数据中由（　　　）提取有意义的信息的实践。

    A. 机器　　　　　B. 人工　　　　　　C. 数据挖掘　　　D. 数值分析

16. 文本分析是专门通过数据挖掘、机器学习和自然语言处理技术去发掘（　　　）文本价值的分析应用。文本分析实质上提供了发现，而不仅仅是搜索文本的能力。

    A. 自然语言　　　B. 非结构化　　　　C. 结构化　　　　D. 字符与数值

17. 视觉分析是一种数据分析，指的是对数据进行（　　　）来开启或增强视觉感知。相比于文本，人类可以迅速理解图像并得出结论，因此，视觉分析成为大数据领域的勘探工具。

    A. 数值计算　　　B. 文化虚拟　　　　C. 图形表示　　　D. 字符表示

18. 时间序列图可以分析在固定时间间隔记录的数据，它通常用（　　　）图表示，X 轴表示时间，Y 轴记录数据值。

    A. 圆饼　　　　　B. 折线　　　　　　C. 热区　　　　　D. 直方

19. 在视觉分析中，网络分析是一种侧重于分析网络内实体关系的技术。一个网络图描绘互相连接的（　　　），它可以是一个人，一个团体，或者其他商业领域的物品，例如产品。

    A. 物体　　　　　B. 人体　　　　　　C. 实体　　　　　D. 虚体

20. 空间或地理空间数据通常用来识别单个实体的（　　　），然后将其绘图。空间数据分析专注于分析基于地点的数据，从而寻找实体间不同地理关系和模式。

    A. 自然位置　　　B. 空间位置　　　　C. 社交位置　　　D. 地理位置

第9章
大数据分析模型

【导读案例】 行业人士必知的十大数据思维原理

下面是行业人士应该知道的十大数据思维原理。

(1) 数据核心原理:从"流程"核心转变为"数据"核心。

这是因为计算模式发生了转变。Hadoop体系的分布式计算框架是"数据"为核心的范式。非结构化数据及分析需求将改变IT系统的升级方式:从简单增量到架构变化。

例如,IBM使用以数据为中心的设计,目的是降低在超级计算机之间进行大量数据交换的必要性。大数据背景下,云计算破茧重生,在存储和计算上都体现了以数据为核心的理念。大数据可以有效地利用已大量建设的云计算资源。

科学进步越来越多地由数据来推动。大数据往往利用众多技术和方法,综合源自多个渠道、不同时间的信息而获得。为了应对大数据带来的挑战,需要新的统计思路和计算方法。

说明:用以数据为核心的思维方式思考问题,解决问题,反映了当下IT产业的变革,数据成为人工智能的基础。数据比流程更重要,数据库可以开发出深层次信息。云计算机可以从数据库、记录数据库中搜索出你是谁,你需要什么,从而给你推荐所需要的信息。

(2) 数据价值原理:由"功能是价值"转变为"数据是价值"。

大数据的真正价值在于创造,在于填补无数个还未实现过的空白。大数据并不在于"大",而在于"有用",价值含量、挖掘成本比数量更为重要。不管大数据的核心价值是不是预测,基于大数据所形成的决策模式已经为不少企业带来了盈利和声誉。

数据能告诉人们每一个客户的消费倾向,他们想要什么,喜欢什么,每个人的需求有哪些区别,哪些又可以被集合到一起来进行分类或聚合。大数据是数据数量上的增加,以至于人们能够实现从量变到质变的过程。举例来说,有一张照片,照片里的人在骑马,这张照片每1分钟、每1秒都要拍1张,但随着处理速度越来越快,从1分钟1张到1秒钟1张,突然到1秒钟10张,数量的增长实现质变时,就产生了电影。

说明:用数据价值思维方式思考问题,解决问题。信息总量的变化导致了信息形态的变化。如今"大数据"这个概念几乎应用到了所有人类致力于发展的领域中。从功能为价值转变为数据为价值,说明数据和大数据的价值在扩大,"数据为王"的时代出现了。数据被解释为信息,信息常识化是知识,所以说数据解释、数据分析能产生价值。

(3) 全样本原理:从抽样转变为采用全数据作为样本。

如果数据足够多,它会让人能够看得见、摸得着规律。例如在大数据时代,无论是商家还是信息的搜集者,可能会比我们自己更知道我们想干什么。如果数据被真正挖掘出来的话,通过消费的记录,就可能成功预测未来5年内的情况。

说明：用全数据样本思维方式思考问题，解决问题。从抽样中得到的结论总是有水分的，数据量越大，真实性也就越高，因为全数据包含了全部的信息。

（4）关注效率原理：由关注精确度转变为关注效率。

大数据标志着人类在寻求量化和认识世界的道路上前进了一大步，过去不可计量、存储、分析和共享的很多东西都被数据化了，拥有大量的数据和更多不那么精确的数据为人们理解世界打开了一扇新的大门。大数据能提高生产效率和销售效率，其原因是它能够让人们知道市场的需要，以及人的消费需要。大数据让企业的决策更科学，由关注精确度转变为关注效率的提高，大数据分析能提高企业的效率。

竞争是企业的动力，而效率是企业的生命。一般来讲，投入与产出比是效率，追求高效率也就是追求高价值。手工、机器、自动机器、智能机器之间效率是不同的，智能机器效率更高，已能代替人的思维劳动。智能机器核心是大数据驱动，而大数据驱动的速度更快。在快速变化的市场，快速预测、快速决策、快速创新、快速定制、快速生产、快速上市成为企业行动的准则，也就是说，速度就是价值，效率就是价值，而这一切离不开大数据思维。

说明：用关注效率思维方式思考问题，解决问题。大数据思维有点像混沌思维，确定与不确定交织在一起，过去那种一元思维结果已被二元思维结果取代。过去寻求精确度，现在寻求高效率；过去寻求因果性，现在寻求相关性；过去寻求确定性，现在寻求概率性，对不精确的数据结果已能容忍。只要大数据分析指出可能性，就会有相应的结果，从而为企业快速决策、快速动作、抢占先机提高了效率。

（5）关注相关性原理：由因果关系转变为关注相关性。

社会需要放弃它对因果关系的渴求，转而关注相关关系，也就是说只需要知道是什么，而不需要知道为什么。这就推翻了自古以来的惯例，而人们做决定和理解现实的最基本方式也将受到挑战。

大数据不需要科学的手段来证明这个事件和那个事件之间有一个必然，先后关联发生。它只需要知道出现这种迹象的时候，数据统计的结果显示它会有高概率产生相应的结果，只要发现这种迹象，就可以去做一个决策。

大数据透露出来的信息有时确实会颠覆人的现有认知。比如，腾讯一项针对社交网络的统计显示，爱看家庭剧的男性是女性的两倍还多。

说明：用关注相关性思维方式来思考问题，解决问题。过去寻找原因的信念正在被"更好"的相关性所取代。当世界由探求因果关系变成挖掘相关关系，怎样才能既不损坏社会繁荣和人类进步所依赖的因果推理基石，又能取得实际进步呢？这是值得思考的问题。

转向相关性，不是不要因果关系，因果关系还是基础，科学的基石还是要的。只是在高速信息化的时代，为了得到即时信息，实现实时预测，在快速的大数据分析技术下，寻找到相关性信息，就可预测用户的行为，为企业快速决策提供提前量。

比如预警技术，只有提前几十秒察觉，防御系统才能起作用。雷达显示也有个提前量，如果没有这个预知的提前量，雷达的作用就没有了。相关性也是这个原理。

（6）预测原理：从不能预测转变为可以预测。

大数据的核心就是预测，这个预测性体现在很多方面。大数据把数学算法运用到海量的数据上来预测事情发生的可能性，因为在大数据规律面前，每个人的行为都跟别人一样，没有本质变化。我们进入了一个用数据进行预测的时代，虽然可能无法解释其背后的原因。

随着系统接收到的数据越来越多，通过记录找到的最好的预测与模式，可以对系统进行改进。它通常被视为人工智能的一部分，或者更确切地说，被视为一种机器学习。真正的革命并不在于分析数据的机器，而在于数据本身和人们如何运用数据。一旦把统计学和现在大规模的数据融合在一起，将会颠覆很多人们原来的思维。

说明： 用大数据预测思维方式来思考问题，解决问题。数据预测、数据记录预测、数据统计预测、数据模型预测、数据分析预测、数据模式预测、数据深层次信息预测，已转变为**大数据预测、大数据记录预测、大数据统计预测、大数据模型预测、大数据分析预测、大数据模式预测、大数据深层次信息预测**。

互联网、移动互联网和云计算保证了大数据实时预测的可能性，也为企业和用户提供了实时预测的信息、相关性预测的信息，让企业和用户抢占先机。由于大数据的全样本性，使云计算软件预测的效率和准确性大大提高，有这种迹象，就有这种结果。

(7) 信息找人原理：从人找信息，转变为信息找人。

互联网和大数据的发展，是一个从人找信息，到信息找人的过程。互联网提供搜索引擎技术，让人们知道如何找到自己所需要的信息，所以搜索引擎是一个很关键的技术。

在后搜索引擎时代，使用搜索引擎的频率会大大降低，使用的时长也会大大地缩短，这是因为推荐引擎的诞生。就是说从人找信息到信息找人越来越成为一个趋势，推荐引擎很懂"我"。

大数据还改变了信息优势。按照循证医学，现在治病的第一件事情不是去研究病理学，而是拿过去的数据去研究，相同情况下是如何治疗的。这导致专家和普通人之间的信息优势不明显了。

说明： 用信息找人的思维方式思考问题，解决问题。从人找信息到信息找人，是交互时代的一个转变，也是智能时代的要求。智能机器已不是冷冰冰的机器，而是具有一定智能的机器。信息找人这四个字，预示着大数据时代可以让信息找人，原因是企业懂用户、机器懂用户，你需要什么信息，企业和机器提前知道，而且主动提供你所需要的信息。

(8) 机器懂人原理：由人懂机器转变为机器更懂人。

让机器更懂人，或者说是能够在使用者没有掌握知识的情况下，仍然可以使用机器。甚至不是让人懂环境，而是让环境来适应人。某种程度上自然环境不能这样讲，但是在数字化环境中已经是这样的一个趋势，就是我们所生活的世界越来越趋向于更适应我们，更懂我们。例如，图书网站的相关书籍推荐就是这样。

让机器懂人是让机器具有学习的功能。人工智能在研究机器学习，大数据分析要求机器更智能，具有分析能力，机器即时学习变得更重要。机器学习主要研究如何使用计算机模拟和实现人类获取知识（学习）过程，创新、重构已有的知识，从而提升自身处理问题的能力，机器学习的最终目的是从数据中获取知识。

大数据技术的其中一个核心目标是要从体量巨大、结构繁多的数据中挖掘出隐蔽在背后的规律，从而使数据发挥最大化的价值。由计算机代替人去挖掘信息，获取知识。从各种各样的数据（包括结构化、半结构化和非结构化数据）中快速获取有价值信息的能力，就是大数据技术。大数据机器分析中，半监督学习、集成学习、概率模型等技术尤为重要。

说明： 用机器更懂人的思维方式思考问题，解决问题。机器从没有常识到逐步有常识，这是很大的变化。让机器懂人是人工智能的成功，同时也是人的大数据思维转变。你的机器、你的软件、你的服务是否更懂人？这将是衡量一个机器、一组软件、一项服务好坏的标准。人机关系已发生很大变化，由人机分离，转化为人机沟通、人机互补、机器懂人。在互联网大数据时代有问题问机器，成为生活的一部分。机器可搜索到相关数据，从而使机器懂人。

（9）智能电商原理：大数据改变了电子商务模式，让电子商务更智能。

商务智能在大数据时代获得了重新定义。例如，交友网站根据个人的性格与之前成功配对的情侣之间的关联来进行新的配对。在不久的将来，许多现在单纯依靠人类判断力的领域都会被计算机系统所改变甚至取代。计算机系统可以发挥作用的领域远远不止驾驶和交友，还有更多更复杂的任务。

当然，同样的技术也可以运用到疾病诊断、推荐治疗措施，甚至是识别潜在犯罪分子上。就像互联网通过给计算机添加通信功能而改变了世界，大数据也将改变我们生活中最重要的方面，因为它为我们的生活创造了前所未有的可量化的维度。

说明： 用电子商务更智能的思维方式思考问题，解决问题。人脑思维与机器思维有很大差别，但机器思维在速度上是取胜的，而且智能软件在很多领域已能代替人脑思维的操作工作。例如云计算机已能处理超字节的大数据量，人们需要的所有信息都将得到显现，而且每个人的互联网行为都可记录，这些记录的大数据经过云计算处理能产生深层次信息，经过大数据软件挖掘，企业需要的商务信息都能实时提供，为企业决策和营销、定制产品等提供了大数据支持。

（10）定制产品原理：由企业生产产品转变为由客户定制产品。

大规模定制是指为大量客户定制产品和服务，成本低又兼具个性化（见图9-1）。在厂家可以负担得起大规模定制带来的高成本的前提下，要真正做到个性化产品和服务，就必须对客户需求有很好的了解，这背后就需要依靠大数据技术。大数据改变企业竞争力，定制产品是其中一个很好的技术。

图9-1 客户定制

说明： 用定制产品思维方式思考问题，解决问题。大数据时代让企业找到了定制产品、订单生产、用户销售的新路子。用户在家购买商品已成为趋势，快递的快速让用户体验到实时购物的快感，个人消费没有减少，反而是增加了。为什么企业要互联网化大数据化，也许有这个原因。

企业产品直接销售给用户，省去了中间商流通环节，使产品的价格可以接近以出厂价销售，让消费者获得了好处。要让用户成为你的产品粉丝，就必须了解用户需要，定制产品成为用户的心愿，也成为企业发展的新方向。

大数据思维是客观存在的，是新的思维观。用大数据思维方式思考问题，解决问题是当下企业的潮流。大数据思维开启了一次重大的时代转型。

资料来源：搜狐，2016-5-23，有删改。

阅读上文，请思考、分析并简单记录：

（1）阅读文章，请在下面罗列文中所提到的十大思维原理。

答：_____

_____

_____

（2）这十大思维原理中，最吸引你的是哪一条原理？为什么？

答：_____

_____

_____

（3）这十大思维原理中，你觉得最难理解和体会的是哪一条？为什么？

答：_____

_____

_____

9.1　什么是分析模型

客观事物或现象是一个多因素的综合体，而模型就是对被研究对象（客观事物或现象）的一种抽象，分析模型是对客观事物或现象的一种描述。客观事物或现象的各因素之间存在着相互依赖又相互制约的关系，通常是复杂的非线性关系。

为了分析相互作用机制，揭示内部规律，可根据理论推导，或对观测数据的分析，或依据实践经验，设计一种模型来代表所研究的对象。模型反映对象最本质的东西，略去了枝节，是被研究对象实质性的描述和某种程度的简化，其目的在便于分析研究。模型可以是数学模型或物理模型。前者不受空间和时间尺度的限制，可进行压缩或延伸，利用计算机进行模拟研究，因而得到广泛应用；后者根据相似理论来建立模型。借助模型进行分析是一种有效的科学方法。

9.2　回归分析模型

回归分析是灵活的常用的统计分析方法之一，它旨在探寻在一个数据集内，根据实际问题考察其中一个或多个变量（因变量）与其余变量（自变量）的依赖关系，特别适用于定量地描述和解释变量之间的相互关系，或者估测、预测因变量的值。例如，回归分析可以用于发现个人收入和性别、年龄、受教育程度、工作年限的关系，基于数据库中现有的个人收入、性别、年龄、受教育程度和工作年限构造回归模型（见图 9-2），在该模型中输入性别、年龄、受教育程度和工作年限来预测个人收入。又例如，回归分析可以帮助确定温度（自变量）和作物产量（因变量）之间存在的关系类型。利用此项技术帮助确定自变量变化时，因变量的值如何变化，例如当自变量增加，因变量是否会增加？如果是，增加是线性的，还是非线性的？

例如，为了决定冰激凌店要准备的库存数量，分析师通过插入温度值来进行回归分析。将基于天气预报的值作为自变量，将冰激凌出售量作为因变量。分析师发现温度每上升 5 度，就需要增加 15%的库存。如图 9-3 所示，线性回归表示一个恒定的变化速率，而非线性回归表示一个可变的

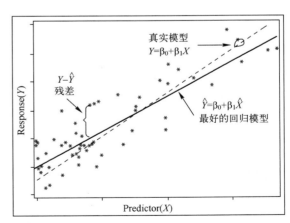

图 9-2　简单线性回归模型

变化速率（见图9-4）。

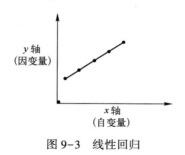

图9-3　线性回归

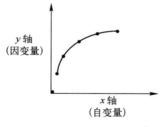

图9-4　非线性回归

其中，回归分析适用的问题举例如下。

● 一个离海250英里的城市的温度会是怎样的？
● 基于小学成绩，一个学生的高中成绩会是怎样的？
● 基于食物的摄入量，一个人肥胖的概率是怎样的？

如果只需考察一个变量与其余多个变量之间的相互依赖关系，称为多元回归问题。若要同时考察多个因变量与多个自变量之间的相互依赖关系，称为多因变量的多元回归问题。

9.3　关联分析模型

关联分析是指一组识别哪些事件趋向于一起发生的技术。当应用到零售市场购物篮分析时，关联学习会告诉你是否会有一种不寻常的高概率事件，其中消费者会在同一次购物之旅中一起购买某些商品（这方面的一个著名案例就是有关啤酒和尿布的故事）。

关联分析需要单品层级的数据。任何商品在单独提及的时候都可以称作单品，指的是包含特定自然属性与社会属性的商品种类。对于零售交易的数据量，意味着需要在数据管理平台上运行的可扩展性的算法。在某些情况下，分析师可以使用集群抽象法（抽取部分客户或购物行程及所有相关单品交易作为样品）。一些有趣和有用的关联可能是罕见的，并非常容易被忽略，除非进行全数据集分析。

关联分析模型（见图9-5）用于描述多个变量之间的关联，这是大数据分析的一种重要模型。如果两个或多个变量之间存在一定的关联，那么其中一个变量的状态就能通过其他变量进行预测。关联分析的输入是数据集合，输出是数据集合中全部或者某些元素之间的关联关系。例如，房屋的位置和房价之间的关联关系，或者气温和空调销量之间的关联关系。

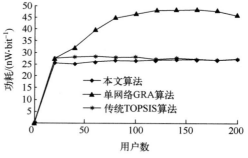

图9-5　关联分析模型示例

9.3.1　关联规则分析

关联规则分析又称关联挖掘，是在交易数据、关系数据或其他信息载体中，查找存在于项目集合或对象集合之间的频繁模式、关联、相关性或因果结构。或者说，关联分析是发现交易数据库中不同商品（项）之间的联系。先验算法是用于关联分析的经典算法之一，其设计目的是处理包含交易信息内容的数据库（如顾客购买的商品清单，或者网页常访清单），而其他的算法则是设计用来寻找无交易信息或无时间标记（如 DNA 测序）的数据之间的联系规则。

关联可分为简单关联、时序关联、因果关联。关联规则分析的目的是找出数据库中隐藏的关联，并以规则的形式表达出来，这就是关联规则。

关联规则分析用于发现存在于大量数据集中的关联性或相关性，从而描述一个事物中某些属性同时出现的规律和模式。关联规则分析的一个典型例子是购物篮分析（见图 9-6）。该过程通过发现顾客放入其购物篮中的不同商品之间的联系，分析顾客的购买习惯。通过了解哪些商品频繁地被顾客同时购买，这种关联的发现可以帮助零售商制定营销策略。其他应用还包括价目表设计、商品促销、商品排放和基于购买模式的顾客划分。

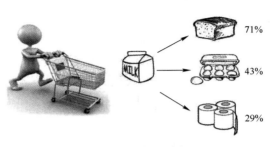

图 9-6 购物篮分析

9.3.2 相关分析

相关关系是一种非确定性的关系，例如，以 X 和 Y 分别表示一个人的身高和体重，或分别表示每亩地的施肥量与小麦产量，则 X 与 Y 显然有关系，但又没有确切到可由其中的一个去精确地决定另一个的程度，这就是相关关系。相关分析是对总体中确实具有联系的指标进行分析，它描述客观事物相互间关系的密切程度并用适当的统计指标表示出来的过程。例如，变量 B 无论何时增长，变量 A 都会增长，更进一步，我们也想分析变量 A 增长与变量 B 增长的相关程度。

利用相关分析可以帮助形成对数据集的理解，发现可以帮助解释某个现象的关联。因此相关分析常被用来做数据挖掘，也就是识别数据集中变量之间的关系来发现模式和异常，揭示数据集的本质或现象的原因。

当两个变量被认为相关时，基于线性关系它们保持一致，意味着当一个变量改变，另一个变量也会恒定地成比例地改变。相关性用一个−1 到+1 之间的十进制数来表示，它也被叫作相关系数。当数字从−1 到 0 或从+1 到 0 改变时，关系程度由强变弱。

图 9-7 描述了+1 相关性，表明两个变量之间呈正相关关系。

图 9-8 描述了 0 相关性，表明两个变量之间没有关系。

图 9-9 描述了−1 相关性，表明两个变量之间呈负相关关系。

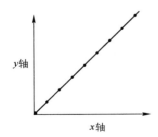

图 9-7 当一个变量增大，另一个也增大，反之亦然

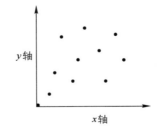

图 9-8 当一个变量增大，另一个保持不变或者无规律地增大或者减少

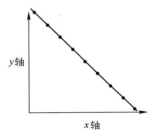

图 9-9 当一个变量增大，另一个减小，反之亦然

相关分析适用的问题举例如下。

- 离大海的距离远近会影响一个城市的温度高低吗？
- 在小学表现好的学生在高中也会同样表现很好吗？
- 肥胖症和过度饮食有怎样的关联？

典型的相关分析是研究两组变量之间相关关系（相关程度）的一种多元统计分析方法。为了研究两组变量之间的相关关系，采用类似于主成分分析的方法，在两组变量中，分别选取若干有代表性的变量组成有代表性的综合指数，使用这两组综合指数之间的相关关系，来代替这两组变量之间的相关关系，这些综合指数称为典型变量。

其基本思想是，首先在每组变量中找到变量的线性组合，使得两组线性组合之间具有最大的相关系数。然后选取和最初挑选的这对线性组合不相关的线性组合，使其配对，并选取相关系数最大的一对，如此继续下去，直到两组变量之间的相关性被提取完毕为止。被选取的线性组合配对称为典型变量，它们的相关系数称为典型相关系数。典型相关系数度量了这两组变量之间联系的强度。

在大数据分析中，相关分析可以首先让用户发现关系的存在。回归分析可以用于进一步探索关系并且基于自变量的值来预测因变量的值。

9.4 分类分析模型

分类是应用极其广泛的一类问题，也是数据挖掘、机器学习领域深入研究的重要内容。分类分析可以在已知研究对象已经分为若干类的情况下，确定新的对象属于哪一类（见图9-10）。

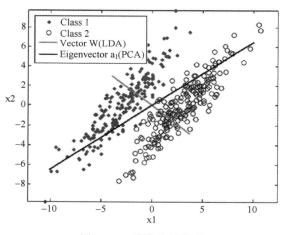

图9-10 分类分析模型

9.4.1 判别分析的原理和方法

判别分析是多元统计分析中用于判别样品所属类型的一种统计分析方法，是一种在已知研究对象用某种方法已经分成若干类的情况下，确定新的样品属于哪一类的多元统计分析方法。根据判别中的组数，可以分为两组判别分析和多组判别分析；根据判别函数的形式，可以分为线性判别和非线性判别；根据判别时处理变量的方法不同，可以分为逐步判别、序贯判别等；根据判别标准不同，可以分为距离判别、费舍尔（Fisher）判别、贝叶斯判别等。

判别分析处理问题时，通常要设法建立用来衡量新样品与各已知组别的接近程度的指数，即判别函数，然后利用此函数来进行判别，同时也指定一种判别准则，借以判别新样品的归属。最常用的判别函数是线性判别函数，即将判别函数表示成为线性的形式。

9.4.2　基于机器学习的分类模型

分类是一种有监督的机器学习，它将数据分为相关的、以前学习过的类别，包括两个步骤。

（1）将已经被分类或者有标号的训练数据给系统，这样就可以形成一个对不同类别的理解。

（2）将未知或者相似数据给系统分类，基于训练数据形成的理解，算法会分类无标号数据。

分类技术可以对两个或者两个以上的类别进行分类，常见应用是过滤垃圾邮件。在一个简化的分类过程中，在训练时将有标号的数据给机器使其建立对分类的理解，然后将未标号的数据给机器，使它进行自我分类（见图 9-11）。

例如，银行想找出哪些客户可能会拖欠贷款。基于历史数据编制一个训练数据集，其中包含标记的曾经拖欠贷款的顾客样例和不曾拖欠贷款的顾客样例。将这样的训练数据给分类算法，使之形成对"好"或"坏"顾客的认识。最终，将这种认识作用于新的未加标签的客户数据，来发现一个给定的客户属于哪个类。

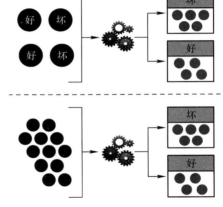

图 9-11　机器学习可以用来自我分类数据集

分类适用的样例问题举例如下。
- 基于其他申请是否被接受或者被拒绝，申请人的信用卡申请是否应该被接受？
- 基于已知的水果蔬菜样例，西红柿是水果还是蔬菜？
- 病人的药检结果是否表示有心脏病的风险？

需要注意的是，判别分析和机器学习分类方法并非泾渭分明，例如，基于机器学习的分类方法可以根据样例学习（如支持向量机）得到线性判别函数用于判别分析。

9.4.3　支持向量机

支持向量机是一个有监督的学习模型，它是一种对线性和非线性数据进行分类的方法，是所有知名的数据挖掘算法中最健壮的、最准确的方法之一。它使用一种非线性映射，把原训练数据映射到较高的维度上，在新的维度上，它搜索最佳分离超平面，即将一个类的元组与其他类分离的决策边界。其基本模型定义为特征空间上间隔最大的线性分类器，其学习策略是使间隔最大化，最终转化为一个凸二次规划问题的求解。

9.4.4　逻辑回归

利用逻辑回归可以实现二分类，逻辑回归与多重线性回归有很多相同之处，最大的区别就在于它们的因变量不同。正因为此，这两种回归可以归于同一个家族，即广义线性模型。如果是连续的，就是多重线性回归；如果是二项分布，就是逻辑回归；如果是泊松分布，就是泊松回归；如果是负二项分布，就是负二项回归。

逻辑回归的因变量可以是二分类的，也可以是多分类的，但是二分类更为常用，也更加容易解释，所以实际最常用的就是二分类逻辑回归。

逻辑回归应用广泛，在流行病学中应用较多，比较常用的情形是探索某一疾病的危险因素，根据危险因素预测某疾病发生的概率，或者预测（根据模型预测在不同自变量情况下，发生某病或某种情况的概率有多大）、判别（跟预测有些类似，也是根据模型判断某人属于某病或属于某种情况的概率有多大，也就是判断这个人有多大的可能性是属于某病）。例如，想探讨胃癌发生的危险因素，可以选择两组人群，一组是胃癌组，一组是非胃癌组，两组人群有不同的体征和生活方式等。这里的因变量就是是否胃癌，即"是"或"否"，自变量就可以包括很多了，例如年龄、性别、饮食习惯、幽门螺杆菌感染情况等。自变量既可以是连续的，也可以是分类的。

逻辑回归虽然名字里带"回归"，但它实际上是一种分类方法，主要用于二分类问题（即输出只有两种，分别代表两个类别），所以利用了逻辑函数。

9.4.5 决策树

决策树是进行预测分析的一种很常用的简单分类工具，它相对容易使用，并且对非线性关系的运行效果好，可以产生高度可解释的输出（见图9-12）。

通过训练数据构建决策树，可以高效地对未知的数据进行分类。决策树有两大优点。

① 决策树模型可读性好，具有描述性，有助于人工分析。

② 效率高，只需要一次构建，反复使用，每一次预测的最大计算次数不超过决策树的深度。

决策树是在已知各种情况发生概率的基础上，通过构建决策树来求取净现值的期望值大于等于零的概率，评价项目风险，判断其可行性的决策分析方法，是直观运用概率分析的一种图解法。由于这种决策分支画成图形很像一棵树的枝干，故称决策树。在机器学习中，决策树是一个预测模型，它代表的是对象属性与对象值之间的一种映射关系。

决策树是一个预测模型，代表对象属性与对象值之间的一种映射关系。树中每个节点表示某个对象，每个分叉路径代表某个可能的属性值，而每个叶节点则对应从根节点到该叶节点所经历的路径所表示的对象的值。决策树仅有单一输出，若欲有复数输出，可以建立独立的决策树以处理不同输出。从数据产生决策树的机器学习技术叫作决策树学习。

决策树学习输出为一组规则，它将整体逐步细分成更小的细分，每个细分相对于单一特性或者目标变量是同质的。终端用户可以将规则以树状图的形式可视化，该树状图很容易进行解释，并且这些规则在决策机器中易于部署。这些特性——方法的透明度和部署的快速性——使决策树成为一个常用的方法。

注意不要混淆决策树学习和在决策分析中使用的决策树方法，尽管在每种情况下的结果都是一个树状的图。决策分析中的决策树方法是管理者可以用来评估复杂决策的工具，它处理主观可能性并且利用博弈论来确定最优选择。另一方面，建立决策树的算法完全从数据中来，并且根据所观测的关系而不是用户先前预期来建立树。

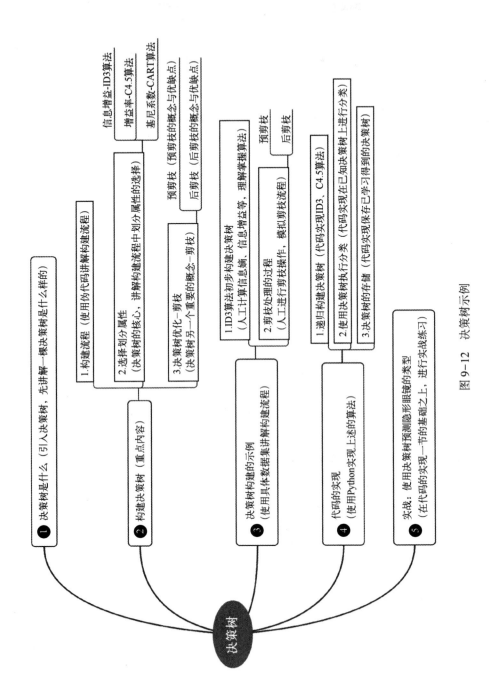

图 9-12　决策树示例

① 决策树是什么（引入决策树，先讲解一棵决策树是什么样的）

1. 构建流程（使用伪代码讲解构建流程）

2. 选择划分属性（决策树的核心，讲解构建流程中划分属性的选择）

信息增益-ID3算法

增益率-C4.5算法

基尼系数-CART算法

3. 决策树优化-剪枝（决策树另一个重要的概念-剪枝）

预剪枝（预剪枝的概念与优缺点）

后剪枝（后剪枝的概念与优缺点）

② 构建决策树（重点内容）

③ 决策树构建的示例（使用具体数据集讲解构建流程）

1. ID3算法初步构建决策树（人工计算信息熵、信息增益等、理解掌握算法）

预剪枝

后剪枝

2. 剪枝处理的过程（人工进行剪枝操作，模拟剪枝流程）

④ 代码的实现（使用Python实现上述的算法）

1. 递归构建决策树（代码实现ID3、C4.5算法）

2. 使用决策树执行分类（代码实现在已知决策树上进行分类）

3. 决策树的存储（代码实现保存已学习得到的决策树）

⑤ 实战：使用决策树预测隐形眼镜的类型（在代码的实现一节的基础之上，进行实战练习）

决策树

9.4.6 k 近邻

邻近算法，或者说 k 近邻（kNN）分类算法，是分类技术中最简单的方法之一。所谓 k 近邻，就是 k 个最近邻居的意思，每个样本都可以用它最接近的 k 个邻居来代表。其核心思想是，如果一个样本在特征空间中的 k 个最相邻样本中的大多数属于某一个类别，则该样本也属于这个类别，并具有这个类别样本的特性。kNN 方法在类别决策时只与极少量的相邻样本有关。由于 kNN 方法主要靠周围有限的邻近样本，因此对于类域的交叉或重叠较多的待分样本集来说，kNN 方法较其他方法更为适合。

如图 9-13 所示，要判断平面中黑色叉号代表的样本的类别。分别选取 1 近邻、2 近邻、3 近邻。在 1 近邻时，判定为黑色圆圈代表的类别，但在 3 近邻时却判定为黑色三角代表的类别。

a) 1近邻   b) 2近邻   c) 3近邻

图 9-13 k 近邻实例

显然，k 是一个重要的参数，当 k 取不同值时，结果也会显著不同；采用不同的距离度量，也会导致分类结果的不同。在实际应用中，还可能采取基于权值等多种策略改变投票机制。

9.4.7 随机森林

随机森林是一类专门为决策树分类器设计的组合方法，它组合了多棵决策树对样本进行训练和预测，其中每棵树使用的训练集是从总的训练集中通过有放回采样得到的。也就是说，总的训练集中的有些样本可能多次出现在一棵树的训练集中，也可能从未出现在一棵树的训练集中。在训练每棵树的节点时，使用的特征是从所有特征中按照一定比例随机无放回地抽取而得到的。

随机森林的构建步骤如下：首先，对原始训练数据进行随机化，创建随机向量；然后，使用这些随机向量来建立多棵决策树；再将这些决策树组合，构成随机森林。

可以看出，随机森林是自主聚集的一个拓展变体，它在决策树的训练过程中引入了随机属性选择。具体来说，决策树在划分属性时会选择当前节点属性集合中的最优属性，而随机森林则会从当前节点的属性集合中随机选择含有 k 个属性的子集，然后从这个子集中选择最优属性进行划分。

随机森林方法虽然简单，但在许多实现中表现惊人，而且，随机森林的训练效率经常优于自主聚集。随机森林的随机性来自于以下几个方面。

（1）抽样带来的样本随机性。

（2）随机选择部分属性作为决策树的分裂判别属性，而不是利用全部的属性。

（3）生成决策树时，在每个判断节点，从最好的几个划分中随机选择一个。

我们通过一个例子来介绍随机森林的产生和运用方法。有一组大小为 200 的训练样本，记录被调查者是否会购买一种健身器械，类别为"是"和"否"，其余属性如下：

年龄>30	婚否	性别	是否有贷款	学历>本科	收入>1 万/月

下面构建 4 棵决策树来组成随机森林，并且使用了剪枝的手段保证每棵决策树尽可能简单（这样就有更好的泛化能力）。

对每棵决策树采用如下方法进行构建。

（1）从 200 个样本中有放回抽样 200 次，从而得到大小为 200 的样本，显然，这个样本中可能存在着重复的数据。

（2）随机地选择 3 个属性作为决策树的分裂属性。

（3）构建决策树并剪枝。

假设最终得到了如图 9-14 所示的 4 棵决策树。

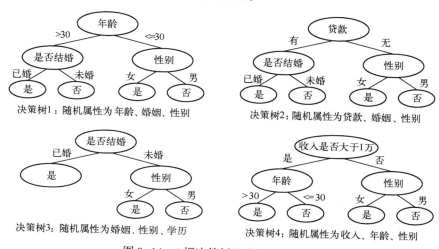

图 9-14　4 棵决策树组成的随机森林

可以看出，性别和婚姻状况对于是否购买该产品起到十分重要的作用，此外，对于第 3 棵决策树，"学历"属性并没有作为决策树的划分属性，这说明学历和是否购买此产品关系很小。每棵树从不同的侧面体现出了蕴含在样本后的规律知识。当新样本到达时，我们只需对 4 棵树的结果进行汇总，这里采用投票的方式进行汇总。

例如，新样本为（年龄 24 岁，未婚，女，有贷款，本科学历，收入小于 1 万/月）。第一棵树将预测为购买，第二棵树预测为不购买，第三棵树预测为购买，第四棵树预测为购买。所以最后的投票结果：购买 3 票，不购买 1 票，从而随机森林预测此记录为"购买"。

9.4.8　朴素贝叶斯

贝叶斯判别法是在概率框架下实施决策的基本判别方法。对于分类问题来说，在所有相关概率都已知的情形下，贝叶斯判别法考虑如何基于这些概率和误判损失来选择最优的类别标记。而朴素贝叶斯判别法则是基于贝叶斯定理和特征条件独立假设的分类方法，是贝叶斯判别法中的一个有特定假设和限制的具体方法。对于给定的训练数据集，首先基于特征条件独立假设学习输入和输出的联合分布概率；然后基于此模型对给定的输入 x，再利用贝叶斯定理求出其后验概率最大的输出 y。

朴素贝叶斯分类算法的基本思想：对于给定元组 X，求解在 X 出现的前提下各个类别出现的概率，哪个最大就认为 X 属于哪个类别。在没有其他可用信息下，一般会选择后验概率最大的类别。朴素贝叶斯方法的重要假设就是属性之间相互独立。但是在实际应用中，属性之间很难保证全部都相互独立，这时可以考虑使用贝叶斯网络等方法。

9.5 聚类分析模型

细分是对业务可使用的最有效和最广泛的战略工具之一。战略细分是一种取决于分析用例的商业实践，例如市场细分或者客户细分。当解析目标是将用例分成同质化的子类，或基于多个变量维度的相似性进行区分时，称为分类问题或用例，通常采用聚类技术的特定方法来解决这个问题。例如，营销研究人员基于调查每个受访者的尽可能多的信息，使用聚类技术来标示潜在的细分市场。聚类技术还可以用到预测模型分析中，当分析师拥有的数据是一个非常大的集合时，可以先运行一个基于多变量维度的分割来细分该数据集，然后为每个分类建立单独的预测模型。

聚类技术将一系列用例划分为不同的组，这些组与一系列活跃变量是同质的。在客户细分中，每个案例代表一个客户；在市场细分中，每个案例代表一个消费者，他可能是当前客户、原来的客户或者潜在客户。

在使用所有可用的数据进行分析时，聚类的效率是最高的，因此在数据库或 Hadoop 内部运行的聚类算法都特别有用。目前有 100 多种多变量聚类分析方法，最流行的是 k-均值聚类技术，它可以最大限度地减少所有活动变量的聚类均值的方差。

9.5.1 聚类问题分析

聚类是一种典型的无监督学习技术，通过这项技术，数据被分割成不同的组，在每组中的数据有相似的性质。聚类不需要先学习类别，相反，类别是基于分组数据产生的。数据如何成组取决于用什么类型的算法，每个算法都有不同的技术来确定聚类。

聚类常用在数据挖掘中理解一个给定数据集的性质。在形成理解之后，分类可以被用来更好地预测相似但却是全新或未见过的数据。聚类可以被用在未知文件的分类以及通过将具有相似行为的顾客分组的个性化市场营销策略上。如图 9-15 所示的散点图描述了可视化表示的聚类。

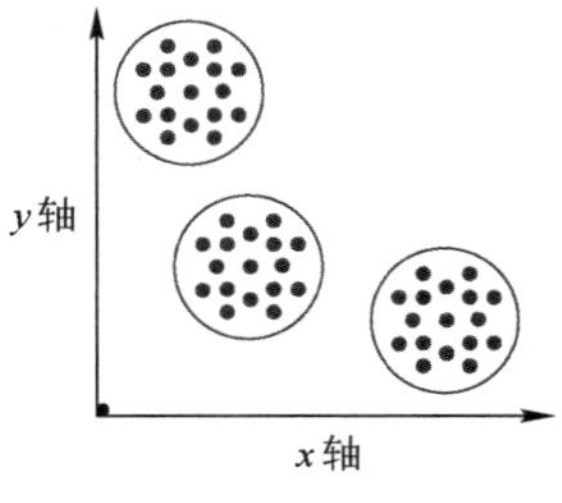

例如，基于已有的顾客记录档案，某银行想要给现有顾客介绍新的金融产品。分析师用聚类将顾客分类至多组中，然后给每组介绍最适合这个组整体特征的一个或多个金融产品。

聚类适用的样例问题如下。

（1）根据树之间的相似性，存在多少种树？

（2）根据相似的购买记录，存在多少组顾客？

（3）根据病毒的特性，它们的不同分组是什么？

图 9-15 散点图描述
聚类的结果

聚类分析的目标是将基于共同特点的用例、样品或变量按照它们在性质上的亲疏程度进行分类，其中没有关于样品或变量的分类标签，这在实际生活中也是十分重要的。例如，希望根据消费者的选择而不是对象本身的特性来进行分组，这时可能想了解哪些物品消费者会一起购买，从而可以在消费者购买时推荐相关商品，或者开发一种打包商品。

用来描述样品或变量的亲疏程度通常有两个途径。一是个体间的差异度：把每个样品或变量看成是多维空间上的一个点，在多维坐标中，定义点与点、类和类之间的距离，用距离来描述样品或变量之间的亲疏程度。二是测度个体间的相似度：计算样品或变量的简单相关系数或者等级相关系数，用相关系数来描述样品或变量之间的亲疏程度。

聚类问题中，除了要计算物体和物体之间的相似性，还要度量两个类之间的相似性，常用的度量有最远（最近）距离、组间平均链锁距离、组内平均链锁距离、重心距离和离差平方和距离。此外，变量的选择和处理也是不容忽视的重要环节。

9.5.2　聚类分析的分类

下面介绍聚类分析的分类方法。

（1）基于分类对象的分类。根据分类对象的不同，聚类分析可以分为 Q 型聚类和 R 型聚类。Q 型聚类就是对样品个体进行聚类，R 型聚类则是对指标变量进行聚类。

① Q 型聚类：当聚类把所有的观测记录进行分类时，将性质相似的观测分在同一个类，性质差异较大的观测分在不同的类。

Q 型聚类分析的目的是对样品进行分类。分类的结果是直观的，且比传统分类方法更细致和合理。使用不同的分类方法通常有不同的分类结果。对任何观测数据都没有唯一"正确"的分类方法。实际应用中，常采用不同的分类方法对数据进行分析计算，以便对分类提供具体意见，并由实际工作者决定所需要的分类数及分类情况。Q 型聚类主要采取基于相似性的度量。

② R 型聚类：把变量作为分类对象进行聚类。这种聚类适用于变量数目比较多且相关性比较强的情形，目的是将性质相近的变量聚类为同一个类，并从中找出代表变量，从而减少变量的个数以达到降维的效果。R 型聚类主要采取基于相似系数或相似性度量。

R 型聚类分析的目的有以下几方面。

① 了解变量间及变量组合间的亲疏关系。

② 对变量进行分类。

③ 根据分类结果及它们之间的关系，在每一类中选择有代表性的变量作为重要变量，利用少数几个重要变量进一步作分析计算，如进行回归分析或 Q 型聚类分析等，以达到减少变量个数、变量降维的目的。

（2）基于聚类结构的分类。根据聚类结构，聚类分析可以分为凝聚和分解两种方式。

在凝聚方式中，每个个体自成一体，将最相近的凝聚成一类，再重新计算各个个体间的距离，最相近的再凝聚成一类，以此类推。随着凝聚过程的进行，每个类内的相近程度逐渐下降。

在分解方式中，所有个体看成一个大类，类内计算距离，将彼此间距离最远的个体分离出去，直到每个个体自成一类。分解过程中每个类内的相近程度逐渐增强。

评价聚类有效性的标准有两种：一是外部标准，通过测量聚类结果和参考标准的一致性来评价聚类结果的优劣；另一种是内部指标，用于评价同一聚类算法在不同聚类条件下聚类结果的优良程度，通常用来确定数据集的最佳聚类数。

内部指标用于根据数据集本身和聚类结果的统计特征对聚类结果进行评估，并根据聚类结果的优劣选取最佳聚类数。

9.5.3　聚类分析方法

聚类分析的内容十分丰富，按其聚类的方法可分为以下几种。

（1）k 均值聚类法：指定聚类数目 k 确定 k 个数据中心，每个点分到距离最近的类中，重新计算 k 个类的中心，然后要么结束，要么重算所有点到新中心的距离聚类。其结束准则包括迭代次数超过指定或者新的中心点距离上一次中心点的偏移量小于指定值。

（2）系统聚类法：开始每个对象自成一类，然后每次将最相似的两类合并，合并后重新计算新类与其他类的距离或相近性测度。这一过程可用一张谱系聚类图描述。

（3）调优法（动态聚类法）：首先对 n 个对象初步分类，然后根据分类的损失函数尽可能小的原则对其进行调整，直到分类合理为止。

（4）最优分割法（有序样品聚类法）：开始将所有样品看作一类，然后根据某种最优准则将它们分割为二类、三类，一直分割到所需的 k 类为止。这种方法适用于有序样品的分类问题，也称为有序样品的聚类法。

（5）模糊聚类法：利用模糊集理论来处理分类问题，它对经济领域中具有模糊特征的两态数据或多态数据具有明显的分类效果。

（6）图论聚类法：利用图论中最小生成树、内聚子图、顶点随机游走等方法处理图类问题。

9.5.4 聚类分析的应用

聚类分析有着广泛的应用。在商业方面，聚类分析被用来将用户根据其性质分类，从而发现不同的客户群，并且通过购买模式刻画不同的客户群的特征；在计算生物学领域，聚类分析被用来对动植物和对基因进行分类，从而获得更加准确的生物分类；在电子商务中，通过聚类分析可以发现具有相似浏览行为的客户，并分析客户的共同特征，可以更好地了解自己的客户，向客户提供更合适的服务。

9.6 结构分析模型

结构分析是对数据中结构的发现，其输入是数据，输出是数据中某种有规律性的结构。在统计分组的基础上，结构分析将部分与整体的关系作为分析对象，以发现在整体变化过程中各关键影响因素及其作用的程度和方向的分析过程（见图9-16）。

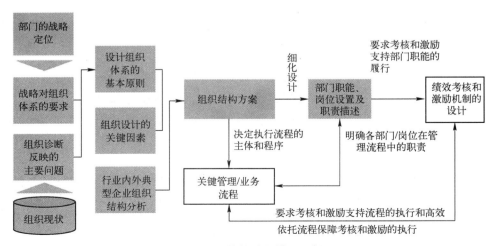

图 9-16　结构分析模型示例

9.6.1　典型的结构分析方法

结构分析的对象是图或者网络。例如，在医学中，通常情况下某一类药物都具有相似分子结构或相同的子结构，它们针对某一种疾病的治疗具有很好的效果，如抗生素中的大环内酯类，几乎家喻户晓的红霉素就是其中的一种。这种特性给我们提供了一个很好的设想：如果科学家新发现了某种物质，经探寻，它的分子结构中某一子结构与某一类具有相同治疗效果药物的子结构相同，虽不可以断定这种物质对治疗这种疾病有积极作用，但是这至少提供了一个实验的方向，对相关研究起到积极作用；甚至可以通过改变具有类似结构的物质的分子结构来获得这种物质，如果在成本上优于之前制药方法的成本，那么在医学史上将是一大突破。

结构分析中有最短路径、链接排名、结构计数、结构聚类和社团发现这 5 个问题。

最短路径是对图中顶点之间最短路径结构的发现。链接排名则是对图中节点的链接关系进行发现，从而对图中的节点按照其重要性进行排名，链接排名在搜索引擎中得到了广泛的应用，是许多搜索引擎的核心。结构计数则是对图中特殊结构的个数进行统计。结构聚类是在对图中结构发现与分析的基础上对结构进行聚类。具体来说，结构聚类指的是对图中的节点和边进行聚类。例如对节点聚类时，要求输出图中各个节点的分类，使得每个分类在结构上关联密切。

9.6.2　社团发现

社团是一个或一组网站，是虚拟的社团。虚拟社团是指有着共同爱好和目标的人通过媒体相互影响的社交网络平台，在这个平台上，潜在地跨越了地理和政治的边界。

社团也有基于主题的定义，这时社团由一群有着共同兴趣的个人和受他们欢迎的网页组成。也有人给出社团的定义：社团是在图中共享相同属性的顶点的集群，这些顶点在图中扮演着十分相似的角色。例如，处理相关话题的一组网页可以视为一个社团。

社团还可以基于主题及结构来定义，社团定义为图中所有顶点构成的全集的一个子集，它满足子集内部顶点之间连接紧密，而子集内部的顶点与子集外部的其他顶点连接不够紧密的要求。

社团发现问题，即对复杂的关系图进行分析，从而发现其中蕴含的社团。

（1）社团的分类。主要有按主题分类和按社团形成的机制分类。

按主题分类可以分为明显的社团和隐含的社团。顾名思义，明显的社团是与某些经典的、流行的、大众的主题相关的一组网页。例如，大家熟知的脸书、IMDB、YouTube、亚马逊、Flickr 等，它们的特点是易定义、易发现、易评价。而隐含的社团则是与某些潜在的、特殊的、小众的主题相关的一组网页，例如讨论算法、数据库的网页集合，它们的特点是难定义、难发现、难评价。

按社团形成机制分类可以分成预定义社团和自组织社团。预定义社团指预先定义好的社团，例如领英、谷歌群组、脸书等。相反，自组织社团指自组织形成的社团，例如与围棋爱好者相关的一组网页。

（2）社团的用途。社团能帮助搜索引擎提供更好的搜索服务，如基于特定主题的搜索服务，以及为用户提供针对性的相关网页等，它在主题爬虫的应用中也发挥了重要作用，还能够用于研究社团与知识的演变过程。

社团具有在内容上围绕同一主题和在结构上网页间的连接稠密的特征。

9.7　文本分析模型

文本分析是非结构大数据分析的一个基本问题，是指对文本的表示及其特征项的选取，它将从文本中抽取出的特征词量化来表示文本信息。

由于文本是非结构化的数据，要想从大量的文本中挖掘有用的信息，就必须首先将文本转化为可处理的结构化形式，将它们从一个无结构的原始文本转化为结构化的计算机可以识别处理的信息，即对文本进行科学的抽象，建立它的数学模型，用以描述和代替文本，使计算机能够通过对这种模型的计算和操作来实现对文本的识别。

目前通常采用向量空间模型来描述文本向量，但是如果直接用分词算法和词频统计方法得到的特征项来表示文本向量中的各个维度，那么这个向量的维度将是非常大的。这种未经处理的文本矢量不仅给后续工作带来巨大的计算开销，使整个处理过程的效率非常低下，而且会损害分类、聚类算法的精确性，从而使所得到的结果很难令人满意。因此，必须对文本向量做进一步处理，在保证原文含义的基础上，找出对文本特征类别最具代表性的文本特征。为了解决这个问题，最有效的办法就是通过特征选择来降维。

有关文本表示的研究主要集中于文本表示模型的选择和特征词选择算法的选取上，用于表示文本的基本单位通常称为文本的特征或特征项。特征项必须具备一定的特性。

（1）特征项要能够标识文本内容。

（2）特征项具有将目标文本与其他文本相区分的能力。

（3）特征项的个数不能太多。

（4）特征项分离要比较容易实现。

在中文文本中可以采用字、词或短语作为表示文本的特征项。相比较而言，词比字具有更强的表达能力，而词和短语相比，词的切分难度比短语的切分难度小得多。因此，目前大多数中文文本分类系统都采用词作为特征项，称作特征词。这些特征词作为文档的中间表示形式，用来实现文档与文档、文档与用户目标之间的相似度计算。如果把所有的词都作为特征项，那么特征向量的维数将过于巨大，从而导致计算量太大，在这样的情况下，要完成文本分类几乎是不可能的。

特征抽取的主要功能是在不损伤文本核心信息的情况下，尽量减少要处理的单词数，以此来降低向量空间维数，从而简化计算，提高文本处理的速度和效率。文本特征选择对文本内容的过滤和分类、聚类处理、自动摘要以及用户兴趣模式发现、知识发现等有关方面的研究都有非常重要的影响。通常根据某个特征评估函数计算各个特征的评分值，然后按评分值对这些特征进行排序，选取若干个评分值最高的作为特征词，这就是特征抽取。

文本分析涉及的范畴很广，例如分词、文档向量化、主题抽取等。

【作业】

1. 客观事物或现象是一个多因素综合体，模型是被研究对象（客观事物或现象）的一种抽象，（　　）是对客观事物或现象的一种描述。

　　A．工作日程　　　B．理论推导　　　C．分析模型　　　D．计算方法

2. 为了分析相互作用机制，揭示内部规律，可根据（　　），或对观测数据的分析，或

依据实践经验，设计一种模型来代表所研究的对象。

    A. 工作日程　　　B. 理论推导　　　C. 分析模型　　　D. 计算方法

3. （　　）反映对象最本质的东西，略去了枝节，是被研究对象实质性的描述和某种程度的简化，其目的便在于分析研究，它可以是数学模型或物理模型。

    A. 模型　　　　　B. 结构　　　　　C. 函数　　　　　D. 模块

4. 如果两个或多个变量之间存在一定的（　　），那么其中一个变量的状态就能通过其他变量进行预测。

    A. 结合　　　　　B. 冲突　　　　　C. 变化　　　　　D. 关联

5. 回归分析方法是在众多的相关变量中，根据实际问题考察其中一个或多个变量（因变量）与其余变量（自变量）的（　　）。

    A. 结合程度　　　B. 对抗关系　　　C. 依赖关系　　　D. 不同之处

6. （　　）是关联规则分析的一个典型例子。该过程通过发现顾客放入其中的不同商品之间的联系，分析顾客的购买习惯。

    A. 手提包　　　　B. 购物篮　　　　C. 数据库　　　　D. 方程式

7. 有关系而又没有确切到可由其中的一个去精确地决定另一个的程度，这就是（　　）。

    A. 相关关系　　　B. 结合方式　　　C. 不同之处　　　D. 依赖程度

8. 在一些问题中，不仅经常需要考察两个变量之间的相关程度，而且还经常需要考察多个变量与多个变量之间即（　　）之间的相关关系。

    A. 数值数字　　　B. 多组变量　　　C. 复杂元素　　　D. 两组变量

9. （　　）可以在已知研究对象已经分为若干类的情况下，确定新的对象属于哪一类。

    A. 结构分析　　　B. 文本处理　　　C. 分类分析　　　D. 聚类计算

10. 判别分析是多元统计分析中判别样品所属类型的一种统计分析方法，常用的有（　　）。

    ① 距离准则　　　② Fisher 准则　　　③ 贝叶斯准则　　　④ 方位准则

    A. ②③④　　　　B. ①②③　　　　C. ①②④　　　　D. ①③④

11. （　　）专门研究计算机怎样模拟或实现人类的学习行为，以获取新的知识或技能，重新组织已有的知识结构，使之不断改善自身的性能。

    A. 机器学习　　　B. 简化分析　　　C. 智能精简　　　D. 神经网络

12. 机器学习中有几种主流的机器学习分类模型，包括（　　）。

    ① 支持向量机　　② 向量聚类　　　③ 逻辑回归　　　④ 决策树

    A. ①②④　　　　B. ①②③　　　　C. ②③④　　　　D. ①③④

13. k 近邻算法是分类技术中最简单的方法之一。所谓 k 近邻，就是 k 个（　　）的意思。

    A. 函数模块　　　B. 数据集合　　　C. 最近邻居　　　D. 无关元素

14. 随机森林是一类专门为决策树分类器设计的组合方法，它组合了（　　）对样本进行训练和预测。

    A. 多个数据集　　B. 多棵决策树　　C. 多组规则　　　D. 多个模块

15. 聚类分析是将样品或变量按照它们在性质上的（　　）进行分类的数据分析方法。

    A. 连接方式　　　B. 计算方法　　　C. 相似程度　　　D. 亲疏程度

16. 有一些典型的聚类分析策略的分类方法，但不包括（　　）。

① 基于分类对象的分类　　　　② Q 型聚类和 R 型聚类

③ 关联程度聚合　　　　　　　④ 基于聚类结构的分类

A. ①③④　　　　B. ②③④　　　　C. ①②④　　　　D. ①②③

17. 聚类分析的内容十分丰富，可按其聚类的方法区分，但下列（　　）不在其中。

① 原子聚类法　　② k 均值聚类法　　③ 系统聚类法　　④ 模糊聚类法

A. ②③④　　　　B. ①②③　　　　C. ①②④　　　　D. ①③④

18. 结构分析是在统计分组的基础上，将（　　）的关系作为分析对象，以发现在整体的变化过程中各关键的影响因素及其作用的程度和方向的分析过程。

A. 正方与反向　　B. 紧密与稀疏　　C. 中央与外围　　D. 部分与整体

19. 文本分析是非结构大数据分析的一个基本问题，是指对文本的表示及其（　　）的选取。

A. 字符串　　　　B. 特征值　　　　C. 语言形式　　　　D. 表达方式

20. 有关文本表示的研究主要集中于文本表示模型的选择和特征词选择算法的选取上。用于表示文本的基本单位通常称为文本的（　　）。

A. 特点　　　　　B. 参数　　　　　C. 特征项　　　　　D. 属性

第 10 章
用户角色与分析工具

【导读案例】 包罗一切的数字图书馆

下面要讲述的是一个对图书馆进行实验的故事。实验对象是史学史中最有趣的数据集：一个旨在包罗所有书籍的数字图书馆。

1996 年，斯坦福大学计算机科学系的两位研究生做一个项目——斯坦福数字图书馆技术项目，该项目的目标是展望图书馆的未来，构建一个能够将所有书籍和互联网整合起来的图书馆。他们打算开发一个工具，能够让用户浏览图书馆的所有藏书。但是，这个想法在当时是难以实现的，因为只有很少一部分图书是数字形式的。于是，他们将该想法和相关技术转移到文本上，将大数据实验延伸到互联网上，开发出了一个让用户能够浏览互联网上所有网页的工具，他们最终开发出了一个搜索引擎，并将其称为"谷歌（Google）"。

到 2004 年，谷歌"组织全世界的信息"的使命进展得很顺利，这就使其创始人拉里·佩奇有暇回顾数字图书馆。令人沮丧的是，仍然只有少数图书是数字形式的。佩奇决定让谷歌涉足扫描图书并对其进行数字化的业务。尽管他的公司已经在做这项业务了，但他认为谷歌应该为此竭尽全力。

在公开宣称启动该项目的 9 年后，谷歌完成了 3 000 多万本书的数字化，相当于历史上出版图书总数的 1/4。其收录的图书总量超过了哈佛大学（1 700 万册）、斯坦福大学（900 万册）、牛津大学（1 100 万册）以及其他任何大学的图书馆，甚至还超过了俄罗斯国家图书馆（1 500 万册）和德国国家图书馆（2 500 万册）。

长数据，量化人文变迁的标尺

当"谷歌图书"项目启动时，大家都是从新闻中得知的。但是，直到两年后的 2006 年，这一项目的影响才真正显现出来。

谷歌的大量藏书代表了一种全新的大数据，它有可能会转变人们看待过去的方式。大多数的大数据虽然大，但时间跨度却很短，是有关近期事件的新近记录。这是因为这些数据是由互联网催生的，而互联网是一项新兴的技术。

"谷歌图书"项目的规模可以和我们这个数字媒体时代的任何一个数据集相媲美。谷歌数字化的书并不只是当代的：不像电子邮件、RSS（内容聚合）订阅和 Superpokes（超级戳）等，这些书可以追溯到几个世纪前。因此，"谷歌图书"不仅是大数据，而且是长数据。

由于"谷歌图书"包含了如此长的数据，和大多数大数据不同，这些数字化的图书不局限于描绘当代人文图景，还反映了人类文明在相当长一段时期内的变迁，其时间跨度比一个人的生命更长，甚至比一个国家的寿命还长。"谷歌图书"的数据集也由于其他原因而备受青睐——它涵盖的主题范围非常广泛。浏览如此大量的书可以被认为像是在咨询大量的人，而其中有很多人都已经去世了。在历史和文学领域，关于特定时间和地区的书是了解那个时间和地区的重要信息源。

数据越多，问题越多

大数据为人们认识周围世界创造了新机遇，同时也带来了新的挑战。

第一个主要的挑战是，大数据和数据科学家们之前运用的数据在结构上差异很大。科学家们喜欢采用精巧的实验推导出一致的准确结果，回答精心设计的问题。但是，大数据是杂乱的数据集。典型的数据集通常会混杂很多事实和测量数据，数据搜集过程很随意，并非出于科学研究的目的。因此，大数据集经常错漏百出、残缺不全，缺乏科学家们需要的信息。而这些错误和遗漏即便在单个数据集中也往往不一致，那是因为大数据集通常由许多小数据集融合而成，不可避免地，构成大数据集的一些小数据集比其他小数据集要可靠一些，同时每个小数据集都有各自的特性。脸书就是一个很好的例子，交友在脸书中意味着截然不同的意思。有些人无节制地交友，有些人则对交友持谨慎的态度；有些人在脸书中将同事加为好友，而有些人却不这么做。处理大数据的一部分工作就是熟悉数据，以便你能反推出产生这些数据的工程师们的想法。

第二个主要的挑战是，大数据和我们通常认为的科学方法并不完全吻合。科学家们想通过数据证实某个假设，将他们从数据中了解到的东西编织成具有因果关系的故事，并最终形成一个数学理论。当在大数据中探索时，你会不可避免地有一些发现，例如，公海的海盗出现率和气温之间的相关性。这种探索性研究有时被称为"无假设"研究，因为我们永远不知道会在数据中发现什么。但是，当需要按照因果关系来解释从数据中发现的相关性时，大数据便显得有些无能为力了。是海盗造成了全球变暖吗？是炎热的天气使更多的人从事海盗行为吗？如果二者是不相关的，那么近几年在全球变暖加剧的同时，海盗的数目为什么会持续增加呢？我们难以解释，而大数据往往却能让我们去猜想这些事情中的因果链条。

第三个主要的挑战是，数据产生和存储的地方发生了变化。作为科学家，习惯于通过在实验室中做实验得到数据，或者记录对自然界的观察数据。可以说，某种程度上，数据的获取是在科学家的控制之下的。但是，在大数据的世界里，大型企业甚至政府拥有着最大规模的数据集，而它们自己、消费者和公民们更关心的是如何使用数据。例如，eBay 的商家不希望它们完整的交易数据被公开，或者让研究生随意使用；搜索引擎日志和电子邮件更是涉及个人隐私权和保密权；书和博客的作者则受到版权保护。各个公司对所控制的数据有着强烈的产权诉求，它们分析自己的数据是期望产生更多的收入和利润，而不愿意和外人共享其核心竞争力。

如果要分析谷歌的图书馆，我们就必须找到应对上述挑战的方法。数字图书所面临的挑战并不是独特的，只是今天大数据生态系统的一个缩影。

资料来源：王彤彤等译，可视化未来——数据透视下的人文大趋势，杭州：浙江人民出版社。

阅读上文，请思考、分析并简单记录：

（1）"谷歌"的诞生最初源自于什么项目？如今，这个项目已经达到什么样的规模？这个规模经历了多长时间？——对此，你有什么感想？

答：_____

_____

_____

（2）在互联网上搜索"数字图书馆"。请简单记录你的搜索成果和感想。

答：_____

_____

_____

（3）"数据越多，问题越多"，那么，我们面临的主要挑战是什么？

答：_____

_____

_____

10.1　用户角色

在大多数组织中，分析的用户角色有这样几种类型，即超级分析师、数据科学家、业务分析师和分析使用者。区分这些用户角色并不能满足所有分析需求，但会提供一个框架来帮助你理解实际用户的需求。

像超级分析师和数据科学家这样有经验的用户，倾向于使用 R、SAS 或者 SQL 这样的分析语言。而业务用户，包括业务分析师和分析使用者，则倾向于使用商业化的交互型软件。

10.1.1　超级分析师

所谓超级分析师，是一个像统计师、精算师或者风险分析师一样的专门职位，他们适合于在分析方面有巨大投资的团队中工作，或者在提供分析服务的组织中担任咨询师和开发者。超级分析师了解传统的统计分析和机器学习，并且在应用分析方面有相当多的工作经验。

超级分析师更愿意使用分析编程语言，例如 Legacy SAS 或者 R。他们有丰富的训练和工作经验来使编程语言能够贴合生产，并且认为分析编程语言比图形用户界面的分析软件包更灵活也更强大。

"正确的"分析方法对于超级分析师来说尤其重要。他们会更加关注使用"对的"方法，而不是用不同方法来得到商业结果的不同方面。这意味着，如果一个特定的分析问题要求一个具体方法或者一类方法，如生存分析，超级分析师会花费很大精力来使用这种方法，即使这对于预测准确的改善很少。

在实际工作中，由于超级分析师侧重于处理高度多样化的问题，并且不能完全准确地预测需要解决问题的种类，他们更倾向于使用各种各样的分析方法和技术。对于一种特定的方法和技术的需求即使非常少见，但是如果需要，超级分析师也希望能够用上它。

因为数据准备对于成功的预测分析特别重要，超级分析师需要能够解读和控制他们所处理的数据。这不意味着超级分析师想要管理数据或者运行 ETL 任务，他们只是需要让数据管理流程变得透明和可反馈。

ETL（Extract-Transform-Load，抽取、转换、加载）是数据仓库技术，也是 BI（商业智能）项目的一个重要环节，它是将数据从来源端经过抽取、转换和加载至目的端的过程，其对象并不限于数据仓库。ETL 所描述的过程一般包含 ETL 或是 ELT（抽取、装载、转换），并且可以混合使用。通常愈大量的数据、复杂的转换逻辑、目的端较强的运算能力的数据库，愈偏向使用 ELT，以便运用目的端数据库的平行处理能力。

ETL 的流程可以用任何编程语言开发完成，由于 ETL 是极为复杂的过程，而手写程序不易管理，有愈来愈多的企业采用工具协助 ETL 的开发，并运用其内置的元数据功能存储来源与目的端所对应的转换规则。

超级分析师的工作成果可能包括如下内容。

- 管理显示分析结果的报告。
- 撰写预测模型规范。
- 预测模型对象（如 PMML 文件）。PMML（预测模型标记语言）利用 XML 描述和存储数据挖掘模型，是一个已经被 W3C 所接受的标准。MML 是一种基于 XML 的语言，用来定义预测模型。
- 用编程语言（如 Java 或 C）编写的一个可执行的评分函数。

超级分析师不想过多地参与生产部署或者导入模型评分，但如果该组织没有投入用于模拟评分部署的工具，他们也可能执行这个角色。

超级分析师会更多地参与具体分析软件的品牌、发布和版本的工作。在分析团队有着重要影响的组织里，他们在选择分析软件上发挥了决定性的作用。他们也希望控制支持分析软件的技术基础设施，但往往不关心特定的硬件、数据库、存储等细节。

10.1.2 数据科学家

数据科学家在很多方面与超级分析师很相似，这两个角色都对具体工具缺乏兴趣，并且渴望参与有关数据的任何工作。

数据科学家和超级分析师的主要不同在于背景、训练和方法上。一方面，超级分析师倾向于理解统计方法，将分析带向统计方向，并且更喜欢使用高级语言与内置的分析语法。另一方面，数据科学家往往具有机器学习、工程或计算机科学的背景，因此他们倾向于选择编程语言（如 C、Java、Python），同时更擅长用 SQL 和 MapReduce 工作。他们对用 Hadoop 工作有着丰富的经验，这是他们喜欢的工作环境。

数据科学家的机器学习渊源影响着他们的研究方法、技术和方法，从而影响他们对分析工具的需求。机器学习学科往往不是把重点放在选择"正确的"分析方法上，而是放在预测分析过程的结果上，包括该过程产生模型的预测能力。因此，他们很容易接受各种暴力学习的方式，并且选择可能在统计范式里很难实施的方法，但这些方法可以表现出良好的效果。

数据科学家往往对现有的分析软件供应商热情不高，尤其是那些喜欢通过软推销技术细节迎合企业客户的软件供应商。相反，他们倾向于选择开源工具，寻求最好的"技术"解决方案——一个具有足够的灵活性来支持创新的解决方案。数据科学家倾向于亲自"生产"分析结果，而超级分析师则正好相反，更喜欢能够在过程中完全放手的方式。

10.1.3 业务分析师

业务分析师在组织中以不同角色使用分析结果，对于他们来说，分析是重要的但不是唯一的责任。他们还需要应对一系列其他工作，如贷款、市场分析或渠道等。

业务分析师对分析非常熟悉，并且可能经过一些培训和有一定经验。他们更喜欢一个易于使用的界面和软件，像 SAS Enterprise Guide、SAS Enterprise Miner、SPSS Statistics，或者其他一些产品。

与超级分析师非常关心选择问题的"正确"方法不同，业务分析师倾向于一种更简单的方法。例如，他们可能对回归分析很熟悉，但是对不同种类的回归方法和如何计算回归模型的细节并不感兴趣。他们看重在解决问题框架内可以指导选择方法和技术的"向导"工具。

业务分析师知道数据对于分析的成功很重要，但是却不想直接处理它们。相反，业务分析师更愿意使用已经被组织中其他人修正过的数据。数据正确性对业务分析师非常重要，数据应该在内部是一致的，并与分析师所理解的业务一致。

在大多数情况下，业务分析师的工作成果是一个总结分析结果的报告，也可能是一些决策，如关于一个复杂贷款决策的商品数量。业务分析师很少做生产部署的预测模型，因为他们的工作方法往往缺乏超级分析师的严谨性和高效性。业务分析师看重优质、客户友好的技术支持，倾向于使用在分析中表现出可靠性的来自供应商的软件。

10.1.4　分析使用者

分析使用者通常仅仅是从事预测、自动化决策等具体分析过程的非专业人员，他们专注于业务问题和事件，不直接在生产中进行分析工作，相反，他们以自动化决策、预测或者其他智能的可嵌入到所参与业务流程的形式来使用分析结果。

虽然分析使用者一般不会参与数学计算，但他们很关注总体效用、效果和所使用系统的可靠性。例如，信用卡呼叫中心的客户服务代表可能不关心具体用于确定决策的分析方法，但非常关注该系统是否需要很长时间才能达成决策。如果当系统拒绝信用卡申请或拒绝了太多看似风险良好的客户而无法提供合理的解释时，客户服务代表就会拒绝使用这个系统。

因为正在快速增长的分析对业务流程产生积极影响的方法很多，并且嵌入式分析已经几乎没有使用的障碍了，所以这类用户将有最大的增长潜力。

表 10-1 展示了适合每个用户角色的不同工具。

表 10-1　用于不同用户的分析工具

用　　户	编 程 语 言	业务用户工具
超级分析师	R SAS	SAS Display Manager SAS Enterprise Guide
数据科学家	Java MapReduce Python R Scala	无
业务分析师	无	Alpine IBM SPSS Modeler Rapid Minder SAS Enterprise Guide SAS Enterprise Miner Statistics
分析使用者	无	MS Excel Web BI Tools Business Applications

企业应该以协作和自定义的方式支持所有用户角色的需求。不同角色的用户不可能孤立地工作，有经验的用户应该能够与业务用户分享应用程序，反之亦然。

数据的复杂性和不透明性往往会推动用户探索新的编程工具，而干净透明的数据结构是实现商业友好型分析的重要推动者。

10.2 分析的成功因素

组织为了使分析被广泛接受，必须认识到不同的用户需求。现代企业中的许多用户都需要易使用且无需编程的用户界面。然而，易于使用的工具可能缺乏复杂分析或自定义分析所需要的关键功能。

为了获得尽可能广泛的影响，应该重点关注以下三个重要的成功因素。

（1）关注数据基础设施。有经验的分析师会把大量时间花在"数据纠纷"上，也就是采集、转换和清理原始数据。企业用户没有多余的时间去清洗数据，这些用户需要一个易于访问的清洁的、可靠的数据来源。

（2）确保协作。有经验的用户在开发、测试和验证分析应用程序中起着关键作用，他们要确保基础的数学知识是正确的。商务用户工具应该直接使用和利用有经验的分析师开发的先进分析工具。

（3）为业务流程定制分析。当分析直接影响一个业务流程时往往是最高效的。用户不需要进行"业务分析"，他们需要进行信用分析、劳动力分析或者其他利用数据和业务规则的任务。这些工具应该支持针对特定业务流程、角色和任务的自定义应用分析。

为了最大化商业影响力，要开发一种能够支持组织中从新手到专家的各种用户群体的分析方法，建立一个高效的数据平台，有着清洁、易获取的数据，确保用户群体之间的协作，并且能够定制支持业务流程的分析。这些是建立一个更有智慧的组织的关键。

10.3 分析编程语言

如果一种编程语言的主要用户是分析师，并且该语言具有分析师所需的高级功能，就把它归为"分析"语言。我们可以通过自定义代码或外部分析库来使用通用语言（如 Python 或者 Java）进行高级分析。

10.3.1 R 语言

R 语言是一个面向对象、主要用于统计和高级分析的开源编程语言，它在高级分析中的使用率快速增长（见图 10-1）。

R 语言是 S 语言的一种实现。S 语言是 1980 年左右由 AT&T 贝尔实验室开发的一种用来进行数据探索、统计分析和作图的解释型语言。S 语言最初的实现版本是 S-PLUS 商业软件。新西兰奥克兰大学的罗伯特·绅士和罗斯·伊卡及其他志愿人员组成"R 开发核心团队"开发了 R 系统。R 语言和 S 语言在程序语法上可以说几乎一样，只是在函数方面有细微差别。R 的核心开发团队引领对核心软件环境的持续改善，同时 R 社区用户可以贡献支持特定任务的软件包。

R 是一套完整的软件系统，支持如下功能。

● 数据处理和存储。

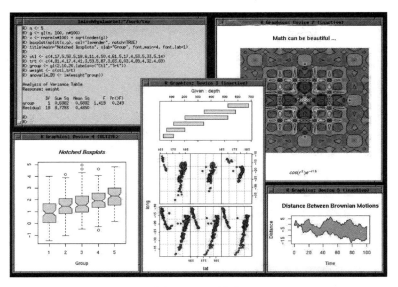

图 10-1　R 语言

- 计算数组和矩阵的运算符。
- 数据分析工具。
- 图形设备。
- 编程功能像输入和输出、条件句、循环和递归运算。

R 发行版本中包括支持基本统计、图形和有价值的实用程序的 14 个基本包。用户可以选择从 CRAN 或其他库中添加包。由于存在广泛的开发者社区和贡献的低门槛，在 R 中可获得的软件功能远远超过了商业分析软件。

虽然 R 核心开发团队负责研发 R 基础软件，但每个包的开发人员都负责各自软件包的质量，这意味着实际使用的编程语言和实施的质量会有很大的不同。质量保证以社区为基础，用户可以报告错误。

大多数提供商业分析软件或数据管理平台的供应商都提供连接到 R 语言程序或将 R 语言脚本嵌入其中的功能。基本的 R 发行版本包括一个内置的用于交互和脚本开发的控制台。然而，许多用户更喜欢使用集成开发环境（IDE）或 GUI 界面。R 最著名的商业界面是 RStudio。

R 语言的主要优点是它的综合功能性、可扩展性和低成本，其主要弱点是多样化和集市化开发的方法，由此产生了大量的重叠功能、松散的标准和异构的软件质量。商业化的发行版本通过质量保证、培训和用户支持来解决这些缺陷。它的另一个主要不足是无法处理超过单个机器存储容量的数据集，有一些开源软件可以部分解决这个问题。

10.3.2　SAS 编程语言

SAS 语言是 SAS Institute 开发的命令式编程语言，该公司还利用 SAS 编程语言开发工具和软件（见图 10-2）。

SAS 编程语言的编程步骤一般有两种类型。SAS DATA 读取数据，以不同的方式操纵数据，并创建 SAS DATA 集，这是一个专有的数据结构。SAS PROC 是使用 SAS DATA 集生成用户指定的特殊分析，它的结果可以是发布到文件的显示或报告，或 SAS DATA 集的形式。

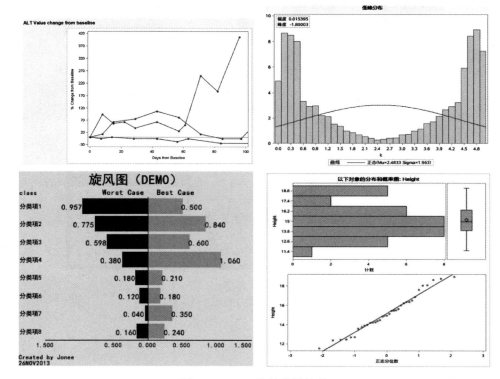

图 10-2　SAS 统计分析结果

一个 SAS PROC 的输出可以作为另一个 SAS PROC 的输入。

SAS 为 Windows、Linux、UNIX 操作系统提供了相应的编程语言运行环境。除了这些平台，WPL 支持 Mac OS 上的 WPS。大多数 SAS 编程步骤在 SAS 运行环境中以单线程运行，而相同的程序在 WPS 中以多线程运行。

为了改善在 SAS DATA 步中的一些明显的局限性，SAS 开发了 DS2（一种面向对象的编程语言）以适合高级数据操作。SAS DS2 代码在五种不支持标准 SAS DATA 步的环境下运行。

- SAS 联邦服务器。
- SAS LASR 分析服务器。
- SAS 嵌入式过程。
- SAS 企业挖掘器。
- SAS 决策服务。

10.3.3　SQL

SQL（结构化查询语言）是一种关系型数据库语言。在对数据科学家的调查中，有 71% 的受访者说他们使用 SQL 的程度远超过其他任何语言（见图 10-3）。

SQL 最初是在 20 世纪 20 年代早期由 IBM 研究者们开发的，其应用和使用在 20 世纪 80 年代随着关系数据库的广泛使用得到了快速增长。如今，SQL 已经从传统的关系型数据库扩展到了数据仓库应用和软件定义的 SQL 平台（像是 Hive 或者 Shark）。

SQL 是一套基于集合的声明性语言，而不是像 SAS 或 BASIC 的命令式程序语言。美国国家标准协会（ANSI）在 1986 年定义了一个 SQL 标准，国际标准化组织（ISO）在 1987 年

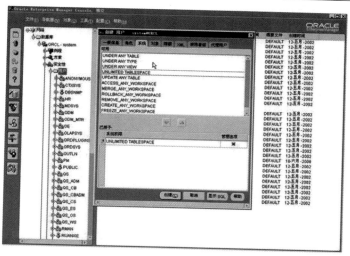

图 10-3　Oracle SQL

也制定了 SQL 标准，但不同的数据库厂商用各种方式限制了代码从一个平台到另一个平台的可移植性。

　　数据库管理员使用 SQL 来创建和管理数据库，可以使用 SQL 创建表、删除表、创建索引、插入数据到表中、更新表中的数据、删除数据以及执行其他操作，将关系型数据库作为一个"沙盒"的分析师也可以使用这些 SQL 的功能。更为常见的是，分析师可以使用 SQL 从关系型数据库中选择和恢复数据，从而在其他分析操作中使用。

　　ANSI SQL 包括一些基本的分析功能，包括标量函数、聚合函数和窗口函数。标量函数可以对单个值进行操作，包括数字运算和字符串操作等。聚合函数对集合的值操作并且返回一个汇总值，它们包含常见的统计功能，如计数、总和、均值、方差、标准差、相关性和二元线性回归。窗口函数类似于聚合函数，但用户可以将操作应用于数据分区，命令数据或定义带有移动"窗口"数值的组，这些函数支持如累积分布、排名和排序的操作。

　　SQL 用于分析的最大优势是它的标准化、平台中立性和对基本数据操作的实用性。虽然特定供应商的 SQL 版本与 ANSI 标准偏差较大，但是大多数基本操作可以在不同平台以一致的方式进行。大部分有较强 ANSI SQL 背景的用户可以很快学会一个特定供应商的 SQL 版本，因为在大型企业中普遍使用 SQL 平台，对 SQL 有基本理解对试图检索和操作数据的分析师来说十分重要。SQL 用于分析的主要缺点是缺乏高级分析的标准算法。

10.4　业务用户工具

　　现在的组织需要用比以前更少的时间做出更多的决策。现代分析决策影响着短期业务的执行以及企业的长期竞争力。正确的决策意味着竞争力和盈利能力的飞跃，而错误的决策会带来毁灭性影响。在这种竞争格局下，海量数据会让问题更复杂。从即时社交媒体评论到上一周的销售交易数据，再到数据仓库中存储的多年客户购买历史数据，即使是最小的决定，也必须考虑到数据量和数据的多样性。

10.4.1　BI 的常用技术

　　以下是商务智能中三种最常用的技术。

（1）报告和查询。建立在一个传统的关系型数据库和数据仓库中，报告和查询工具检索、分析和报告存储在基础数据库或数据仓库中的数据。报告和查询工具的例子有 SAP BusinessObjects 和 Microsoft Access/SQL Server。

（2）联机分析处理（OLAP）。允许用户从多个维度来分析多维数据，OLAP 工具和应用程序可以生成预制的数据集或信息"立方体"。OLAP 工具的例子包括 Essbase 和 Cognos PowerPlay。

（3）以电子表格为基础的决策支持系统（DSS）。使用户能够分析数据的电子表格格式的专业应用程序。以电子表格为基础的 DSS 应用的例子有 Microsoft Excel 和企业绩效管理（EPM）的解决方案，如 Oracle Hyperion。

数据分析师可以获得功能强大的数据整合和分析工具，它们将不同来源的数据放入单一的工作流程中，可视化工具也使数据易于展示和使用——这些都是以前不一定能做到的。

随着商业进程不断加快，无论可用数据的数量还是种类都在呈指数级增长，传统的商务智能（BI）工具未能以同样的速度发展，数据分析师只能拼凑着定制解决方案和不同的工具，浪费宝贵的时间和稀缺的预算。

10.4.2 BI 工具和方法的发展历程

为了更好地理解 BI 工具的局限性，先来回顾一下 BI 工具和方法的发展历程。在 20 世纪 80 年代初首次登上历史舞台后，早期的 BI 工具是建立在传统关系型数据库或者数据仓库之上的，利用 ETL 功能将所需数据从原始形式（关系型或者其他形式）转化为一个关系型数据模型（见图 10-4），这样分析师和其他用户就可以使用报告和查询工具对数据进行检索、分析和报告。

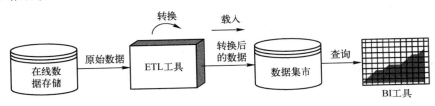

图 10-4　BI 工具和方法的发展历程

到 20 世纪 90 年代中期，数据量和速度的增长比 ETL 工具能力的增长更快，这产生了一个瓶颈。受数据复杂性影响，ETL 工具艰难地在流程中做数据转换，使得分析速度以及商业决策速度都变慢了。更麻烦的事情是，如果 ETL 逻辑里的任何一部分不正确，在这期间的所有转换都需要重做，同时也要对新生成的数据进行转换。

寻找规避 ETL 瓶颈的方法促使了一种新的商务智能范式的崛起，被称为 OLAP 或联机分析处理。OLAP 工具允许用户使用预制的数据集或信息"立方体"从几个不同的角度来分析多维数据（见图 10-5）。立方体产生于一个数据库中提取的相关信息，该数据库采用有各种数据之间关系的多维数据模型，立方体允许用户进行复杂的分析和即时查询，速度也变得更快。

OLAP 用户将会使用如下三个基本操作中的一个或多个来分析立方体中的数据。

（1）整合或汇总。在整合或汇总操作中，可以对数据从一个或多个方面进行汇总，例如，销售部的所有销售人员预测总体销售趋势和收入。

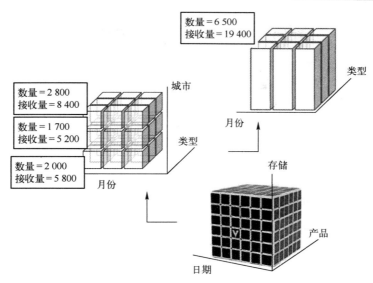

图 10-5　OLAP 多维数据集示例

（2）向下钻取分析。相比于向上汇总，向下钻取分析允许用户对更具体的运营进行分析，如确定每个单独产品占公司总体销售额的比例。

（3）交叉分析。交叉分析使得用户能够取出或切割来自于 OLAP 立方体和视图，或不同角度子集的特定数据集来进行各种分析。

OLAP 显然已经达到其能力极限。随着商业进程持续加快，需要快速进行海量分析和快速场景的变换，OLAP 在需要进行快速决策的时代已经变得不那么有用。

为了适应对分析速度和灵活性的要求，通过 Microsoft Excel 发展出了一种可替代的方法。这种以电子表格为基础的决策支持系统是一种使数据分析易于使用且高度灵活的专业应用程序。它允许用户手动输入数据或从数据库中导出数据，然后保存数据以便在工作表、宏和流程图中的后续操作使用。这种灵活性的缺点是由于手动数据输入和剪切、粘贴信息会导致高错误率。

因为灵活性高，以电子表格为基础的决策支持系统的应用程序仍然在使用。大多数数据分析师和他们的企业管理人员都同意这个观点，为了使决策支持系统应用程序在尖端、高度复杂的分析中更有用，组织必须要招募昂贵而稀缺的分析师来编写能在该表格数据上运行的复杂代码。通常这个代码需要较长的开发周期，快速发展的企业没有这么多时间等待。

许多需要进行快速决策的组织意识到，上述三个旧范式已经无法满足他们目前的分析要求。

- 及时性——由于访问数据和迭代分析花了太长时间，同时如果太昂贵以至于不能持续更新，大多数决策在做出时就已经过时了。
- 准确性——因为目前使用历史数据做出决策，而历史数据并不是总能产生好的对未来的预测，它们往往是不准确的决策。
- 质量——以质量差的数据为核心，如果企业用户没有能力自己解决这些问题，组织往往会做出不好的决策。
- 相关性——因为没有现成的方法可以处理新一代应用程序所产生的新数据类型，决策者通常无法考虑到所有的相关信息来做出准确的、明智的决策。

分析师们试图通过将自定义解决方案拼凑在一起来缩小差距，却遇到了一个更大的问题：多个不同的工具需要不同的工作流程，这将导致需要更加复杂的编码、昂贵的数据科学家/架构师和冗长的 IT 周期来建立一个解决方案连接不同数据源。因为这些堆积的系统非常脆弱，还带来了大量的新错误和延迟。

10.4.3 新的分析工具与方法

为了使分析师更快地工作，需要一种新的方法，这种方法可以满足现代分析师和业务决策者努力平衡今天的数据和业务同步发展的需求。

从上一代 BI 工具的局限中跳出来，预测分析和机器学习已经成为分析决策制定时公认的标准。如今的分析解决方案从根本上解决了传统方法的不足，它们能够使分析师实现下面的工作（见图 10-6）。

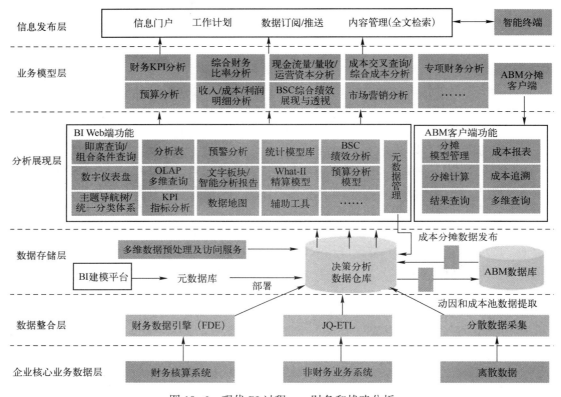

图 10-6　现代 BI 过程——财务和战略分析

（1）聚集并且把所有数据源混合在一起。

新的预测分析工具给数据分析师提供了一种单一而直观的工作流程来进行数据混合和高级分析，它能够在几小时内实现更深入的洞察，而不像传统方式通常要花费几周，因此提高了决策的及时性。新的预测分析工具提供从几乎任何数据源收集、清洗和混合数据的能力（如结构化、非结构化或半结构化的数据）。因此，决策制定会包括所有相关信息，从而提高决策的质量和准确性。例如，现今的分析工具可以把内部业务和技术数据从数据仓库、POS 信息以及来自脸书、推特、微信、QQ 和 Pinterest 的社交媒体信息中一起提取出来，并将这些数据与第三方人口统计数据、公司信息和地理信息混合来产生最相关的数据集并给用户提供战略图像。

（2）对任何数据集运行并迭代高级预测和空间分析。

新一代的工具通过给予分析师对任何数据集都可以使用高级预测和空间分析的能力，来确保产生更精确的前瞻性决定。例如，分析师可以使用这样的工具，根据平均行车距离来确定一个新零售店应该在哪里选址，从而实现最高的利润和产生最忠诚的消费者。

（3）在可视化平台上给决策者展示一系列信息和分析。

最新的业务分析方法可以让业务决策者直接执行和将这些复杂、高级分析可视化，要确保决策者对数据集和分析有一个更好的总体把握，以最终产生对企业来讲更好的业务决策。

如开源软件平台 Hadoop 这样的大数据存储技术，可以处理现今的数据分析师遇到的数据的数量、多样性和速度方面的大数据问题，预测分析工具最终进入了蓬勃发展期。在分析内容方面，组织现在可以利用 Hadoop 在分布式集群服务器中存储大量的数据集，并且在每个集群中运行分布式分析应用程序，完全不需要担心单点故障或者将大量数据跨网络移动。

这种新的方法正给在业务中的不同人群带去更多的权限和途径来获取业务信息，从而确保更快的、更好的决策和帮助决策使用者实现真正的竞争优势。

【作业】

1. 在大多数组织中，分析的用户角色有这样四种类型，即（　　）和数据科学家。区分这些用户角色并不能满足所有分析需求，但会提供一个框架来帮助你理解实际用户的需求。

① 超级分析师　　② 分析使用者　　③ 程序工程师　　④ 业务分析师

A. ①③④　　　B. ②③④　　　C. ①②④　　　D. ①②③

2. 像超级分析师和数据科学家这样有经验的用户，倾向于使用（　　）这样的分析语言。

① R　　　　② Java　　　③ SAS　　　④ SQL

A. ①②④　　　B. ①③④　　　C. ①②③　　　D. ②③④

3. （　　）倾向于在分析方面有巨大投资的团队中工作，或者在提供分析服务的组织中担任咨询师和开发者。

A. 超级分析师　B. 数据科学家　C. 业务分析师　D. 分析使用者

4. 超级分析师有丰富的训练和工作经验来使（　　）能够贴合生产，并且认为分析编程语言比图形用户界面的分析软件包更灵活也更强大。

A. 分析方法　　B. 逻辑算法　　C. 数据仓库　　D. 编程语言

5. 因为（　　）对于成功的预测分析特别重要，超级分析师需要能够解读和控制他们所处理的数据。

A. 数据清洗　　B. 数组构建　　C. 数据准备　　D. 算法分析

6. ETL 是 BI 数据仓库技术项目一个重要的环节，用来描述将数据从来源端经过抽取、转换和（　　）至目的端的过程。

A. 显示　　　　B. 加载　　　　C. 打印　　　　D. 释放

7. 用编程语言（如 Java 或 C）编写的一个可执行的评分函数是超级分析师的工程成果之一，但下列（　　）不是超级分析师的工作成果。

A. 管理显示分析结果的报告　　　B. 撰写预测模型规范

C. 预测模型对象 　　　　　　　　D. 提交 GPS 资料

8. 数据科学家往往具有机器学习、工程或计算机科学的背景，渴望参与有关（　　）的任何工作。

A. 线程　　　　　B. 算法　　　　　C. 数据　　　　　D. 图像

9. 数据科学家的机器学习渊源影响着他们的研究方法、技术和方法。机器学习学科往往把重点放在（　　）上。

A. 预测分析过程的结果　　　　　　B. 选择"正确的"分析方法
C. 现有的分析软件供应商　　　　　D. 在统计范式里很容易实施的方法

10. 数据科学家往往倾向于选择（　　）工具，寻求最好的"技术"解决方案。

A. 专用　　　　　B. 开源　　　　　C. 专利　　　　　D. 商业

11. 为了使分析获得尽可能广泛的影响，人们应该重点关注的重要成功因素中不包括（　　）。

A. 关注数据基础设施　　　　　　　B. 确保协作
C. 加强广告技术含量　　　　　　　D. 为业务流程定制分析

12. 建立一个更有智慧的组织，其关键是（　　）。

① 建立一个高效的数据平台　　　　② 有清洁、易获取的数据
③ 确保用户群体之间的协作　　　　④ 能够定制支持业务流程的分析

A. ①③　　　　　B. ①②③　　　　C. ①②③④　　　D. ②③④

13. R 语言是一个面向对象、主要用于统计和高级分析的（　　）编程语言。

A. 商业　　　　　B. 专用　　　　　C. 专利　　　　　D. 开源

14. SAS 语言是分析行业的开发工具领导者，它是（　　）编程语言。

A. 编译型　　　　B. 命令式　　　　C. 机器代码　　　D. 符号式

15. SQL（结构化查询语言）是一种（　　）数据库语言。

A. 网状　　　　　B. 层次　　　　　C. 关系　　　　　D. 独立

16. 以下（　　）不是商务智能中的常用技术。

A. 神经网络分析　　　　　　　　　B. 报告和查询
C. 联机分析处理（OLAP）　　　　　D. 以电子表格为基础的决策支持系统（DSS）

17. 正确的决策意味着竞争力和盈利能力的飞跃，因此，必须充分考虑到数据量和数据的多样性，其中包括（　　）。

① 即时社交媒体评论　　　　　　　② 日常销售交易数据
③ 源数据中涉及的个人数据　　　　④ 数据仓库中存储的客户历史数据

A. ②③④　　　　B. ①②③　　　　C. ①③④　　　D. ①②④

18. 数据分析师可以获得功能强大的数据整合和分析工具，将不同来源的数据放入单一的工作流程中。商务智能中三种最常用的技术是（　　）。

① 建立在关系型数据库和数据仓库中的报告和查询
② 允许用户从多个维度来分析多维数据的联机分析处理（OLAP）
③ 用图片和文字展示数据的 PowerPoint 演示软件
④ 以电子表格为基础的决策支持系统（DSS）

A. ①②③　　　　B. ①②④　　　　C. ①③④　　　　D. ②③④

19. 用于联机分析处理的 OLAP 工具允许用户使用预制的数据集或信息"立方体"，从

几个不同的角度来分析多维数据。OLAP 用户会使用 (   ) 这三个基本操作中的一个或多个来分析立方体中的数据。

① 线性处理　　　② 整合或汇总　　　③ 向下钻取　　　④ 交叉分析

A. ①③④　　　　B. ①②④　　　　C. ②③④　　　　D. ①②③

20. 为了使分析师更快地完成分析工作，需要一种新的方法，以满足现代分析师和业务决策者发展的需求，实现下面 (   ) 三个方面的工作。

① 聚集并且把所有数据源混合在一起

② 对任何数据集运行并迭代高级预测和空间分析

③ 在一个可视化平台上给决策者展示一系列信息和分析

④ 强调运用关系型结构的规范数据

A. ①②③　　　　B. ②③④　　　　C. ①②④　　　　D. ①③④

第 11 章
大数据分析平台

【导读案例】 大数据分析的数据源

一、综合类

1. 中国经济数据库 http://www.ceicdata.com/zh-hans/countries/china

CEIC 成立于 1992 年，由经济学家和分析师组成，提供有关世界发达经济和发展中经济的最广泛、最精确的信息。作为欧洲货币机构投资公司的产物，CEIC 已经成为世界各地经济学家、分析师、投资者、企业以及院校经济和投资研究的首选。

2. 中国经济信息网 http://www.cei.gov.cn

中国经济信息网简称中经网，是国家信息中心组建的、以提供经济信息为主要业务的专业性信息服务网络。

3. 中国资讯行数据库 http://www.bjinfobank.com/indexShow.do?method=index

宏观经济数据。

4. 国研网

http://fjgyw.fjinfo.gov.cn/DRCNet.OLAP.BI/web/default.aspx

数据较为权威，有些报告可以一看。

5. 中国国家图书馆 http://www.nlc.gov.cn/

二、证券交易类

1. 上海证券交易所 http://www.sse.com.cn/

相关股票、债券、基金等行业数据。

2. 深圳证券交易所 http://www.szse.cn/

3. 全国中小企业股份转让系统（新三板）http://www.neeq.com.cn/

新三板挂牌公司的转让及信息披露。

4. 新加坡证券交易所 http://www.sgx.com/

5. 纽约证券交易所 http://www.nyse.com

6. 纳斯达克证券交易所 http://www.nasdaq.com

三、金融类

1. 万得数据库 http://www.wind.com.cn/

2. CSMAR 数据库 http://www.gtarsc.com/

3. 锐思数据库 http://www.resset.cn/

4. 巨潮数据库（金融）http://www.cninfo.com.cn/

5. 清科数据库 http://www.pedaily.cn/

6. 人大经济论坛 http://bbs.pinggu.org/forum-5-1.html 和 http://bbs.pinggu.org/forum-55-1.html

四、互联网类

1. 淘宝指数 http://shu.taobao.com/

2. 互联网 TMT 数据 http://www.199it.com/

3. 百度指数（综合）http://index.baidu.com/

五、自然卫生类

1. 中国气象局 http://wwwNaNa.gov.cn/2011qxfw/2011qsjcx/

2. 中国气象科学数据共享服务网 http://cdcNaNa.gov.cn/home.do

在 http://cdcNaNa.gov.cn 注册为用户后（密码会发送至你的邮箱）登录，选择数据种类（共 14 大类），在每类中选择你所关心的数据集，这时弹出每个数据集的元数据信息页面。页面正中有检索方式，选台站或空间、时间就可得到检索结果，点击下载即可。CDC 网站的数据只要是共享的数据，就是免费的。

3. 公共卫生科学数据中心 http://www.phsciencedata.cn/Share/index.jsp

六、其他

1. 数据堂 http://datatang.com/

2. 数据熊猫（导航）http://www.datapanda.net/123/

资料来源：发布于 2020-07-15。

阅读上文，请思考、分析并简单记录：

（1）按你自己喜欢的领域，选择访问其中至少五个大数据网站。请记录你访问了哪些网站及访问的感受。

答：_____

_____

（2）在你所选择访问的领域大数据网站中，你是否想到了可以钻取研究的方向？你设想开展的研究可以定义为什么题目？

答：_____

_____

（3）仔细想想，你还有其他感兴趣的研究主题吗？是否可能方便地找到可以访问的大数据来源？

答：_____

_____

11.1 分布式分析

在大数据分析的任务中，分析平台也属于分析工具的一部分。

如今有很多分析平台可供选择，例如传统的基于服务器的软件、数据库分析、内存分析、云计算分析等，那么哪些是最好的分析平台呢？

数据是分析的原材料，而分析决定了数据的价值。任何分析架构中最重要的都是如何使计算引擎与数据结合在一起。与数据源的整合不仅会影响分析师任务范围，而且会影响一个分析项目的周期。

在机器学习和大数据预测分析上可以运用分布式计算吗？这个问题之所以关键，有如下几个原因。

（1）大数据分析所需的源数据通常存储在分布式数据平台中，如 MPP appliances 或 Hadoop。

（2）很多情况下，需要用作分析的数据太过庞大，以至于不能存储在一个机器的内存中。

（3）持续增长的计算量和复杂度超出了用单线程所能达到的处理能力。

11.1.1 关于并行计算

首先看一些定义。用并行计算这个术语来特指将一个任务分为更小的单元，并同时执行的方式（见图 11-1）。在一个程序中独立运行的程序片段叫作"线程"。所谓多线程处理，是指从软件或者硬件上实现多个线程并发执行（当具备相关资源时）的技术；分布式计算是指将进程处理分布于多个物理或虚拟机器上的能力。

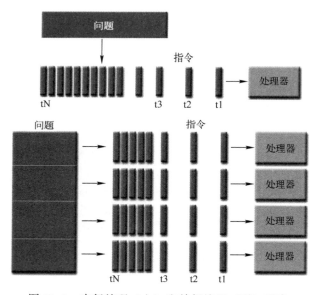

图 11-1 串行处理（上）和并行处理（下）示意

并行计算的主要效益在于速度和可扩展性。如果一个工人要花一个小时的时间去制造100 个机器部件，那么在其他条件不变的情况下，100 个工人在一个小时之内可以制造10 000 个机器部件。多线程处理优于单线程处理，但是共享内存和机器架构会对潜在的速度提升和可扩展性造成限制。大体上，分布式计算可以没有限制地横向扩展，并行处理一个任务的能力在于对任务本身的定义。

11.1.2　并行计算的三种形式

第一类形式可以简单地进行并行处理，因为每个分析节点处理的计算指令独立于所有其他的分析节点，并且预期结果是每个分析节点所得结果的简单组合，称这些任务为**高度并行**。例如，一个 SQL 的选择查询指令是高度并行的；评分模型也是高度并行的任务；很多文本挖掘进程中的任务，如词语过滤和单词衍生形态查询，也是高度并行的任务。

第二类形式需要更多的努力来进行并行计算。对于这些任务，每个分析节点执行的计算也是独立于所有其他分析节点，但是预期结果是来自于每个分析节点所得结果的线性组合，称这些任务为**线性并行**。例如，通过分别计算每个分析节点的均值和行数，能够并行计算一个分布式数据库的均值，然后计算总平均值，作为分析节点均值的加权平均数。

第三类形式更难进行并行计算，因为分析师必须以有意义的方式来组织数据。如果每个分析节点执行的计算独立于所有其他的分析节点，只要每个分析节点都有一大块"有意义"的数据，称这种任务为**数据并行**。假设要为每 300 个零售店建立独立的时间序列预测模型，并且模型没有店与店之间的交叉效应。如果能够对数据进行组织，保证每个分析节点仅拥有一家店的所有数据，把问题转化为一个高度并行问题，就能够将计算工作分配给 300 个分析节点同时进行。

11.1.3　数据并行与"正交"

数据并行处理已经成为使用 MPP 数据库或 Hadoop 的一种标准处理方式，有两类限制需要考虑。为使任务能够以数据并行的方式进行处理，分析师必须按照业务逻辑将数据进行分段组织。存储在分布式数据库中的数据很少会符合这种要求，所以，在分析进程处理之前必须重新整理数据，这个过程将增加处理的延迟。第二类限制是最佳的分析节点数量取决于问题本身。在之前引用的有关预测的问题上，最佳的分析节点数量是 300 个，这很少能和在分布式数据库或 Hadoop 集群中的节点数相匹配。

为了方便，用"正交"这个术语来形容一个完全无法并行计算的任务。"正交"原本是线性代数的概念，如果能够定义向量间的夹角，则正交可以直观地理解为垂直。在物理中，运动的独立性也可以用正交来解释。在分析学中，基于案例的推论是描述正交的最好例子，因为这种推论方法要求按顺序检查每一个案例。大多数机器学习和预测分析算法处于复杂并行的中间地带；数据可以被分段，交给分布式的分析节点处理，但分析节点之间必须互相通信，并可能需要多轮往复，预期结果是每个分析节点结果的复杂组合。

11.1.4　分布式的软件环境

软件开发者必须为分布式计算专门设计并建立机器学习软件。尽管可以将开源软件 R 或 Python 物理上安装在分布的环境中，这些语言的机器学习包必须在集群的每个节点上本地运行。例如，如果将开源软件 R 安装在一个 Hadoop 集群中的每个节点上，并进行逻辑回归计算，会得到在每个节点运算出来的 24 个逻辑回归模型，某种程度上或许可以使用这些运算结果，但必须自己来决定这些结果如何组合。

传统的高级分析商业工具提供了有限的并行和分布式计算能力。SAS 在它的传统软件包中有 300 多个程序，这其中只有一小部分支持在单机上进行多线程（SMP）处理。

表 11-1 展示了部分预测分析的分布式平台，可以得到如下结论。

（1）目前为止，没有任何一款分布式预测分析软件可以在所有的分布式平台上运行。

（2）SAS 可以在一些不同的平台上部署其私有框架，但必须和平台搭配使用，而且不能在 MPP 数据库内部运行。

（3）一些产品，例如 Netezza Analytics 和 Oracle Data Mining，完全不能移植到其他平台上。

（4）理论上来讲，MADLib 可以运行在所有支持表功能的 SQL 环境中，但是 Pivotal Database 看起来被应用得更广泛。

总结要点如下。

表 11-1　分布式预测分析软件

产品/项目	类　别	方　法	平　台
Alpine	商用	Push-down MapReduce	MPP 数据库，Hadoop
Apache Mahout	开源	MapReduce，可移植到 Spark	Hadoop
dbLytix	商用	SQL 表功能	MPP 数据库
H20	开源	专用分布层	网格，Hadoop
IBM SPSS Analytic Server	商用	Push-down MapReduce	Hadoop
MADLib	开源	SQL 表功能	Pivotal Database，Hadoop
MLLib	开源	Spark	Spark
Netezza Analytics	商用	SQL 表功能	IBM PureData（Netezza）
Oracle Data Mining	商用	私有协议分布层	Oracle 数据库
Revolution R Enterprise	商用	取决于平台	网格，Hadoop，Teradata
SAS High Performance Analytics	商用	私有协议分布层	专用设备网格
Skytree Server	商用	私有协议分布层	网格

（1）一项任务是否能并行计算取决于任务本身。

（2）在高级分析任务中，多数"学习型"任务是不能高度并行的。

（3）在分布式平台上运行一款软件与将一款软件运行在分布式模式中是不一样的，除非开发者在设计软件时就明确支持分布式处理，否则软件将在单机本地运行，并且用户不得不自己去弄明白如何组合来自不同分布式节点的结果。

一些软件商声称他们的分布式数据平台不需要多余的编程就能利用开源软件 R 或是 Python 包进行高级分析，这是他们将"学习型"预测模型与一些简单任务（如分值运算或是 SQL 查询指令）的概念混为一谈的结果。

11.2　预测分析架构

预测分析工作流程中的任务是一个复杂序列，尽管任务的真正序列取决于问题本身，而且会随着组织的不同而变化。当考虑整合分析和数据的实操选项时，有四种不同的架构可以选择，即独立分析、部分集成分析、基于数据库的分析和基于 Hadoop 分析。

11.2.1　独立分析

"独立分析"是指所有的分析任务在一个独立于所有数据源的平台上运行。在独立分析架构中（见图 11-2），分析师会在一台独立于所有数据源的工作站或服务器上运行所有需要进行的任务。用户从源数据中以原子形式抓取数据，然后在分析环境下进行数据汇集和清理。准备好数据之后，用户在分析环境下进行高级分析并保存预测模型。为了应用模型，用户会再次抓取生产数据，在分析引擎中对其评估打分，然后将模型评分返还生产环境中，用于上传和使用。

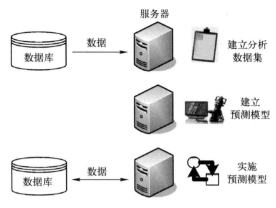

图 11-2　独立分析架构

多年来这个架构都是唯一的方案，并且很多组织仍然将其作为标准做法。在独立分析环境中，打分是一种非常耗费人力的活动，会花费分析团队的大量时间，因此不适合对时效性要求高的应用。

在某些情况下，这个架构表现得相当好，例如一些只需要很少数据片段的应用，一些以报告和图表而不是预测模型来体现分析洞察的应用，以及不需要确保生产实施的一次性项目。研究类的应用，仿真或是复杂的敏感性分析经常会归为这一类，并从基于内存的平台中获得更好的性能。例如，通过 GPU 辅助运算或是内存数据库的使用来提高性能，而不是通过数据集成本身来提高性能。

11.2.2　部分集成分析

"部分集成分析"是指模型开发任务运行在一个独立的平台上，但是数据准备和模型部署任务运行在数据源平台上。在部分集成分析架构中（见图 11-3），用户在源数据平台执行一些任务，其他任务在独立分析平台执行。通常用户在数据源中执行数据处理任务并将获得的得分放到目标数据库或决策引擎中，这种方法将任务和工具匹配起来以达到最大效率。

关于数据源集成，分析师不再采取在原子水平上抓取所有数据并在分析环境中建立"自下而上"的分析数据集，而是在数据源中使用原生工具（如 SQL 或 ETL 工具）来建立分析数据集。随后，分析师对完成的数据集进行抓

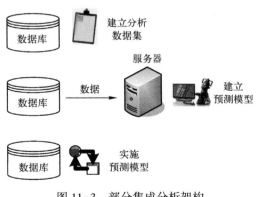

图 11-3　部分集成分析架构

取并将其放入分析环境中，用来完成数据准备任务（使用在数据库环境中无法支持的技术）并执行建模的操作。

尽管分析师们可以用原生的工具直接执行这些操作，但是很多分析师还是喜欢选择偏爱的分析软件商提供的接口，有两种不同的数据源接口：pass through（穿过）和 push down（下推）。例如，SAS 提供"穿过"式集成来使分析师可以将 SQL、HiveQL、Pig 或是 MapReduce 指令嵌入 SAS 程序中，SAS 控制执行的整体过程，并以远程用户的身份登录到目标数据源去执行指令。这个方法具有很高的灵活性，但是用户必须明确地写出所用指令的正确语法格式，这要求用户对相关编程语言有很深的理解。

IBM SPSS、Alpine 还有其他软件商可以提供"下推"式集成服务，这种服务能将用户请求翻译为平台特定的指令。下推式集成服务的使用更简单，因为分析师不需要掌握编程语言的特定知识。由于界面本身仅支持有限的用例，这种服务本身缺少一些灵活性。

11.2.3　基于数据库的分析

"基于数据库的分析"是指所有的分析任务在一个大型的并行计算数据库中运行。用基于数据库的分析来描述这样一种架构，在这种架构中，预测模型与数据库运行在同一个物理平台上（见图 11-4）。所有的任务运行在同一个物理环境中，并且数据不用从一个平台传递到另外一个平台。

主流的关系型数据库（如 DB2、Oracle）和 MPP 数据库（如 IBM PureData 和 Tecradata）都提供了高级分析功能。

某些特定的用例能够很好地适用于这种基于数据库的架构，包括预测模型评分，需要利用全部数据的大数据集分析，还有对不能离开数据物理存储地点的专业数据的分析等。最后一种情况的典型例子是关于临床试验数据的分析，相关组织对于数

图 11-4　基于数据库的分析

据安全的重视通常会通过数据物理移动的管控来实现，这样的组织使用基于数据库的分析架构是十分有必要的。

11.2.4　基于 Hadoop 分析

"基于 Hadoop 分析"是指所有的分析任务在 Hadoop 环境（见图 11-5）中运行。尽管基于 Hadoop 的分析和基于数据库的分析有相似的优势，但还是将这两者区别开来，因为在 Hadoop 中高级分析的技术选择是完全不同的。

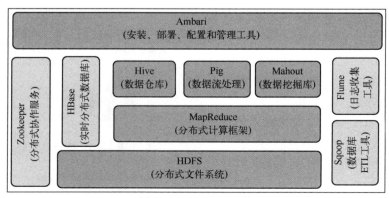

图 11-5　Hadoop 环境

Hadoop 非常适合作为分析平台来使用。和 MPP 数据库相比，Hadoop 所需成本低，而且 Hadoop 的文件系统无需预先建模就能兼容不同的数据。正因为如此，在 Hadoop 中高级分析的方法正变得越来越多。但是，Hadoop 中的高级分析对用户的使用技巧有更高的要求。大多数情况下，分析师必须用 MapReduce 或其他编程语言来自己写算法。

11.3　云计算中的分析

除了在本地使用前面介绍的架构，企业也可以将其部署在"云端"。本节将简要地讨论在一个整体的分析架构中，云计算可以扮演怎样的角色。

云计算是基于资源池概念的分布式计算，最终用户无需关注对于用来提供计算能力的物理硬件的控制，也就是说用户只需把任务提交到云端。用于计算的云可以是公共云（如亚马逊的 AWS）或是专属于企业的私有云。公共云服务可以仅包括在指定时间段租用的 IT 基础设施，或是可以包含特定的应用（如在 Amazon Marketplacc 提供的一些应用程序）。私有云可能包括企业自己拥有的计算硬件、共享资源或是两者的结合。

11.3.1　公有云和私有云

创业公司和小型分析服务提供商一般都会使用公有云。一些大型公司也会选择私有云。对于那些有特殊安全或隐私要求的公司，比起公有云计算，它们更倾向于使用私有云。

私有云是为一个客户单独使用而构建的，因而能够提供对数据、安全性和服务质量的最有效控制。该公司（客户）拥有基础设施，并可以控制在此基础设施上部署应用程序的方式。私有云可部署在企业数据中心的防火墙内，也可以将它们部署在一个安全的主机托管场所，私有云的核心属性是专有资源。

下面五种情况下更适合使用云服务的分析。

（1）公司在 IT 基础设施上能够投入的资金有限。

（2）分析服务提供商将成本作为账单的一部分向客户进行收取。

（3）分析团队所面临的运算量变化很大且无法预测。

（4）企业面临可预测的峰值负载。

（5）分析团队的 IT 支持力量很弱。

创业公司在初期投资中经常缺少足够的预算去采购 IT 基础设施。尽管云计算架构的基础设施平均来说成本可能更贵，但是云计算上的规模经济可以使小型、成长型企业快速发展。云计算架构的方便性和灵活性可以让公司专注于自己的核心业务。

分析服务提供商包括咨询公司、广告公司、专业的分析服务商以及类似的其他公司。它们还有另外一个问题，就是很难去预测工作量：仅仅增加一个用户可能会造成分析计算量的翻倍。这些公司将费用计算到客户身上，因此每一个工作单元都必须归属于一个明确的客户。云计算平台简化了这种记账和计费问题。

高级分析的计算量非常大，经常会产生"波动的"和无法预测的计算量。如果公司提供专门的基础设施用于支持分析团队的峰值计算量，这些计算资源在大多数时间将保持空闲的状态。因此，用私有云或公有云基础设施来支持分析团队是非常合理的。

分析应用程序也会产生多变但可预测的计算量。例如，银行每个月都要提交巴塞尔报告（一种银行合规报告）；由于经理需要将计划和绩效作对比，查询和报告的计算量会在月底达到高峰；零售商的分析计算量在春季的计划阶段和年底的报告阶段会有很大不同。对企业来说，需要合理区分平时计算量和峰值计算量，并将峰值计算量放在云平台上进行支持。

最后，云计算平台对那些内部 IT 支持较弱的分析团队是非常有用的。想要寻求快速响应的业务部门分析师也许会和他们的 IT 支持团队发生冲突，尤其是在以注重成本控制或流程制度为激励的保守组织中。特别是市场部更倾向于快节奏的运营方式。这种情况下，分析团队会发现公有云模式可以使他们更快地回应内部客户的需求。

11.3.2　安全和数据移动

有两个主要顾虑限制了云计算分析的采用：安全和数据移动。安全方面的问题更多的是一个认知问题而不是实际问题——实际上本地系统也有可能被黑客攻击——但是认知非常重要。比起私有云，这个问题对公有云影响更大。

上传数据的需求也会限制大数据集分析中云计算的使用。用来移动数据所需要的时间和成本可能会是难以接受的。当用于分析的源数据已经在云计算平台中的时候，这将不再会成为一个问题。另一点需要注意的是，不管分析是在本地运行还是在云计算平台中进行，可能都会需要移动数据。在这种情况下，将数据传输到云计算平台中不会比在本地将数据从一个系统传输到另一个系统所花的时间更长。

负载管理的逻辑表明，随着分析师越来越多地使用密集型计算技术，预测模型的开发将会更多地移动到云计算平台中。高度并行并且 I/O 密集型的模型评分应用会选择和源数据同样的平台。根据源数据存储的具体情况，不管是在本地还是在云计算平台中，公司都将保持这类任务尽可能地靠近源数据的存储地点。

11.4　现代 SQL 平台

20 世纪 80 年代早期，可以用于存储大量数据的数据仓库的普及给分析数据带来了新的机会。20 世纪 90 年代中期，数据库分析首先被引入，开始了基于 SQL 的数据库和分析的融合。数据库分析让数据库用户有机会将更多复杂的分析嵌入数据库中，可以对数据进行计算而无需将其从数据仓库中提取出来。然而，编写复杂的分析代码是有挑战的，直到 21 世纪初期，数据库分析才开始普及。为了使数据库分析的使用更简单，数据库厂商开始将更加庞大的分析函数库植入到数据库平台之中。尽管数据库分析带来了越来越多的好处，但这项技术在市场上还是没有被充分利用。

11.4.1　现代 SQL 平台

埃德加·科德首次引入了 SQL 这个概念，作为一种数据库语言来使用户能够更方便地创建和操作关系型数据库表。如今，SQL 已经成为数据库领域最权威、成熟和广泛接受的编程语言。尽管 SQL 平台大部分具有交互能力，用户可以进行查询并得到结果，但很多的生产进程是通过批处理方式离线执行的。

通常来讲，一般用途的数据库被归类为 OLTP（联机事务处理过程）数据库。自 20 世纪 70 年代起，OLTP 数据库已经普及并快速发展。随着 OLTP 数据的发展，数据库厂商重点推广（基于行）关系型数据库，以提供多种功能来保证数据库中交易的可靠处理。现在把这套数据完整性属性统称为 ACID（原子的、一致的、独立的、持久的）规范。

数据仓库是一种专业关系型数据库，用来生成报表和联机分析处理（OLAP）。如今数据仓库也已相当成熟，完全符合 ACID 规范。2006 年，随着 Hadoop 的引入，传统的数据库和数据仓库市场发生了巨大的改变（见图 11-6）。Hadoop 是一种开源软件框架，用于对廉价商业硬件上的大量非结构化数据进行分布式存储和处理。Hadoop 被设计成具备跨服务器集群的弹性扩展和容错。容错处理是一种特性，用来使系统可以正确处理意外的软硬件中断，如断电、断网等。

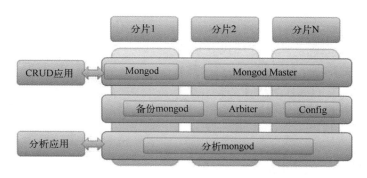

图 11-6　Hadoop 多维分析平台架构图

Hadoop 为数据库市场的创新创造了一个良好的开端，这场创新仍然在持续进行中。2009 年，NoSQL 数据库出现，它和传统数据库有如下几个不同点。

- 非关系型分布式数据存储。
- 无 SQL 功能。
- 不符合 ACID 规范。

NoSQL 数据库使用了不同的数据存储架构，包括树、图和键值对。随着 NoSQL 数据库逐渐成熟，引进了一种"最终一致性"的数据完整性模型，能够最终提供符合 ACID 规范的数据完整性。

尽管 NoSQL 数据库一开始并没有 SQL 功能，但是随着 NoSQL 数据库的发展，拥有了一种类似 SQL 的功能，NoSQL 的名称也逐步变为"不仅仅是 SQL"（Not only SQL）。这项技术最重大的贡献之一是突破了传统的 OLTP 和数据仓库在水平拓展方面的局限性。水平拓展是一种能力，指通过在物理机器以外增加计算节点来提高数据库处理能力，而不受任何限制。这个重大突破可以让 NoSQL 数据库利用廉价的商业硬件来进行计算能力的扩展，从而使数据库和数据仓库应用的成本显著下降。NoSQL 数据库另外一个很关键的能力是容错。

2011 年，行业又推出了 NewSQL 数据库平台，借鉴了传统数据库、数据仓库和 NoSQL 数据库的功能。NewSQL 数据库平台提供了水平拓展、更快的交易进程处理、容错能力、SQL 界面，并符合 ACID 规范。

11. 4. 2　现代 SQL 平台区别于传统 SQL 平台

现代 SQL 平台在以下几个重要方面是区别于传统 SQL 平台的。

- 在廉价商业化硬件上的水平拓展能力。
- 简单提取和处理任何数据的能力。

- 在查询和分析处理能力上有更高的性能。
- 数据完整性和一致性。
- 用户可以在分布式进程处理和容错之间的平衡上进行调节。

现代 SQL 平台在商业化硬件上使用分布式进程架构，提供可以容错的无限制的水平扩展能力。尽管现代 SQL 平台提供了符合 ACID 规范的和更高的进程吞吐量，但是为了保障数据一致性，这些平台需要锁定数据来进行修改。每个平台或者默认在性能和一致性中进行平衡，或者允许用户去做平衡选择。

为了能够充分管理无限制的长度可变的字符，现代化 SQL 平台做出了很多的努力来支持大型字符和字符串数据。此外，现代 SQL 平台针对巨型数据集——互联网级别的数据集——而不是局限于数据子集，提供了更快的处理。

如今，有三种主要的现代 SQL 平台。

（1）MPP（大规模并行处理）数据库。

（2）SQL-on-Hadoop。

（3）NewSQL 数据库。

每个现代 SQL 平台支持以下一种或多种类型的分析查询和处理任务。

- 批处理 SQL——在后台执行需要时间处理的静态数据查询。需要长时间处理的查询通常所需的运行时间从 20 分钟到 20 个小时不等。这种批处理方式一般用来进行大量的 ETL 处理、数据挖掘和预测模型建模。
- 交互式 SQL——在线执行静态数据的查询，用户在线等待查询结果。这种低延迟的查询所需的运行时间从 100 毫秒到 20 分钟不等。这种交互式 SQL 一般用作传统的商务智能报表和可视化报表、即席查询和固定报表。
- 实时或运营 SQL——对静态数据的大用户量高并发交易数据查询。这种低延迟查询所需运行时间通常低于 100 毫秒。这种形式一般用作对大数据量的只读操作、点查询和针对小数据集的互联网应用程序。
- 流式 SQL——在一个时间窗口内，对动态数据进行实时连续查询和分析处理（例如在最近 5 分钟有多少异常现象被检测出来？）。这种延迟极低的查询所需运行时间一般低于 10 毫秒。这种方式一般用作算法交易、实时个性化广告、实时欺诈检测和实时网络入侵。

SQL 通过以下几种机制来支持分析型任务。

- SQL 内置函数——在 SQL 中实现的基本的描述性分析函数，如平均数、计数、百分比、标准差及其他。
- SQL 自定义函数（UDF）——它们提供一种机制，可以让用户自己编写分析函数，使用较低级的编程语言，如 Java、C 或 C++。
- SQL 分析库——在 SQL 和 SQL 自定义函数中实现的分析功能。这些通常是第三方函数库，可能包含统计、预测分析、机器学习和其他诸多功能。Fuzzy Logix 的 DB Lytix 和开源软件 MadLib 都是这种函数库的典型例子。

11.4.3 MPP 数据库

一个典型的 MPP 数据库会使用一种无共享架构，它把一个服务器的数据和工作量分配到许多独立的计算节点中，将工作量分割完成提高了数据库操作处理能力。在传统的数据库中，计算是集中进行的，所有数据被打包送到中央节点，然后进行计算。在 MPP 数据库中，通过把查询和计算发送到数据的位置进行，从而避免了数据移动的瓶颈。如今 MPP 数据库是被广泛接受的商业化数据仓库。

一体机是针对某一硬件优化过的一种软件和硬件的组合设备。数据仓库一体机通常包括一个 MPP 数据库和用来支持数据库的硬件，在现今市场中是比较成熟的一种设备。一体机不仅仅是打包了软件和硬件，而是针对某一目标制造的软硬件紧密集成并经过调优的数据库设备。

11. 4. 4　SQL-on-Hadoop

SQL-on-Hadoop 作为一种 SQL 引擎，可以对 Hadoop 各种数据源直接进行批量 SQL 和交互式 SQL 的查询。

需要注意的是，SQL-on-Hadoop 和 Hadoop 连接器是不同的。连接器将数据在连接的数据源和 Hadoop 之间反复传输。尽管可以将连接器并行设置以提高吞吐量，数据移动尤其是大数据量的移动，除了针对临时性的即席查询比较方便以外，是一种难以维护的解决方案。

11. 4. 5　NewSQL 数据库

NewSQL 数据库是下一代 SQL 交易数据库。NewSQL 数据库最关键的优势在于它是一个以 SQL 为基础的、符合 ACID 规范的、享有无限水平扩展能力的分布式架构。NewSQL 数据库提供了更广泛的 SQL 功能，包括批量处理、交互、实时，有些情况下还提供流分析功能。

11. 4. 6　现代 SQL 平台的发展

现代 SQL 平台在传统的数据库市场激起变革的浪潮。20 世纪 80 年代早期，随着 MPP 数据库的引入，这种趋势正在慢慢地崛起，2006 年随着 Hadoop 的出现，这种改变走入了快车道。随后，NoSQL 出现，紧接着 SQL-on-Hadoop 出现，到现在的 NewSQL 平台，各种改良的数据库架构层出不穷。

MPP 数据库很快变成了一种传统环境，但是仍然在很多的数据中心中应用。科技新贵们主要集中在新兴行业（如数字化媒体和游戏行业），常常绕过 MPP 平台而更倾向于使用新平台，诸如 Hadoop、NoSQL 或是 NewSQL 这类环境。尽管如此，MPP 数据库仍然会存在相当长的时间，因为它们已经渗透到了很多行业的数据中心里，如金融服务、电信、零售、卫生保健等。SQL-on-Hadoop 给那些想要从 Hadoop 数据中汲取价值的用户一个机会，让他们能够从自己的大数据中获得价值。无论如何，Hadoop 现存的在实时处理大型混合数据分析负载相关能力（很多行业需要这种能力成熟到可以在企业中实际应用）方面的局限已经越来越小了。NewSQL 平台虽然还没有 MPP 或是 SQL-on-Hadoop 平台那么成熟，但是它正在展示其拥有在处理混合数据和分析工作负载时具备实时扩展的能力。

图 11-7 列出了三大现代 SQL 平台的优势与劣势。

主要的数据存储	MPP	SQL-on-Hadoop	NewSQL
	相关的	基于文件的	相关的
分布情况	●	◕	●
水平拓展	◔	◕	●
静态数据	●	●	●
动态数据	◐	○	●
非结构化数据	◔	◐	◐
OLTP	○	○	●
OLAP	●	●	◐

注：表中图符表示优劣程度。

图 11-7　三大现代 SQL 平台的优势与劣势

【作业】

1. 在大数据分析中有很多分析平台可供选择，其中包括（　　）。

① 数据库分析　　　② 硬盘分析　　　③ 内存分析　　　④ 云计算分析

A. ①②④　　　　B. ①③④　　　　C. ①②③　　　　D. ②③④

2. 数据是分析的原材料，而分析决定了（　　）的价值。

A. 数据　　　　B. 程序　　　　C. 系统　　　　D. 计算机

3. 在大数据分析上是否可以运用分布式计算，需要考虑的关键因素包括（　　）。

① 大数据分析所需的源数据通常存储在分布式数据平台中

② 很多情况下，需要用作分析的数据太过庞大以至于不能存储在一个机器的内存中

③ 用单个原子、分子制造物质的纳米技术

④ 持续增长的计算量和复杂度超出了用单线程所能达到的处理能力

A. ②③④　　　　B. ①②③　　　　C. ①②④　　　　D. ①③④

4. "并行计算"是指：将一个任务分为（　　）的单元，并将其同时执行的方式。

A. 更大　　　　B. 独立　　　　C. 完整　　　　D. 更小

5. 在一个程序中独立运行的程序（　　）叫作"线程"。

A. 片段　　　　B. 代码　　　　C. 模块　　　　D. 机器码

6. 所谓多线程处理，是指从软件或者硬件上实现多个线程（　　）执行（当具备相关资源时）的技术。

A. 顺序　　　　B. 互斥　　　　C. 并发　　　　D. 合并

7. 分布式计算是指将进程处理分布于多个（　　）机器上的能力。

A. 超级　　　　B. 物理或虚拟　　　　C. 计算　　　　D. 数字

8. 并行计算的主要效益在于速度和 （   ）。

A. 可扩展性   B. 大容量   C. 多样性   D. 高利润

9. 并行计算的三种形式是 （   ）。

① 简单地可以进行并行处理   ② 需要更多的努力来进行并行计算

③ 更（很）难进行并行计算   ④ "正交"型独立模块

A. ①②④   B. ①③④   C. ②③④   D. ①②③

10. 当考虑整合分析和数据的实操选项时，有四种不同的架构可以选择，除了基于数据库的分析之外，其他的是 （   ）。

① 独立分析   ② 部分集成分析

③ 基于实验分析   ④ 基于 Hadoop 分析

A. ①②③   B. ②③④   C. ①②④   D. ①③④

11. Apache Spark 是一个 （   ）平台，它可用于基于 Hadoop 的分布式内存高级分析。

A. 开源   B. 集成   C. 商用   D. 封闭

12. Spark 为分析提供了一种集成的框架，其中包括 （   ）。

① 机器学习   ② 图形分析   ③ 分子筛选   ④ 流分析

A. ①②③   B. ②③④   C. ①②④   D. ①③④

13. 云计算是基于 （   ）概念的分布式计算，最终用户只需把任务提交到云端。

A. 数据包   B. 信息包   C. 文件夹   D. 资源池

14. （   ）是为一个客户单独使用而构建的，提供对数据、安全性和服务质量的最有效控制。

A. 公有云   B. 私有云   C. 应用云   D. 计算云

15. 20 世纪 90 年代中期，数据库分析首先被引入，开始了 （   ）和分析的融合。

A. 基于 SQL 的数据库   B. 基于云平台

C. 部分集中   D. 全部集中

16. 作为一种数据库语言，（   ）使用户能够更方便地创建和操作关系型数据库表，它已经成为数据库领域最权威、成熟和广泛接受的编程语言。

A. Oracle   B. NewSQL   C. SQL   D. NoSQL

17. 尽管 SQL 平台大部分具有交互能力，用户可以进行查询并得到结果，但很多数据处理的生产进程是通过 （   ）方式离线执行的。

A. 后处理   B. 个别处理   C. 实时处理   D. 批处理

18. 通常一般用途的数据库被归类为 OLTP 数据库。随着 OLTP 数据的成熟，数据库厂商重点推广（基于行）关系型数据库，其数据完整属性统称为原子的、（   ）规范，即 ACID。

① 一致的   ② 离线的   ③ 独立的   ④ 持久的

A. ②③④   B. ①③④   C. ①②④   D. ①②③

19. 2009 年左右，NoSQL 数据库出现，它和传统数据库的不同点包括 （   ）。

① 作为独立数据库存在   ② 非关系型分布式数据存储

③ 无 SQL 功能   ④ 不符合 ACID 规范

A. ②③④   B. ①②③   C. ①②④   D. ①③④

20. 一个现代 SQL 平台区别于传统 SQL 平台的重要方面有（ ），以及用户可以在分布式进程处理和容错之间的平衡上进行调节。

① 在廉价商业化硬件上的水平拓展能力

② 简单提取和处理任何数据的能力

③ 在查询和分析处理能力上有更高的性能

④ 数据完整性和一致性

A. ①②④   B. ①②③   C. ①②③④   D. ②③④

第 12 章
社交网络与推荐系统

【导读案例】 推荐系统的工程实现（节选）

推荐系统与大数据

推荐系统是帮助人们解决信息获取问题的有效工具，对互联网产品而言，用户数和信息总量通常都是巨大的，每天收集到的用户在产品上的交互行为也是海量的，这些大量的数据收集处理涉及大数据相关技术，往往需要企业具备一套完善的大数据分析平台，所以推荐系统落地。

推荐系统在整个大数据平台的定位如图 12-1 所示。大数据平台包含数据中心和计算中心两部分，数据中心为推荐系统提供数据存储，包括训练推荐模型需要的数据、依赖的其他数据以及推荐结果，而计算中心提供算力支持，支撑数据预处理、模型训练、模型推断（即基于学习到的模型，为每个用户推荐）等。

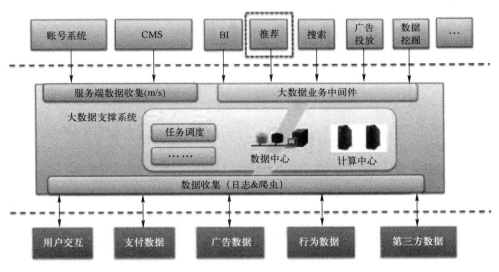

图 12-1　推荐系统在整个大数据平台的定位

大数据与人工智能有着千丝万缕的关系，互联网公司一般会构建自己的大数据与人工智能团队，构建大数据基础平台，基于大数据平台构建上层业务，包括商业智能（BI）、推荐系统及其他人工智能业务。图 12-2 是典型的基于开源技术的视频互联网公司大数据与人工

193

智能业务及相关的底层大数据支撑技术。

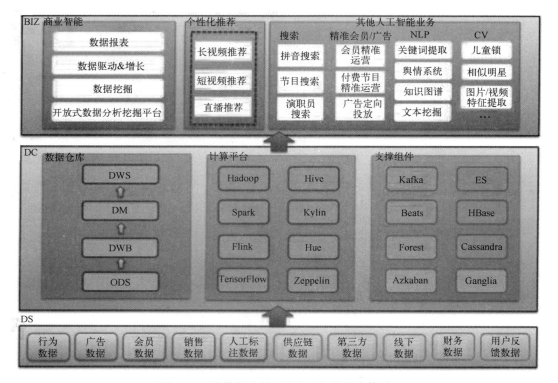

图 12-2 大数据支撑下的人工智能技术体系
(DS：数据源；DC：大数据中心；BIZ：上层业务)

在产品中，整合推荐系统是一个系统工程，怎么让推荐系统在产品中产生价值，真正帮助到用户，在提升用户体验的同时为平台方提供更大的收益，是一件有挑战的事情。整个推荐系统的业务流是一个不断迭代优化的过程，是一个闭环系统。

推荐系统的未来发展

随着移动互联网、物联网的发展，5G 技术的商用，未来的推荐系统一定是互联网公司产品的标配技术和标准解决方案，会被越来越多的公司所采用，用户也会更多地依赖推荐系统做出选择。

在工程实现上，推荐系统会采用实时推荐技术来更快地响应用户的兴趣（需求）变化，给用户强感知，提升用户体验。

未来会有专门的开源推荐引擎出现，并且提供一站式服务，让搭建推荐系统的成本越来越低。同时，随着人工智能的发展，越来越多的云计算公司会提供推荐系统的 PaaS 或者 SaaS 服务（现在就有很多创业公司提供推荐服务，只不过做得还不够完善），创业公司可以直接购买推荐系统云服务，让搭建推荐系统不再是技术壁垒，到那时，每个创业公司就不都需要推荐算法开发工程师了，只要你理解推荐算法原理，知道怎么将推荐系统引进产品中创造价值，就可以直接采购推荐云服务。所以，推荐算法工程师也要有危机意识，要不断培养对业务的敏感度、对业务的理解，短期是无法被机器取代的，到时候说不定可以做一个推荐算法商业策略师。

资料来源：gongyouliu，大数据工程师，AI 科技大本营，2019-3-15。

阅读上文，请思考、分析并简单记录：

（1）本文原标题是"推荐系统的工程实现"。请借助搜索找到这篇文章并完整阅读。请简单记录你的读后感。

答：_____

_____

_____

（2）本文作者认为：大数据与人工智能有着千丝万缕的关系。请对此简述你的看法。

答：_____

_____

_____

（3）本文作者认为，随着移动互联网、物联网的发展，5G 技术的商用……未来推荐系统的应用前景如何？

答：_____

_____

_____

12.1　社交网络的定义

社交网络即社交网络服务（Social Network Service，SNS），其本义是社会化网络服务。社交网络的含义包括硬件、软件、服务及应用，通过分析来自社交网络的大数据可以获得大量有价值的信息。

X（原微信、QQ、知乎，以及脸书、推特）、领英等，都是社交网络的典型代表。但社交网络远不止这些，所提供的服务及内涵也极为丰富，其现实场景举例如下。

- 以超链接方式连接在一起的网页。
- 人与人之间的电子邮件网络。
- 因引用而建立连接关系的研究论文。
- 通信运营商的客户之间的电话呼叫。
- 通过流动性依赖而相互连接在一起的银行。
- 疾病在病人之间的传播。

12.1.1　社交网络的特点

社交网络能广泛地应用于各种不同的业务场景，它有以下基本特点。

（1）网络包含一组实体。最容易理解的情况是，这些实体是同一社交网络中的人，但是这些活动者也完全可以是其他对象。

（2）这些活动者之间存在着某种关系，正是这种关系将他们连接在一起。在典型的社交网络中这种关系是"好友"，在微博等社交媒体中这种关系亦可以是"关注"。

鉴于社交网络的重要成分是实体和实体间的关系，因此，可以用图来为社交网络建模，这样的图也被称为社交图。在具体的业务场景下，社交网络表现为任意节点（也称为顶点）以及把它们连接在一起的边。图中的节点为社交网络中的实体，节点之间的边则表示实体之间的关系。社交图可以为有向图或无向图，例如"好友关系"并不强调方向，故为无向图。

相对地,微博中的"关注关系"则为有向图。

社交网络分析是指基于信息学、数学、社会学、管理学、心理学等多学科的融合理论和方法,为理解人类各种社交关系的形成、行为特点分析以及信息传播的规律提供的一种可计算的分析方法。

社交网络的节点(顶点)和边都需要在分析活动开始之初就加以明确定义。节点(顶点)可以是客户(普通个人/专业人士)、住户/家庭、病人、医生、作者、论文、网页等,边代表连接关系,可以是朋友间的关系、一次通话、疾病的传播、论文的引用等。注意,可以基于节点相互作用的频率、信息交互的重要性、亲密程度和情感强度等,给"边"赋予一定的权重。例如,在客户流失预测业务场景中,"边"是客户间的通话,可根据两个客户在指定时期相互通话时长给边赋权。图 12-3 是社交网络图示例,在该图中用不同颜色来表示节点的状态(如流失或非流失)。

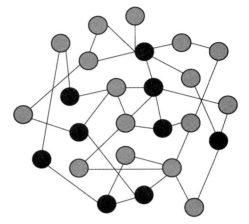

图 12-3 社交网络图示例

小型网络很适合采用社交网络图来表示,而大型网络则通常用矩阵来表示。表 12-1 就是一个社交网络矩阵示例。这种表示节点关系的矩阵通常是对称的稀疏矩阵(有大量的值为 0),该范例中,"1"表示两个节点有直接连接,"0"表示两个节点之间无直接连接,当连接关系有权重时,矩阵的非零数值就表示权重。

表 12-1 用矩阵来表示的社交网络

	C1	C2	C3	C4
C1	—	1	1	0
C2	1	—	0	1
C3	1	0	—	0
C4	0	1	0	—

12.1.2 社交网络度量

可以用多种度量指标来描述社交网络的具体特征,其中最重要的是表 12-2 所描述的中心性指标,是一种反映节点在网络中的地位的方法。假设某个网络有 g 个节点,表示为 $n_i(i=1,\cdots,g)$。g_{jk} 代表从节点 n_j 到节点 n_k 的测地线的数量,可以用公式计算出节点 n_i 的中心性度量指标值。

表 12-2 网络中心性的度量指标

测 地 线	网络中两个节点之间的最短路径
度中心性	节点的连接数量(在有向连接中,还应区分入度和出度)
邻近中心性	网络中给定节点到其他所有节点的平均距离的倒数
介中心性	所有的经过节点 n_i 任意两个节点(n_j、n_k)的测地线数与它们所有的测地线的比值的累计和
网络/图的理论中心	网络中到其他节点的最大距离的累计和最小的节点

　　测地线又称大地线或短程线，可以定义为空间中两点的距离最短或最长路径。测地线的名字来自于对于地球尺寸与形状的大地测量学。

　　关于这些度量指标的使用，可以用风筝网络图（见图 12-4）加以描述。

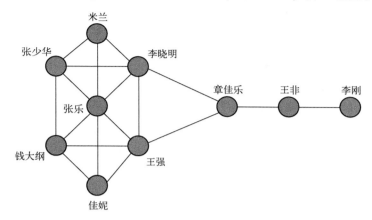

图 12-4　风筝网络图示例

　　表 12-3 是如图 12-4 所示的风筝状网络的各节点的中心性度量指标结果值。基于度中心性，张乐的值最大，是 6，表示她的连接数最多，她在这个网络中的角色相当于连接器或集线器。然而，请注意，度中心性只是反映节点间的直接连接关系，图 12-4 中，张乐与 6 个人有直接连接。李晓明、王强与其他人的距离最近，他俩处于信息交流的最佳位置，通过他俩能快速地把信息传递给网络中的其他人，这就是邻近中心性度量指标。

表 12-3　风筝网络的中心性度量指标结果

度中心性得分		邻近中心性得分		介中心性得分	
6	张乐	0.64	李晓明	14	章佳乐
5	李晓明	0.64	王强	8.33	李晓明
5	王强	0.6	张乐	8.33	王强
4	张少华	0.6	章佳乐	8	王非
4	钱大纲	0.53	张少华	3.67	张乐
3	米兰	0.53	钱大纲	0.83	张少华
3	佳妮	0.5	米兰	0.83	钱大纲
3	章佳乐	0.5	佳妮	0	米兰
2	王非	0.43	王非	0	佳妮
1	李刚	0.31	李刚	0	李刚

　　接下来再看介中心性度量指标，章佳乐的值最高，她位于两个重要小群体的中间位置（右边是王非、李刚，左边是其他的所有人），他扮演这两个小群体的中间人角色，没有了章佳乐，这两个小群体就失去了联系。

　　在社交网络分析中，介中心性指标常用于社群挖掘，常用技术是吉文-纽曼算法，其计算过程如下。

　　（1）基于已存在的边，计算每条边的介中心性指标。

　　（2）删除介中心性指标值最高的边。

（3）重新计算剩余边的介中心性指标。

（4）重复步骤（2）和步骤（3），直到所有边都被删除为止。

按照这个方法步骤计算出来的结果基本上是一个树状图，可以用这种树状图来确定最优的社群数量。

12.1.3　社交网络学习

社交网络学习的目的是在网络内部进行群组划分时，计算出指定节点与网络中其他节点相比较而言成为边界成员的概率。社交网络学习面临很多挑战，第一个挑战：数据之间并非完全独立同分布（IID），而传统统计模型（如线性回归和逻辑斯蒂回归）假设样本之间具有独立性同分布。不同节点的行为存在相关性，意味着某个节点的成员对相关节点的成员有影响力。第二个挑战：在模型开发过程中，难以将数据划分为训练集、验证集，因为整个网络的每个节点均有内在联系，不能简单切割成两部分。第三个挑战：对共同模式推断程序有强烈需求，因为节点间关系的推断会相互影响。第四个挑战：许多网络的规模巨大（如电信运营商的通话关系网络），因此需要开发高效的算法程序来完成社交网络学习任务。

基于上述挑战，社交网络学习通常由以下几个部分组成。

- 本地模型：该模型只使用节点本身的特征属性，通常使用经典的预测分析模型（如逻辑斯蒂回归、决策树）来完成参数估计。
- 网络模型：该模型将利用网络中的连接关系进行分析推断。
- 共同模式推断程序：该程序用于确定如何对未知节点进行估计，这里主要指彼此间的影响关系。

为了便于计算，分析人员通常利用马尔可夫性质，即网络中某个节点的类别只取决于与其直接相邻的节点的类别，即只取决于邻居，而不是邻居的邻居。虽然这个假设看起来可能太过于局限，但实践证明，这是一个非常合理的假设。

马尔可夫性质是概率论中的一个概念，即当一个随机过程在给定现在状态及所有过去状态情况下，其未来状态的条件概率分布仅依赖于当前状态；换言之，在给定现在状态时，将来与过去状态（即该过程的历史路径）是条件独立的，那么此随机过程即具有马尔可夫性质。

12.2　社交网络的结构

实际上，网络是可以描述自然和社会的大规模的系统，例如细胞、被化学反应联系起来形成的化学品网络、由路由器和计算机连接而组成的网络等（见图12-5图中有5个实体及其间的4段关系）。然而，这些系统包含的信息更加丰富多样，结构也更加复杂，通常建模后会形成复杂网络。

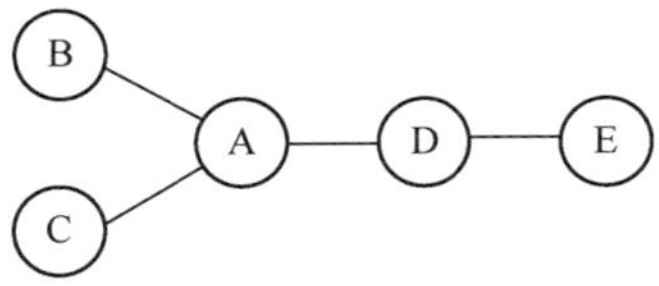

图 12-5　一个简单的社交网络模型

12.2.1　社交网络的统计学构成

在网络理论的研究中，复杂网络是由数量巨大的节点和节点之间错综复杂的关系共同构成的网络结构，用数学语言来说，就是一个有着足够复杂的拓扑结构特征的图。复杂网络分为随机图网络、小世界网络和自相似网络。小世界网络和自相似网络介于规则和随机网络之间。

复杂网络具有简单网络（如晶格网络、随机图）等结构所不具备的特性，而这些特性往往出现在真实世界的网络结构中。复杂网络的研究是现今科学研究中的一个热点，与现实中各类高复杂性系统（如互联网、神经网络和社交网络）的研究有密切关系。

统计学中关于社交网络的相关研究和理论举例如下。

（1）随机图理论。随机图的"随机"体现在边的分布上。一个随机图是将给定的顶点之间随机地连接上边。假设将一些纽扣散落在地上，并且不断随机地将两个纽扣之间系上一条线，就会得到一个随机图的例子。边的产生可以依赖于不同的随机方式，因此产生了不同的随机图模型。

（2）小世界网络。在数学、物理学和社会学中，小世界网络是一种"数学之图"的类型。在这种网络中，大部分的节点不与彼此邻接，但大部分节点可以从任一其他节点经少数几步就可到达。若将一个小世界网络中的节点代表一个人，而连结线代表人与人认识，则小世界网络可以反映陌生人由彼此共同认识的人而连结的小世界现象。小世界网络的典型代表包括广为人知的"六度分隔理论"以及凯文·贝肯游戏与埃尔德什数等。小世界网络最显著的特征是平均路径长度一直处于较低水平。平均路径长度也称特征路径长度，指的是一个网络中两点之间最短路径长度的平均值。

六度分隔理论指出：你和任何一个陌生人之间所间隔的人不会超过五个，也就是说，最多通过五个中间人你就能够认识任何一个陌生人（见图 12-6）。

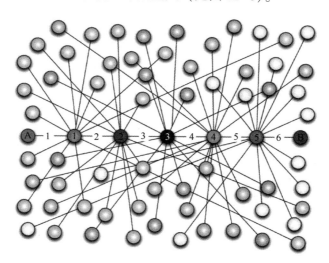

图 12-6　六度分隔理论示意

（3）无尺度网络。在网络理论中，无尺度网络（或称无标度网络）是一类复杂网络，其典型特征是在网络中的大部分节点只和很少节点连接，而有极少的节点与非常多的节点连接。这种关键的节点（称为"枢纽"或"集散节点"）的存在使得无尺度网络对意外故障有强大的承受能力，但是在面对协同性攻击时则显得脆弱。现实中的许多网络都带有无尺度的特性，例如互联网、金融系统网络、社交网络等。无尺度网络的度分布没有一个特定的平均值指标。

12.2.2　社交网络的群体形成

社交网络中群体的形成包括社区会员、社区成长和社区演化，从中可以归纳出以下问题。

（1）社区会员：影响个人加入社区的结构特征是什么？

（2）社区成长：随着时间的推移，影响一个社区重大成长的结构特征是什么？

（3）社区演化：在任何一个时间点，一个社区都有可能因为一个或多个目的存在。例如，在数据库里，群体往往因为额外的主题或兴趣集中在一起，这些焦点是如何随着时间改变的？这些变化与底层群体成员的变化有什么关联？

社区集成到一起的过程中会吸引新的成员，并随着时间的推移，发展成一个社会科学中心研究组织——政治运动、专业组织都是社区集成最基础的例子。在数字领域，由于社区和诸如"我的空间"和"博客"这样社交网站的成长，在线社区组织也变得越来越突出。在社交网络和社区上收集和分析大规模具有时间特征的数据引发了关于群体演化最基本的问题，即影响个体是否参加群体的结构特征是什么？哪个群体将会迅速增长？随着时间的推移，群体之间是如何有重叠的？

为解决以上问题，用到了两个大型数据源：LiveJournal（一个综合型 SNS 交友网站，有论坛、博客等功能）上的友情链接和社区成员，DBLP（以作者为中心的学术搜索网站）上的作者合作关系和公开的会议，其中还包括 FOAF 词汇表这个管理社区内信息的有效方法。这两个数据源都提供了显示用户定义的社区，通过研究这些社区的演变所涉及的性质（如社会底层网络数据结构），可以发现个体加入社区的倾向和社区快速增长的倾向取决于底层的网络结构。例如，一个人加入社区的倾向不仅与该社区中他的朋友的数量有关，还与朋友之间如何联系有关。通过使用决策树技术，可以识别这些特性和其他结构因素。而通过构建语义 Web，可以测量个体之间的社区变化，并展示这种社区运动与社区内话题的变化之间密切的关系。图 12-7 展示了基于语义分析利益冲突发现的步骤。

除了在个人和个人决策水平上，还可以在全局水平上思考随着时间迁移，社交网络中社区增长的方式。社区可以在成员和内容上演变，这使得即使有非常丰富的数据，分析基本特征也非常具有挑战性。社区上复杂

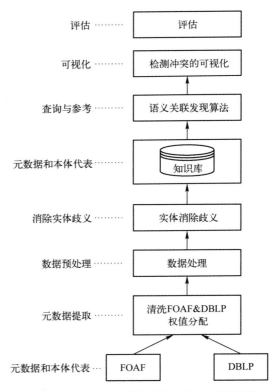

图 12-7　基于语义分析利益冲突发现的步骤

数据集的可利用度和社区的演化，可以很自然地引出对更精确理论模型的研究。将社交网络中标准扩散理论模型和在线的社区会员种类数据联系到一起是非常有趣的。其中的一类问题是，形成异步进程的精确模型，即节点可以意识到它们的邻居行为，并采取行动。另一类问

题是，如果将邻居的内部连通参数化，则可能得出新的扩散模型。这类研究也会涉及一些有趣的技术，如霍夫和穆尔等研究的潜在空间模型的社交网络分析等。

12.2.3　图与网络分析

在数学中，图用来描绘对象之间关系的结构。图由代表对象的节点和表示连接或关系的边组成。在数学原理中，这种图关系理论称为图论，用于分析用图表示的行为系统。

图分析用例是一种在社会媒体分析、欺诈检测、犯罪学与国家安全中进行发现并证明有效的形式。

图在预测分析中不占主要地位，但是可以在以下两方面提供支持作用。

首先，图在探索分析中非常有用。在这种分析中分析师仅仅试图理解发生的行为，贝叶斯网络就是图分析的一个特例，其中图的节点代表变量。但是，一个分析师可以从图分析的其他应用中获得有价值的见解，例如社交网络分析。

图分析也可以在更广泛数据集的基础上为预测模型贡献特征。例如，从社交图分析看到的潜在客户和现有客户之间的社交关系，可能会在预测市场促销响应的模型中起到很大作用。

网络分析侧重于分析网络内实体关系，它将实体作为节点，用边连接节点。有专门的网络分析的方法，包括：

- 路径优化。
- 社交网络分析。
- 传播预测，比如一种传染性疾病的传播。

例如，基于冰激凌销量的网络分析中的路径优化。有些冰激凌店的经理经常抱怨卡车从中央仓库到遥远地区的商店的运输时间太长，天热的时候，从中央仓库运到偏远地区的冰激凌会化掉，无法销售。为了最小化运输时间，可以用网络分析来寻找中央仓库与遥远的商店之间的最短路径。

12.3　社交网络的关联分析

关于社交网络的分析主要集中在两个人之间是否存在关系这一问题。然而，在在线社交网络中，由于关系构建的代价比较低，就导致了各种关系强度混杂在一起，例如相识和密友关系混在一起。一种社交网络中评估关系强度的无监督模型方法，可以通过用户之间的联系和用户之间的相似度来判别用户之间的关系强度。

社交网络的研究表明，采用同质性的关系模式可以提高联系结构和表现模型的准确率。同质性是指人们在生活背景、职业、经济水平、受教育程度、性格爱好、社会地位、价值观念、文化层次、行为习惯等涉及人类社会生活等各个方面中存在的能彼此认同或相互吸引的东西，是相似人群凝结成一个共同体的基础。然而，过去的工作都集中在二值关系连接上（是朋友或者不是）。这些二值关系只能提供一个比较粗糙的指示。由于在线社交网络上的朋友关系的认证和变化比较简单，网络中的关系有强有弱。鉴于关系较强的连接（亲密朋友）比关系较弱的连接（相识之人）表现得更为相近，一致对待所有关系将会增加学习模型的噪声，并导致模型效果变得很差。一些研究也表明加强紧密关系的作用可以提高对应模型的准确率。

幸运的是，在线社交网络包含着丰富的社交联系记录。系统通常保存着人们之间的底层交流，这可以用来判别两个成员的关系是亲密朋友、同事还是仅仅相识。例如脸书中，每个人有一个 Wall page（墙页），朋友可以留下信息作为他们每个人的简介。然而，一个用户可能有上百个朋友，但由于资源限制，该用户会更倾向于和那些关系亲密的朋友进行交流。

12.4 推荐系统

传统零售商的货架空间是稀缺资源，然而网络使零成本产品信息传播成为可能，"货架空间"从稀缺变得丰富，这时候，注意力变成了稀缺资源，从而催生了推荐系统——旨在向用户提供建议。推荐系统是大数据创造价值的重要途径。

12.4.1 推荐系统的概念

推荐系统可以有多种实现方法，几种常见的推荐策略如下。

（1）基于内容的推荐（见图 12-8）。这是信息过滤技术的延续与发展，它是建立在项目的内容信息上的推荐，而不需要依据用户对项目的评价意见，更多地需要用机器学习的方法从关于内容的特征描述的事例中得到用户的兴趣资料。在基于内容的推荐系统中，项目或对象通过相关的特征的属性来定义，系统基于用户评价对象的特征，学习用户的兴趣，考察用户资料与待预测项目的相匹配程度。用户资料模型取决于所使用的学习方法，常用的有决策树、神经网络和基于向量的表示方法等。基于内容的用户资料是需要有用户的历史数据，用户资料模型可能随着用户的偏好改变而发生变化。

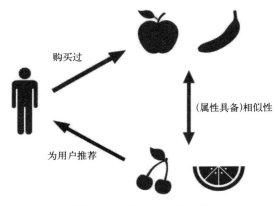

图 12-8 基于内容的推荐

基于内容的推荐方法的优点如下。

① 不需要其他用户的数据，没有冷启动问题和稀疏问题。

② 能为具有特殊兴趣爱好的用户进行推荐。

③ 能推荐新的或不是很流行的项目，没有新项目问题。

④ 通过列出推荐项目的内容特征，可以解释为什么推荐那些项目。

⑤ 已有比较好的技术，如关于分类学习方面的技术已相当成熟。

基于内容的推荐的缺点是要求内容能容易抽取成有意义的特征，要求特征内容有良好的结构性，并且用户的爱好必须能够用内容特征形式来表达，不能显式地得到其他用户的判断情况。

（2）协同过滤推荐。这是推荐系统中应用最早和最为成功的技术之一。它一般采用最近邻技术，利用用户的历史喜好信息计算用户之间的距离，然后利用目标用户的最近邻居用户对商品评价的加权评价值来预测目标用户对特定商品的喜好程度，从而根据这一喜好程度来对目标用户进行推荐。

协同过滤推荐的最大优点是对推荐对象没有特殊的要求，能处理非结构化的复杂对象，如音乐、电影。

协同过滤推荐基于这样的假设：为一个用户找到他真正感兴趣的内容的好方法是首先找到与此用户有相似兴趣的其他用户，然后将他们感兴趣的内容推荐给此用户。这一基本思想非常易于理解，在日常生活中，人们往往会借助好朋友的推荐来进行一些选择。协同过滤推荐正是把这一思想运用到了电子商务推荐系统中，基于其他用户对某一内容的评价来向目标用户进行推荐。

协同过滤推荐可以说是从用户的角度来进行相应推荐的，而且是自动的，即用户获得的推荐是系统从购买模式或浏览行为等隐式获得的，不需要用户努力地找到适合自己兴趣的推荐信息，如填写一些调查表格等。

（3）基于关联规则的推荐（见图 12-9）。这是以关联规则为基础，把已购商品作为规则头，把推荐对象作为规则体。关联规则挖掘可以发现不同商品在销售过程中的相关性，在零售业中已经得到了成功应用。管理规则就是在一个交易数据库中统计购买了商品集 X 的交易中有多大比例的交易同时购买了商品集 Y，其直观的意义就是用户在购买某些商品的同时，有多大倾向去购买另外一些商品，比如很多人购买牛奶的同时会购买面包。

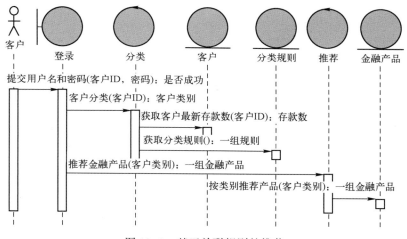

图 12-9　基于关联规则的推荐

该算法的第一步——关联规则的发现，最为关键且最耗时，是算法的瓶颈，但可以离线进行。此外，商品名称的同义性问题也是关联规则的一个难点。

（4）基于效用的推荐。这建立在对用户使用项目的效用情况上，其核心问题是如何为每一个用户去创建一个效用函数，因此，用户资料模型很大程度上是由系统所采用的效用函数决定的。基于效用的推荐的好处是它能把非产品的属性（如提供商的可靠性和产品的可得性等）考虑到效用计算中。

（5）基于知识的推荐。这在某种程度上可以看作一种推理技术，它不是建立在用户需要和偏好基础上推荐的。基于知识的推荐因它们所用的功能知识不同而有明显区别。效用知识是一种关于一个项目如何满足某一特定用户的知识，因此能解释需要和推荐的关系，所以用户资料可以是任何能支持推理的知识结构，它可以是用户已经规范化的查询，也可以是一个更详细的用户需要的表示。

12.4.2　推荐方法的组合

由于各种推荐方法都有优缺点，所以在实际中，经常采用组合推荐。研究和应用最多的是基于内容的推荐和协同过滤推荐的组合。最简单的做法就是分别用基于内容的推荐方法和协同过滤推荐方法去产生一个推荐预测结果，然后用某种方法组合其结果。尽管从理论上有很多种推荐组合方法，但在某一具体问题中并不见得都有效，组合推荐的一个最重要原则就是通过组合要能避免或弥补各自推荐技术的弱点。

在组合方式上，研究人员提出了 7 种组合思路。

（1）加权。加权多种推荐技术结果。

（2）变换。根据问题背景和实际情况或要求决定变换采用不同的推荐技术。

（3）混合。同时采用多种推荐技术给出多种推荐结果，为用户提供参考。

（4）特征组合。组合来自不同推荐数据源的特征被另一种推荐算法所采用。

（5）层叠。先用一种推荐技术产生粗糙的推荐结果，再用另一种推荐技术在此推荐结果的基础上进一步做出更精确的推荐。

（6）特征扩充。将一种技术产生附加的特征信息嵌入另一种推荐技术的特征输入中。

（7）元级别。以一种推荐方法产生的模型作为另一种推荐方法的输入。

12.4.3　推荐系统的评价

推荐系统的评价是一个较为复杂的过程，根据角度的不同，指标也不同。这里的指标通常包括主观指标和客观指标，客观指标又包括用户相关指标和用户无关指标。

（1）用户满意度。描述用户对推荐结果的满意程度，这是推荐系统最重要的指标，一般通过对用户进行问卷或者监测用户线上行为数据获得。

（2）预测准确度。描述推荐系统预测用户行为的能力，一般通过离线数据集上算法给出的推荐列表和用户行为的重合率来计算。重合率越大，则准确度越高。

（3）覆盖率。描述推荐系统对物品长尾的发掘能力，一般通过所有推荐物品占总物品的比例和所有物品被推荐的概率分布来计算。比例越大，概率分布越均匀，则覆盖率越大。

（4）多样性。描述推荐系统中推荐结果能否覆盖用户不同的兴趣领域，一般通过推荐列表中不同物品之间的不相似性来计算。物品之间越不相似，则多样性越好。

（5）新颖性。如果用户没有听说过推荐列表中的大部分物品，则说明该推荐系统的新颖性较好。可以通过推荐结果的平均流行度和对用户进行问卷调查来获得。

（6）惊喜度。如果推荐结果和用户的历史兴趣不相似，但让用户很满意，则可以说这是一个让用户惊喜的推荐。可以定性地通过推荐结果与用户历史兴趣的相似度和用户满意度来衡量。

12.5　协同过滤

基于物品的协同过滤算法（见图 12-10）首先通过分析用户-物品矩阵来定义物品间关系，然后用这个关系间接地计算出对用户的推荐。除了最近邻方法，存在不同的基于物品的推荐算法，主要用到如下技术。

（1）贝叶斯网络技术。贝叶斯网络根据训练集创建一个树模型，每个节点和边代表用户信息，模型可以线下创建，需要几小时或几天。这种方法的结果模型会很小、很快，而且预测结果和近邻方法一样准确。这种模型适用于用户偏好信息随时间变化而相对稳定的环境。

（2）聚类技术。它通过定义一组有相似偏好的用户进行预测。一旦聚类形成，可以根据组内其他用户的偏好信息对某一用户进行预测。使用这种技术做出的推荐往往不是很个性化，甚至有时会推荐出错误的结果（相对于最近邻）。

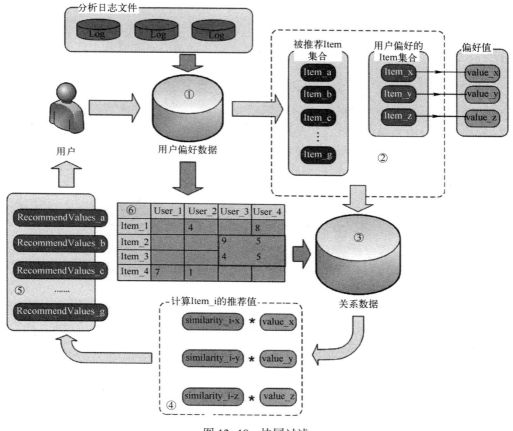

图 12-10　协同过滤

（3）Horting（霍廷）技术。这是基于图的推荐技术，图中的顶点表示用户，顶点之间的边表示用户间的相似度，通过遍历采集节点周围的用户的信息做出推荐。此方法不同于最近邻算法，因为有可能遍历到还没有对物品做出评价的用户。

虽然这些算法被广泛使用，但仍存在基于稀疏数据集的预测、降维等问题。

与传统文本过滤相比，协同过滤有如下优点。

（1）能够过滤难以进行机器自动基于内容分析的信息，如艺术品、音乐。

（2）能够基于一些复杂的、难以表达的概念（如信息质量、品位）进行过滤。

（3）推荐的新颖性。

因此，协同过滤在商业应用上也取得了不错的成绩。亚马逊等都采用协同过滤的技术来提高服务质量。

协同过滤有如下缺点。

（1）如果用户对商品的评价非常稀疏，这样基于用户评价所得到的用户间的相似性可能不准确（即稀疏性问题）。

（2）随着用户和商品的增多，系统的性能会越来越低。

（3）如果没有用户对某一商品加以评价，则这个商品就不可能被推荐（即最初评价问题）。

因此，现在的电子商务推荐系统都采用了几种技术相结合的推荐技术。

【作业】

1. （   ）的含义包括硬件、软件、服务及应用，通过分析来自其中的大数据可以获得大量有价值的信息。

A. 人情世故   B. 人际关系   C. 社交关系   D. 社交网络

2. 社交网络的基本特点包括（   ）。

① 网络包含一组实体，这些实体是同一网络中的人

② 网络中的这些活动者完全可以是其他对象

③ 基于互联网、电信网等信息承载体，让所有能行使独立功能的普通物体实现互联互通

④ 这些活动者之间存在着某种关系，正是这种关系将他们连接在一起

A. ②③④   B. ①②③   C. ①②④   D. ①③④

3. 社交网络的重要成分是实体和（   ）的关系，因此可以用图来为社交网络建模。

A. 实体间   B. 虚体   C. 虚体间   D. 物体间

4. 在统计学中有一些社交网络的相关研究和理论，例如包括（   ）。

① 随机图理论   ② 摩尔定律   ③ 小世界网络   ④ 无尺度网络

A. ①②③   B. ①③④   C. ①②④   D. ②③④

5. 社交网络中群体的形成包括（   ）三个方面。

① 社区会员   ② 社区成长   ③ 社区核心   ④ 社区演化

A. ①②③   B. ②③④   C. ①②④   D. ①③④

6. 采用（   ）方法，可以通过用户之间的联系和用户之间的相似度来判别用户之间的关系强度。

A. 无监督模型   B. 监督模型   C. 强监督网络   D. 弱监督网络

7. 社交网络的研究表明，采用（   ）的关系模式可以提高联系结构和表现模型的准确率。

A. 一致性   B. 耦合性   C. 结合性   D. 同质性

8. （   ）是指人们在生活背景、职业、经济水平、受教育程度、性格爱好、社会地位、价值观念、文化层次、行为习惯等各方面中存在的能彼此认同或相互吸引的东西，是相似人群凝结成一个共同体的基础。

A. 同质性   B. 耦合性   C. 结合性   D. 一致性

9. 传统零售商的（   ）是稀缺资源，然而网络使零成本产品信息传播成为可能，它从稀缺变得丰富。

A. 柜台容量   B. 仓库位置   C. 货架空间   D. 运输能力

10. 推荐系统可以有多种实现方法，以下（　　）属于常见的推荐策略。

① 协同过滤推荐　　　　　　　　　　② 基于 ISO 标准代码的推荐

③ 基于关联规则的推荐　　　　　　　④ 基于内容的推荐

A. ①②④　　　　　B. ①③④　　　　　C. ①②③　　　　　D. ②③④

11. （　　）一般采用最近邻技术，利用用户的历史喜好信息计算用户之间的距离来预测目标用户对特定商品的喜好程度，从而对目标用户进行推荐。

A. 关联分析推荐　　　　　　　　　　B. 基于计算平台推荐

C. 基于内容的推荐　　　　　　　　　D. 协同过滤推荐

12. "基于（　　）的推荐"以关联规则为基础，把已购商品作为规则头，把推荐对象作为规则体。

A. 运算规则　　　　B. 关联规则　　　　C. 分析原理　　　　D. 计算方法

13. （　　）分析用户兴趣，在用户群中找到指定用户的相似（兴趣）用户，综合这些相似用户对某一信息的评价，形成对指定用户对此信息的喜好程度预测。

A. 协同过滤推荐　　　　　　　　　　B. 基于知识的推荐

C. 基于内容的推荐　　　　　　　　　D. 基于效用的推荐

14. （　　）建立在对用户使用项目的效用情况上，其核心问题是如何为每一个用户去创建一个效用函数。用户资料模型很大程度上是由系统所采用的效用函数决定的。

A. 协同过滤推荐　　　　　　　　　　B. 基于知识的推荐

C. 基于内容的推荐　　　　　　　　　D. 基于效用的推荐

15. （　　）在某种程度上可以看作一种推理技术，会因它们所用的功能知识不同而有明显区别。

A. 协同过滤推荐　　　　　　　　　　B. 基于知识的推荐

C. 基于内容的推荐　　　　　　　　　D. 基于效用的推荐

16. 在某些情况下，分析的目标是处理整个文件以识别重复、检测抄袭、监控接收的电子邮件流等，称之为（　　）问题，舆情分析就是这样的例子。

A. 数值分析　　　　B. 数据分析　　　　C. 文本挖掘　　　　D. 文件分析

17. 数学图是用来描述系统（如分布式计算机网络）、交通网络，或者一个网站页面的一个有用的比喻。当使用一个数学图来建立社会体系模型时，其结果是（　　）图。

A. 程序流程　　　　B. 社交网络　　　　C. 网络分析　　　　D. 关系链接

18. 从社交图分析看到的潜在客户和现有客户之间的（　　），可能会在一个预测市场促销响应的模型中起到很大作用。

A. 逻辑流程　　　　B. 亲属网络　　　　C. 社交关系　　　　D. 六度联系

19. 网络分析侧重于分析网络内实体关系，它将实体作为节点，用边连接节点。有专门的网络分析的方法，例如（　　）。

① 亲疏理论　　　② 路径优化　　　③ 传播预测　　　④ 社交网络分析

A. ②③④　　　　　B. ①②③　　　　　C. ①②④　　　　　D. ①③④

20. 协同过滤存在不同的基于物品的推荐算法，例如（　　）。

① 贝叶斯网络　　　② 层叠　　　③ 聚类　　　④ Horting（霍廷）

A. ①②③　　　　　B. ①②④　　　　　C. ②③④　　　　　D. ①③④

第 13 章
组织分析团队

【导读案例】 数据工作者的数据之路：从洞察到行动

大数据时代的来临，人人都在说数据分析，但真正从数据中获得洞察并指导行动的案例并不多见。数据分析更多的是停留在验证假设、监控效果的层面，而通过数据分析获得洞察的很少，用分析直接指导行动的案例更是少之又少。

从洞察到行动，数据可以发挥更大价值，前提是对数据分析有更深层的认知。

数据分析是分层次的。从开始数据分析到促成行动达成目标，需要经历很多阶段，从上至下对应的分析层次包括：表象层、本质层、抽象层和现实层共四个层次（见图 13-1）。

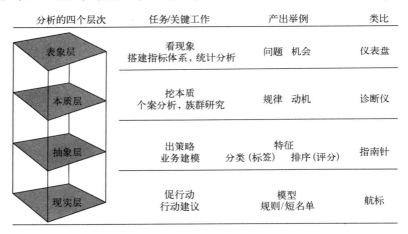

图 13-1　分析的四个层次

表象层，就像汽车仪表盘，实时告诉你发生了什么，并适时做警报提示等，是 what。分析师要做的事情就是搭建指标体系，进行各种维度的统计分析。

本质层，像诊断仪，不再停留在观察肉眼可见的表面症状，而是去检测身体内部的问题，这个层面要揭露现象背后的动因，找到规律，是 why。分析师主要做的事情就是进行个案分析，获得需求动机层面的认知，然后对个体进行聚类获得全面的洞察。

抽象层，是特殊到一般的过程，对业务问题进行抽象，用模型去刻画业务问题，是 how。这个层面做的事情就是把问题映射到模型，然后再用模型去做预测，减少不确定性。其产出主要是分类（标签）和排序（评分）。

现实层，是一般到特殊的过程，将抽象的模型套用到现实中来，告诉大家如何去行动，是 when、where、who 和 whom，就像航标，要时刻为业务保驾护航，指导业务的行动。其产出主要是规则和短名单。

在明确分析的层次后，要想从洞察到行动，需要做到四个层次的穿透和每个层次的深入。首先，分析要能够穿透各个层次，只有上下贯通，数据分析的价值才能立竿见影。其次，在分析的每个层次上都要做得深入。

1. 在表象层，看数据要深入

主要体现在两个方面。

（1）从"点"到"线面体"，从看一个点的数据，到看线、看面、看体。一般来讲，想看数据的人潜意识里是要成"体"的数据的，只是沟通过程中变成了"点"的需求，因为"点"简单容易讲明白，但是，这次给不了"体"的数据，下次还会围绕"体"的数据提各种"点"的需求，这个时候需要延伸一下，提前想需求方之所想，就不用来回往复了。

（2）关注数据之间的逻辑关系。这方面最值得借鉴的就是平衡计分卡了，它从数据指标的角度去看，就是一套带有因果关系的指标体系（见图13-2）。

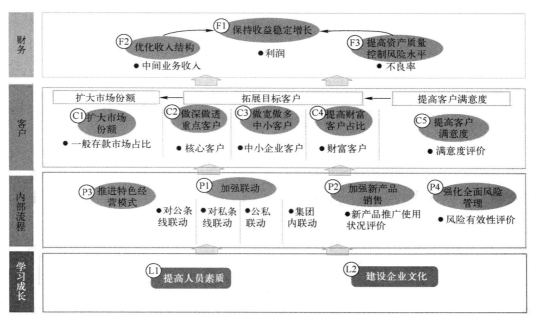

图 13-2　某银行平衡计分卡战略地图示意

平衡计分卡通过战略地图把策略说清楚、讲明白，通过 KPI 进行有效的衡量，被评价为"透视营运因果关系的绩效驱动器""将策略化为具体行动的翻译机"。

平衡计分卡对人们的启发是，人人可以梳理出一套和自己业务相关的、有逻辑关系的数据指标体系，通过它实现聚焦和协同。

2. 在本质层，深入理解业务模式

深入理解业务模式，要跳出既有的思维模式，建立新的心智模型。

复杂系统对我们的启发是，关注个体（系统内部买家、卖家等参与者）的同时，注意分析个体在群体中的位置和角色，分析群体的发展潜力、演化规律、竞争度、成熟度等，分析群体和群体之间的关系。同时，对应的抽象层建模的方法也要与之适配。

3. 在抽象层，构建抽象特征和模型

这是指在微观上构建更加抽象的特征，宏观上构建更加抽象的模型。

（1）在既有的分析和挖掘框架下，构建更加抽象的特征（也可以理解成维度、指标）。这个可以类比深度学习技术，如果对一个图片进行识别，即使你获取的是像素信息，深度学习可以自动学习出像素背后的形状、物体的特征等中间知识，越上层的特征越接近真相。

给人们的启示就是，在交易笔数交易金额这种"像素级别"特征（指标）的基础上，可以考虑是否交易笔数连续上升、营销活动交易占比等带有业务含义，更加抽象同时接近业务的特征（指标）。用抽象特征去建模可以提升模型的效果，用抽象的指标去分析可以更贴近业务需求。

（2）宏观方面，可以用更加抽象的方式对业务进行建模。例如，淘宝是复杂系统，我们可以对复杂系统进行建模，做些适当的简化，对淘宝做一个高度抽象，那就是一个字"网"。节点是买家、卖家等参与者，边就是购买、收藏、喜欢等行为产生的关系。整个淘宝就是一张大网，建立这张大网之后，就可以做深入的分析，比如市场细分、个性化推荐等。

4. 在现实层，要深入业务中

深入到业务中去，要不断提升对相关业务的认知能力。

心态上不要自我设限，分析无边界，分析师要主动参与到业务模式、产品形态的规划和设计去。要了解业务，在此基础上灵活运用模型的产出，比如：一个风险控制策略，假如已经有一个风险事件打分模型对风险事件打分排序，分析师可以根据业务需求灵活设计模型的使用策略，例如，对于风险得分最高的事件，机器自动隔离，风险得分偏高的事件，用机器+人工审核的半自动方式进行隔离。

资料来源：闫新发，阿里巴巴集团 OS 事业群数据分析专家。

阅读上文，请思考、分析并简单记录：

（1）文章的作者认为"数据是分层次的"。请简述这四个层次。

答：

_____：_____

_____：_____

_____：_____

_____：_____

（2）请简述，为什么说"从洞察到行动，数据可以发挥更大价值"。

答：_____

_____

（3）文章的作者指出"在分析的每个层次上要做的深入。"请概述。

答：

在表象层：_____

在本质层：＿＿＿＿＿＿＿＿＿＿＿＿＿＿＿＿＿＿＿＿＿＿＿＿＿＿＿＿＿＿＿＿＿＿＿＿＿

在抽象层：＿＿＿＿＿＿＿＿＿＿＿＿＿＿＿＿＿＿＿＿＿＿＿＿＿＿＿＿＿＿＿＿＿＿＿＿＿

在现实层：＿＿＿＿＿＿＿＿＿＿＿＿＿＿＿＿＿＿＿＿＿＿＿＿＿＿＿＿＿＿＿＿＿＿＿＿＿

13.1　企业的分析文化

分析路线图是将商业战略转化为分析执行计划以达成业务目标的奠基石。很多公司在进行或展开分析研究时走了不少弯路，在进行高价值分析的生产部署时容易陷入无数的复杂细节中。这些复杂的细节可以被分为三种，即人、流程和技术。如果执行不好，这三者是让项目脱轨的重要原因，但是在执行好的时候，它们也是帮助实现成功生产部署的促成因素。

下面来考虑怎样根据分析路线图去创造持续的价值，关注分析中最复杂的部分：人。本节将讨论如何最大限度地吸引并留住分析人才，以及更好地组织分析团队来实现成功。

13.1.1　管理分析团队的有效因素

决定如何最有效地组建和管理分析团队，需要考虑几个因素。就像任何一个组织架构一样，随着业务目标的不同、业务需求的变化和组织内部对分析使用深度的不同，团队的组织结构会随之发生变化。

企业文化是指企业成员之间价值和实践的分享。具有分析文化的企业很看重基于事实的决策，并通过将分析贯穿于业务中，采取相应的行动并获得有价值的商业影响来体现这种价值观。

大型企业在过去的一段时间内，其分析的成熟度不断演进，即从对过去结果的描述性报告，到后来通过预测分析对未来事件进行积极预测，再到现在使用高度复杂的优化技术来进行指导性分析。如今的创业公司经常通过使用预测分析和指导性分析，拥有可以快速超越现有业务的优势，使其在一开始就可以凭借强有力的推荐和计分引擎，与业界巨头平分秋色。

大型企业通常从评估业务结果并确立目标或是关键绩效指标（KPI）开始，它们通过简单技术来实现这个目标，例如电子表格或者复杂一点的记分卡，然后用商务智能仪表盘（见图 13-3）来评估过去的绩效表现。企业开始逐步走向预测分析领域，对未来结果进行预测，并基于预测来进行决策。因为预测分析已经证明了其可信度，公司开始将分析嵌入业务流程中，要么使决策自动化，要么考虑更多复杂情况，为决策者提供更多的合理建议进行决策。

图 13-3　商务智能仪表盘

13.1.2 繁荣分析的文化共性

不管是一开始就习惯使用分析手段的创业公司，还是正在提升分析成熟曲线的大型企业，都可以让分析繁荣并具有共同性，这些企业拥有一种可以包容、培养和陶冶的文化。

（1）好奇心。培养好奇心的组织允许其员工在公司内部的不同流程、顾客和供应商之间建立关联。将好奇心和解决问题的能力结合起来会非常强大，它能够让跨部门的团队进行合作，分享他们的专业知识，识别并解决业务问题，或是抓住稍纵即逝的机会，为业务开拓新的价值。培养好奇心给企业提供了一个机会，去实验并尝试新的想法。一个充满好奇心和勇于尝试的企业可以让思维跳出条条框框，创造出颠覆式的创新，带来显著的商业价值。

（2）解决问题的能力。问题解决者力图通过识别问题、瓶颈、约束并建立让企业达到目标的解决方案，最终实现目标。问题解决型的企业经常将解决问题作为一种方法，实现卓越运营、高绩效和高效执行。这样的企业透过问题表面，挖掘问题根源、瓶颈，然后尝试找到解决方案，来解决问题或使问题最小化。这经常需要企业的不同团队进行良好的合作和沟通来解决问题，这样的企业寻求的是持续的提高。

（3）实验。力求创新的企业都会检验新的创新想法，这意味着它们必须容忍失败，因为并不是每个新的想法都会带来成功。从错误和失败中学习，对于演进潜在的解决方案是十分重要的。一个推行实验的企业会寻找创新性和科学性人才，他们具有突破条框的思维模式，拥抱那些非线性甚至相反的想法。

（4）改变。历史上没有任何一个时代的业务需要像今天这样灵活运作。这是宏观经济因素不断进行结构转变的结果，使竞争更加全球化。唯一不变的，是变化将成为一种常态，企业必须将灵活作为一种制度，来适应这个不断变化的世界。这意味着企业必须从死板的、等级分明的组织转化为更加有机的、自组织的企业，从而能够拥抱并利用变革。尽管领先的创新企业经常以它们能够适应市场转变为傲，但是有自省精神的企业会通过采用快速跟随者的执行策略，来从市场的变化中获利。改变并不意味着可以成为第一，但是它意味着进行与总体商业战略相匹配的改变，并保持企业在市场中时常处于最新和相关的状态。

（5）证明。基于证据或是基于事实进行决策的组织，会通过不断地收集并分析数据来做出商业决策。这意味着要最大限度地使用可获得的数据，来尽可能快地做出决策，然后继续利用新数据学习并提高。那些成功使用数据来进行决策的组织，从两个方面训练它们的组织，即如何设计准确的业务问题来使用数据得到答案，以及如何使用软件工具来得到答案。

13.2 数据科学家（数据工作者）

现今，分析人才是一种稀缺资源，他们能够从全局出发，懂得如何将众多的分析方法应用到商业问题上来，对于想要建立分析团队的公司来说，找到、吸引并留住分析人才是一件相当困难的事情。

13.2.1 数据科学家角色

数据科学家这个术语是在20世纪60年代被创造出来的，直到2012年大数据这个术语在市场中被广泛采用，这个名词才变得流行起来。现代分析人才可以按领域、经验和相应的技能分成不同类别。当然，理想的是计算机科学、数学和专业知识三位一体的复合型人才，但这在任何一个人身上都很难完全具备。要想找到一个掌握计算机科学技术的人才，又能够使用多种软件语言、不同的软件工具和对软件设计有很深的见解，这是非常困难的。更不要说寻找掌握这些技巧的同时，又对应用数学、统计和运营研究有深刻理解的人才了。这是企业经常放弃最重要的职能或是行业专业知识和商业洞察力的原因，促使组织进一步去改进其对分析角色的定义。

2012 年和 2013 年，某研究机构开展一项研究项目，涉及关于技能、经验、教育和数据科学家属性特征的信息，展示了各种分析专业人员的"指纹"。数据科学家有几个标准，譬如好奇心、冒险精神和"用正确的方式做事"这种基于价值的导向。

研究数据表明，分析天才想要研究复杂的、具有挑战性的，能够给他们的组织带来深远影响的项目。分析专业人才在乎的是能够解决有趣、复杂的问题，能否继续因为他们的好奇心和学习的能力而受到重视。

事实上，分析人才经常说，离开一家公司是因为他们觉得工作无聊，而加入另外一家公司的原因是他们能学到更多——数据科学家比起金钱激励更看重精神激励。

一项数据挖掘调查也显示，分析项目中得到更多的认可和在分析项目上的自主性是让分析人才对他们工作满意的最重要的因素。其他关键因素包括有意思的项目和教育机会，这和研究机构发现分析人才是好奇、活跃的学习者这件事不谋而合。

13.2.2　分析人才的四种角色

在一次调查中，研究机构将分析人才分为四种分析角色：通才、数据准备型人才、程序员和管理者，这些角色在典型分析任务中所花费的时间如图 13-4 所示。

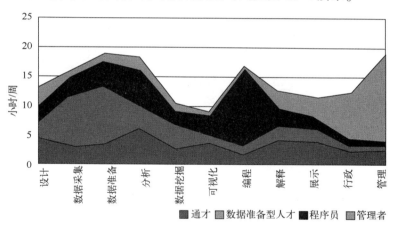

图 13-4　在分析价值链上按功能花费的时间

一项研究结果揭示了一组关于数据科学家的特质，重点结论如下。

- 数据科学家有认知的"态度"，并且会追寻对万事万物更深的理解。
- 数据科学家具有创造性，不仅愿意去创造解决方案，并且更愿意去得出最优秀的解决方案。例如编程可以更加优化流程，或者是更好地将解决方案可视化。他们会营造一种组织文化，重视不同的方法和创造性的想法。
- 数据科学家有很强的"以正确的方式做事"的欲望，并且鼓励其他人也像他们一样做事。他们愿意发声去捍卫他们相信正确的事情，即使面对争议。
- 数据科学家对质量、标准和细节要求有非常强的意识，经常通过这些特点去评估其他事物。他们非常勤奋，对细节方案和复杂任务会一直认真持续跟进。

- 数据科学家的表达倾向于拘谨和沉默，除非被要求发言或是讨论的问题十分重要，他们在团队或组织会议中可能有些沉默寡言。
- 数据科学家愿意承担通过计算确定的风险——必须在经过关于事实、数据和有可能的结果等一系列深思熟虑的分析之后。他们通过事实、数据和逻辑而不是情感说服团队的其他人。数据科学家重视项目、系统和工作文化的安全性。

研究最重大的发现之一，是数据科学家的工作角色范围太广，以至于很难依据角色定义进行招聘。数据科学家就像大家说的"医生"，这个词很容易理解，但是不足以说明它下面的不同专业领域。毕竟，有多少医生可以集内科、皮肤科、小儿科和神经科于其一身呢？

数据科学家的分类和子分类有助于帮助确立特定的角色、特长和相应的任务。随着分析工作流被分到具体的工作角色和任务中，相关要求将会更加具体，符合要求的人才库会逐渐壮大。

所有四个分析角色都具备的两大特征如下。

（1）非常强烈的求知欲（理论驱动）。

（2）有强大的动力去得出具有创造性的解决方案（创新驱动）。

13.2.3　数据准备分析专业人员

每个分析角色的类别都会有些不同。专门从事数据准备的分析专业人员会将接近一半（46%）的时间花在数据采集和数据准备工作上（见图13-5）。

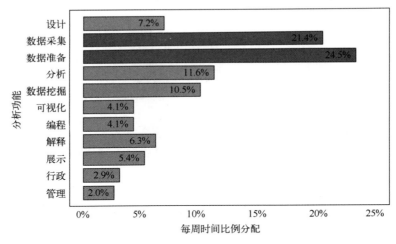

图13-5　数据准备分析专业人员所用的时间

这个类别的分析专业人员也在很多工作上花费时间。他们的第二级工作（分析、数据挖掘、设计、解译和展示）和数据准备工作息息相关。

- 寻找人才——数据准备职位的候选人很有可能在组织的其他部门中找到，尤其是那些强调细节的职位。除了要求具有强烈求知欲和创造力之外，也需要具有把握细节和不出差错的能力。当然，对于这样的工作角色，评估和培训是十分重要的。数据准备是在四类分析角色里对统计领域知识要求最低的。
- 雇佣——当想激励候选人时，不要强调这个职位的职业晋升，或是承诺有很多对高级管理层的曝光机会。

- 管理——数据准备分析工作人员想要详细了解他们的工作目标和绩效表现而不是一般性的评价，他们对自己的项目和表现评价十分关注。
- 人才保留——数据准备角色处于分析的后台，但这是一个非常大的必要部分。这个角色的专业人员一样有创造力、对知识的兴趣和信仰。最后，他们会寻找一个在精神上有挑战的职位，比起晋升，这种职位对于他们本身的好奇心和创造力更有吸引力。

13.2.4 分析程序员

专门研究分析编程的分析专业人员会花费很多时间（33%）来编写计算机代码、对数据进行操作和处理（见图 13-6）。他们把工作时间分成许多份，以完成众多其他和分析相关的工作，例如数据准备和数据采集。

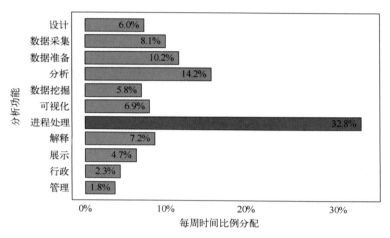

图 13-6 分析程序员所用的时间

研究显示，分析程序员这个职位的平均年龄最低，而且经验最少（超过一半工作经验少于 5 年）。从能力的角度来看，分析程序员有最强的欲望去合作，确保工作中合作顺利。

- 寻找人才——在组织现有的编程职位中寻找分析程序员。注意那些安装测试版软件的人，那些经常寻求突破功能极限或是时常进行测试实验的人。在这个意义上，刚毕业的大学生会是一个很好的来源，询问他们正在从事的项目，即便是他们个人的项目。
- 雇佣——这个角色的候选人对学习新的软件最感兴趣，他们喜欢待在技术和分析的领先前沿，喜欢被授权进行实验和探索，并且参与到持续的学习中去。如果离动手工作越远，他们会觉得无聊和不满意。
- 管理——考虑到分析程序员的年龄和阅历水平，非常明智的做法是，花一定时间去指导分析程序员了解相关的商业知识、商业期望。如果不给他们一些企业内部的洞察和界限，可能会由于缺乏职场悟性使他们陷入麻烦之中。他们学习得很快，而且非常乐于学习。
- 人才保留——像所有的分析专业人员一样，这一类人非常容易感到无聊。经济激励和晋升的承诺不会吸引他们，也不会使他们觉得很珍惜或是很有挑战。从根本上来说，他们是在寻找一种精神上富有挑战的角色，比起职业晋升，这更能吸引他们本身的好奇心和创造力。

13.2.5 分析经理

分析经理将大多数时间（57%）花费在管理分析团队并执行一系列的管理任务上（见图13-7）。他们的工作量花在负责管理下属的报告和项目上，然后向他们的客户展示项目的成果。

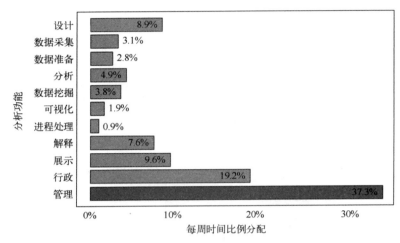

图 13-7 分析经理所用的时间

分析经理年龄相对较大，并且他们都有比较广泛的相关经验。研究显示经理与其他分析专业人才相比，具有更强的竞争倾向，愿意指导并帮助团队。

- 寻找人才——管理候选人可以从现有的分析专业人员或组织其他管理领域的人才中挑选。他们很容易被识别出来，因为他们非常愿意从事有助于发展并提升自己在公司职级的事情。
- 雇佣——管理候选人会非常关注晋升以及管理他们的团队。如果职位会有晋升，可以在公开招聘、职位描述或是面试中说明。但是如果他们曾经被告知能够晋升而以后没有兑现，他们会很不乐意。
- 管理——除非他们晋升的路径十分明确，否则那些有着管理想法的人将会觉得缺少动力。考虑到他们对成果的关注不高，也许他们的晋升可以和目标达成以及能否准时完成项目挂钩。
- 人才保留——研究显示，经理最在乎的是学习和能否在组织中晋升，而对经济奖励不太感兴趣。当挽留他们在一个并不喜欢的职位上的时候，报酬不是影响因素。

13.2.6 分析通才

分析通才，在小型和非常大的组织中都存在，他们从不花大量的时间在任何一个相对专业的领域（见图13-8）。分析通才好像是一个"混血儿"，包含其他专业分析人员的"天赋"特点。这些经验丰富的专家可以被形容为最像分析经理的人，他们对管理缺乏兴趣，但是喜欢做可以得到切实结果的和注重细节的工作。

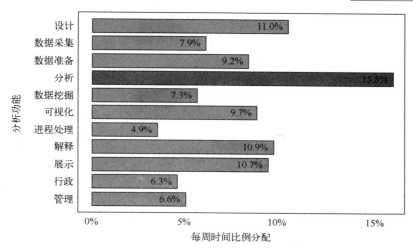

图 13-8　分析通才所用的时间

13.2.7　吸引数据科学家

依据研究提供的标准，内部候选人可以被识别出来。行业会议或专业论坛给想要雇佣顶级人才的公司提供了一个完美的人才聚集地，利用这些场合抛出你想要寻求答案的问题，而这对于人才来讲就像是天然磁铁一样。另外一个顶级人才的聚集地是在一些分析比赛中。最后，分析专业人员的行业团体，如数据挖掘、统计学、运筹学、R 与 SAS 用户群和开源项目（如 Spark 等），都提供可以用来找到顶级人才的极好场所。

吸引数据科学家的最有效方法，是让他们对即将要做的分析工作感兴趣。他们是非常具有好奇心的一群人，所以在工作信息和面试对话中可以用项目细节来激发他们的工作兴趣。

研究显示，数据科学家更倾向于在他们的回答中表现出自己有思想、认真、具体。本身的天赋让数据科学家能够非常快乐地和数据打交道，而这和那些在面试中非常有魅力的人的自身特质完全不同。

为了确定候选者是否具有好奇心，可以观察数据科学家候选人是否询问了很多的问题。他们是天生的研究者，而且面试之前做足了功课。他们在意细节，没有得到问题答案时会感到困惑，如果候选人没有准备并且没有很多的问题，这可能代表好奇心的缺乏，而好奇心的缺乏是胜任这份工作的障碍之一。

正如研究中显示的那样，比起销售人员、律师和很多其他的职业，科学家的激励方式很不一样。研究显示，尽管销售人员喜欢经济奖励，但科学家更渴望同行的认可。要确保给数据科学家提供机会让他们与其他的团队分享他们的知识——不论是公司内部还是公司外部，允许数据科学家在各种专业场合提出自己的创新想法和研究。要确保可以关注和认识到数据科学家对一个组织成功的贡献。这些激励，还有一些需要解决的具有挑战性和有趣的问题，是留住顶级分析天才的关键。

欢迎、鼓励并奖励好奇心、解决问题、实验、变革和基于事实决策的企业文化，会像天然的磁铁那样可以吸引分析人才。理解数据科学家的特质和他们的工作角色——通才、数据准备、程序员和经理——让组织能够确立一个合适的关于分析专业人员的职业道路序列。

13.3　集中式与分散式分析团队

为分析人才建立一个合适的组织架构，对于分析团队的持续成功、影响力和能否最大限度留住人才，都是十分关键的。随着团队和公司的成长与变化，组织架构也会随着时间变化。但是首先需要考虑的因素之一，是需要集中的分析团队还是分散的分析团队。

集中式分析团队允许专业分析人员去分享基于整个团队的经验和专业知识而形成的最佳实践（见图13-9）。集中式方式是创建一个分析团队的常用方式，因为这种方式可以使团队建立分析工作的统一基础，尽管从长期来看分析团队将会采用分散式方式。集中式团队通常会建立统一的方法、流程、操作和工具来进行分析模型的开发与部署。然而，集中式团队与业务部门的衔接较弱，而且会采用自上而下的方式进行。尽管这种方法看上去好像与业务有所脱离，但它通常是将战略分析引入到组织的一种方式，或是借鉴其他行业的分析方法和用例的常用方式。

分散式分析团队和业务部门通常在一起，他们对业务的理解更深刻（见图13-10）。传统意义上，银行业的数量分析专家和统计学家是分散形式组织的，而且是市场风险、交易或是市场功能的一部分。尽管这种组织架构能够很好地将分析团队的工作与业务目标协调统一，但通常是驱动关注业务执行的应对式行为，而不是引导组织实现战略性目标的主动行为。分散式团队的操作方法和流程通常不统一，会导致重复工作和成果整合问题，这导致不同团队的分析结果不一致。随之会造成困惑，并需要额外的工作来核对不同团队的结论。

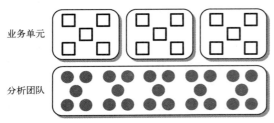

利与弊
• 利用最佳实践
• 与业务脱离
• 自上而下的分析
• 关注战略分析

图 13-9　集中式分析团队

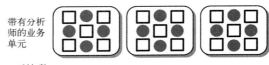

利与弊
• 更深的业务知识
• 与业务目标的一致性
• 应对式的
• 不一致的操作和流程
• 关注战略分析

图 13-10　分散式分析团队

混合模式结合了集中式和分散式组织架构，用来平衡分析与业务目标的一致性问题，并高效利用稀缺的分析资源的问题（见图13-11）。通常，团队集中处理管理性任务，如建立和分析通用的最佳实践、培训和指导。混合模式使用分布式模型将专业分析人员和业务部门放在一起，以保障分析工作和业务目标的一致性，同时建立对业务更深入的理解。当专业分析人员和一线业务人员一起工作时，他们都对业务和分析有了更深的理解。因为一线业务人员积极参与到为业务确立分析方法的工作中，他们就能够理解结论是如何得出的，一线业务人员就建立了对专业分析人员和他们工作成果的信任与信心。尽早建立信心是在组织中形成建立和使

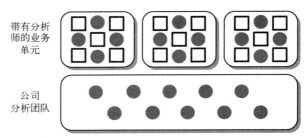

利与弊
• 更深的业务知识
• 与业务目标的一致性
• 应对式的
• 一致的操作和流程
• 关注战略性分析

图 13-11　混合模式分析团队

用分析结果氛围的关键因素。

在分散式模型中，专业分析人员和业务人员是合作关系，信心的建立是合作的基础。在集中式模型中，通过初期的成功来建立信心就更加重要。

将分析团队集中在一起会增加另外一层复杂度和挑战。在集中式团队中，人们尝试利用数据和分析去做一些激动人心的事情。由于不是业务单元中的一员，业务部门不会与分析团队共同探讨业务思路和战略。这件事没有完美的答案，因为不管是集中式还是分散式组织，模型都有它们的问题。解决问题的关键在于在执行的基础上，一步一步建立信任。

分散式模型也存在的最大挑战，是作为分析师的员工，倾向于解决"经营业务"这种类型的问题。通常，业务运营从本质上会把精力关注在执行上，而很少关注创新。他们关注制定下一个季度的目标，分析师的关注点也在于如何完成目标，例如"我们怎样去调整我们的市场活动?"，以此来实现销售目标。

13.4　组织分析团队

选择适用于现在的最佳团队结构，随着团队不断实验、学习和适应，不断发展、改进团队架构。

13.4.1　卓越中心

分析卓越中心（COE）是建立一个混合组织架构的另外一种方式。一些公司将卓越中心建成一种虚拟或是矩阵式团队，另外一些公司在卓越中心成立一个专业分析人员的永久团队。分析卓越中心通常负责分析培训和制定标准。

通常这个团队的一项持续工作是为整个组织持续开发培训材料和组织培训课程。最成功的分析团队是向每一个人灌输分析的概念和如何利用分析在业务中获得价值。这包括向每个人传达分析工作的路线图、业务发展目标和路线图中每个分析项目的预期。当每个人都了解了分析路线图，整个业务团队会开始理解在他们的业务中到底如何利用分析来产生价值。有了这种理解，每个人都能对如何利用数据和分析来帮助提出和解决他们的业务领域中的相关问题而贡献新的想法。接着按角色的情况，公司可以培训每个人如何使用特定的分析工具和软件。

分析卓越中心建立分析标准和指标。当业务单元各自独立进行分析时，可能会存在一种风险，那就是报告会呈现不同的或是冲突的结果。出现这样的结果有两个原因：复杂的业务逻辑可能对不同部门来说意味着不同的事情，另外，部门也更愿意展示对其有利的结果。

13.4.2　首席数据官与首席分析官

过去几年来，正如数据科学家的工作角色出现，另外两个高管角色也出现了：首席数据官和首席分析官。尽管这两个工作角色的职位名称经常混淆，但是这两个工作角色有着非常不同的目标。这两个角色经常有着相似的背景，但是他们运用背景的方式非常不同。首席数据官主要负责数据资产、数据基础架构和数据管理。也就是说，首席数据官专注于获取和管理数据资产。首席分析官则主要负责利用数据资产，通过应用分析模型到数据资产中，将其转化为对一个组织的实际价值。

很少有组织可以奢侈地同时拥有首席数据官和首席分析官。但是，随着分析团队的发展，团队在组织中变得更加具有战略作用，这些职位被投入了更多的关注。基于他们对数据和分析的理解，对企业来说，这两个角色是企业建立和贯彻有着自身特色分析路线图的关键。

在现代分析方法的早期，在高管团队内部建立对以数据为基础的决策机制的信心，这两个角色是关键人物。

随着现代分析时代的不断发展，首席数据官将更多的精力放在通过真正理解业务来利用数据上，懂得如何获取附加数据去真正实现企业所想。具有创新能力的商业领袖是真正的天才，他们非常善于关联不同的信息，他们从行业、从观察行业中的人、从竞争性的新闻还有任何他们可以获取到消息的地方获得信息，即使这个信息可能仅仅是趣闻轶事。现今的分析组织倾向于使用他们的内部数据，一些组织也会购买外部数据。无论如何，现代分析时代的首席分析官和首席数据官将会考虑这个问题，并在此基础上合作，他们会弄清怎样能够获得新的数据，或者即使不能直接得到数据，如何能够定位问题。

13.4.3 实验室团队

实验室团队通常是一个独立团队或是创新团队，用来快速实现分析创新和原型。一个实验室团队通常很小，专注于对新技术和新的有潜力的分析应用进行尝试。这个团队的研究方向通常由首席数据官或是首席分析官来确定。在公司接受一个分析技术模型之后，这个模型就移交到一个产品分析团队，进行模型的推广和持续的优化。

此外，分析项目办公室是一个专注于项目管理的项目办公室。分析项目办公室负责管理项目预算和计划。

13.4.4 数据科学技能自我评估

为探索数据科学家应该具有的职业技能，多个研究项目进行了不同的探索，综合得出数据科学从业人员相关的25项技能（见表13-1）。

参考表13-1，请根据所列举的25项数据科学技能，客观地给自己做一个评估，在表13-2的对应栏目中合适的项打"√"。

表 13-1　数据科学从业人员相关的 25 项技能

技能领域	技能详情
商业	1. 产品设计和开发 2. 项目管理 3. 商业开发 4. 预算 5. 管理和兼容性（例如：安全性）
技术	6. 处理非结构化数据（例如：NoSQL） 7. 管理结构化数据（例如：SQL、JSON、XML） 8. 自然语言处理（NLP）和文本挖掘 9. 机器学习（例如：决策树、神经网络、支持向量机、聚类） 10. 大数据和分布式数据（例如：Hadoop、Map/Reduce、Spark）
数学 & 建模	11. 最优化（例如：线性、整数、凸优化、全局） 12. 数学（例如：线性代数、实变分析、微积分） 13. 图模型（例如：社会网络） 14. 算法（例如：计算复杂性、计算科学理论）和仿真（例如：离散、基于 agent、连续） 15. 贝叶斯统计（例如：树结构的贝叶斯网络）
编程	16. 系统管理（例如：UNIX）和设计 17. 数据库管理（例如：MySQL、NoSQL） 18. 云管理 19. 后端编程（例如：Java/Rails/Objective C） 20. 前端编程（例如：JavaScript、HTML、CSS）

（续）

技能领域	技能详情
统计	21. 数据管理（例如：重编码、去重复项、整合单个数据源、网络抓取） 22. 数据挖掘（例如：R、Python、SPSS、SAS）和可视化（例如：图形、地图、基于 Web 的数据可视化）工具 23. 统计学和统计建模（例如：一般线性模型、ANOVA、MANOVA、时空数据分析、地理信息系统） 24. 科学/科学方法（例如：实验设计、研究设计） 25. 沟通（例如：分享结果、写作/发表、展示、博客）

请记录：你认为自己更接近于下列哪种职业角色：

□ 通才　　　□ 数据准备型人才　　　□ 程序员　　　□ 管理者

表 13-2　数据科学中 25 项技能自我评估

技能领域	技能详情	评估结果					
		专家	非常熟练	熟练	新手	略知	不知道
商业	1. 产品设计和开发						
	2. 项目管理						
	3. 商业开发						
	4. 预算						
	5. 管理和兼容性						
技术	6. 处理非结构化数据						
	7. 管理结构化数据						
	8. 自然语言处理（NLP）和文本挖掘						
	9. 机器学习						
	10. 大数据和分布式数据						
数学 & 建模	11. 最优化						
	12. 数学						
	13. 图模型						
	14. 算法和仿真						
	15. 贝叶斯统计						
编程	16. 系统管理和设计						
	17. 数据库管理						
	18. 云管理						
	19. 后端编程						
	20. 前端编程						
统计	21. 数据管理						
	22. 数据挖掘和可视化工具						
	23. 统计学和统计建模						
	24. 科学/科学方法						
	25. 沟通						

说明：不知道（0），略知（20），新手（40），熟练（60），非常熟练（80），专家（100）。你的评估总分是：＿＿＿＿＿＿分。

13.5 走起，大数据分析

使用现代分析最正确的策略是建立和执行专属于你自己的分析路线图。

在制定自己的分析路线图时，先找出那些显而易见的分析案例，这属于非常容易实现的目标，有着非常明确、可辨别的商业价值，而且可以利用现有基础架构、工具和团队中的成员快速实现。通过实现这些事情，开始建立对数据分析的信心，可以产生非常有意义的业务影响。要记住把这些速效方案融合到闭环的工作流程中，这样它们就不会孤立在业务运营之外，同时可以从这些速效方案中寻求持续的优化。

大数据和开源是推动分析从卖方市场向买方市场转变的催化剂。市场——你和许多其他没有耐心的企业家与分析团队——正在催生行业的一种巨大变革。尽管分析工具和分析基础架构处在这次变革的核心，业务模式也需要改变，但只有这样才能从分析中获取具有巨大潜力的价值。分析是无处不在的，它可以应用到企业内部所有的领域，帮助产生更大的商业价值和空前的商业影响。对于未来领导者最大的挑战之一是找到有意义的方法来将分析更快地贯彻到他们的业务之中，将他们的企业提升到下一个阶段。

为了实现这个目标，公司需要一个独一无二的分析路线图，以匹配独一无二的业务战略。以结果导向的思维来推动新的业务价值和影响，团队可以识别并优选有潜力的分析应用，从而将业务迅速推进到一个更加盈利的方向。

有了长期的分析路线图，由首席分析官或首席数据官带领的团队就可以设计并建立一个和分析路线图相适应的分析生态系统。把分析基础架构想象为帮你创建美好未来的工具箱。要使用适合的基础架构和工具来匹配你独一无二的分析路线图。

当你拥有一个分析路线图时，用合适的工具去做正确的事。对于每个项目，设立一个目标然后不懈追求实现这个目标或是超过这个目标。在你实现目标之后，学习更多的知识来持续改进结果，追求更高的目标。

当你开始这段旅程时，要重视对整个团队的培训。如果团队成员已经清晰地了解了目标，那么他们需要对分析有正确的理解才能为目标的实现做出贡献，这将帮助团队，包括一线人员、分析师和数据科学家，还有后勤人员。在讨论分析相关的问题时所使用的共同语言会使分析文化制度化，基于事实决策的工作方式将会渗透和激励整个组织。这还会带来附加收益，企业更容易吸引和留住顶级分析人才。

分析的过程就是试错的过程。实验是一个组织中创造性思维和创新的推动力，不断开发新的想法、新的思维模式和新的方法，吸取其他行业可以借鉴的经验，对现有的想法进行推演，找到瓶颈并尝试解决它们。通过不断调整边界和规则，将分析应用到许多难题、问题和机遇中，加速学习过程从而使公司达到新的高度。

【作业】

1. 企业在进行或展开分析研究时，（   ）是将商业战略转化为分析执行计划以达成业务目标的奠基石。

   A. 分析路线图　　　　B. 决策模型　　　　C. 解决方案　　　　D. 分析文化

2. 在进行高价值分析的生产部署时，容易陷入的复杂细节可以被分为三种，即（   ）。这三者也许是项目脱轨的重要原因，也可能是实现成功的促成因素。

① 人	② 物资	③ 流程	④ 技术

A. ②③④　　　　　　B. ①②③　　　　　　C. ①③④　　　　　　D. ①②④

3. 就像任何一个组织架构一样，随着业务目标的不同、业务需求的变化和组织内部对分析（　　）的不同，团队的组织结构会随之发生变化。

A. 程序结构　　　　　B. 使用深度　　　　　C. 数字素质　　　　　D. 分析文化

4. 企业文化是指企业成员之间价值和实践的分享，具有（　　）的企业很看重基于事实的决策。

A. 程序结构　　　　　B. 使用深度　　　　　C. 数字素质　　　　　D. 分析文化

5. 大型企业在过去的一段时间内，其分析的成熟度不断演进，即（　　）（注意顺序）。

① 对过去结果的描述性报告

② 使用高度复杂的优化技术来进行指导性分析

③ 通过预测分析对未来事件进行积极预测

A. ①③②　　　　　　B. ①②③　　　　　　C. ②③①　　　　　　D. ③②①

6. 如今的（　　）通过使用预测分析和指导性分析，拥有可以快速超越现有业务的优势，使其在一开始就可以凭借强有力的推荐和计分引擎，与业界巨头平分秋色。

A. 研究团队　　　　　B. 政府机构　　　　　C. 创业公司　　　　　D. IT 大厂

7. 分析企业让分析繁荣并吸引分析人才的文化具有共同性，这些企业拥有一种可以包容、培养和（　　）的文化。

A. 陶冶　　　　　　　B. 团结　　　　　　　C. 兴奋　　　　　　　D. 细致

8. 一个充满（　　）和勇于尝试的企业可以让思维跳出条条框框，创造出颠覆式的创新，带来显著的商业价值。

A. 防范心　　　　　　B. 同情心　　　　　　C. 责任心　　　　　　D. 好奇心

9. 从错误和失败中学习，对于演进潜在的解决方案是十分重要的。一个推行（　　）的企业会寻找创新性和科学性人才，具有突破条框的思维模式，拥抱那些非线性甚至相反的想法。

A. 演示　　　　　　　B. 实验　　　　　　　C. 变化　　　　　　　D. 研究

10. 历史上没有任何一个时代的业务需要像今天这样灵活运作。全球化浪潮中，唯一不变的，是（　　）将成为一种常态。

A. 演示　　　　　　　B. 实验　　　　　　　C. 变化　　　　　　　D. 研究

11. （　　）这个术语是在 20 世纪 60 年代被创造出来的，直到 2012 年大数据这个术语在市场中被广泛采用，这个名词才变得流行起来。

A. 高级程序员　　　　B. 数据科学家　　　　C. 软件分析师　　　　D. 数据库管理员

12. 公司正在急切地寻找难得的数据科学家。事实是，现代分析人才可以按（　　）、经验和相应的技能分成不同类别。

A. 地区　　　　　　　B. 气候　　　　　　　C. 年龄　　　　　　　D. 领域

13. 理想的三位一体复合型人才保有计算机科学、（　　）和专业知识等，这在任何一个人身上都很难完全具备。

A. 物理　　　　　　　B. 化学　　　　　　　C. 数学　　　　　　　D. 英语

14. 数据科学人才的标准中包括好奇心、（　　）和"用正确的方式做事"这种基于价值的导向。

  A. 冒险精神   B. 谦虚谨慎   C. 任劳任怨   D. 高傲自大

  15. 一项调查研究中,将分析人才分为四种分析角色:( )、数据准备型人才、程序员和管理者。

  A. 偏才   B. 通才   C. 秀才   D. 人才

  16. 为分析人才建立一个合适的组织架构是十分关键的。首先需要考虑的因素之一,是需要集中的还是一个分散的 ( ) 团队。

  A. 程序   B. 工作   C. 建设   D. 分析

  17. 首席 ( ) 主要负责数据资产、数据基础架构和数据管理,专注于获取和管理数据资产。

  A. 行政官   B. 财务官   C. 数据   D. 分析官

  18. 首席 ( ) 主要负责利用数据资产,通过应用分析模型到数据资产中,将其转化为对一个组织的实际价值。

  A. 分析官   B. 数据官   C. 财务官   D. 行政官

  19. ( ) 通常是一个独立团队或是创新团队,用来快速实现分析创新和原型,专注于对新技术和新的有潜力的分析应用进行尝试。

  A. 工作室   B. 实验室   C. 分析师   D. 研究所

  20. 对于未来领导者最大的挑战之一,是找到有意义的方法来将 ( ) 更快地贯彻到他们的业务之中,将他们的企业提升到下一个阶段。

  A. 制造   B. 研究   C. 开发   D. 分析

第 14 章
基于大数据集市的课程实践

14.1 什么是大数据集市

　　数据集市，也叫数据市场，是满足特定的部门或者用户的需求，按照多维的方式进行存储，包括定义维度、需要计算的指标、维度的层次等，生成面向决策分析需求的数据立方体。从范围上来说，其数据是从企业范围的数据库、数据仓库，或者是更加专业的数据仓库中抽取出来的。数据集市的重点就在于它迎合了专业用户群体的特殊需求，在分析、内容、表现，以及易用方面。数据集市的用户希望数据是由他们熟悉的术语表现的，并且可以修改现有的数据集市或创建包含略微不同的新数据集市，以迎合指定环境下的特定报告需要。

14.1.1 数据集市的结构

　　数据集市是企业级数据仓库的一个子集，它主要面向部门级业务，并且只面向某个特定的主题。为了解决灵活性与性能之间的矛盾，数据集市就是数据仓库体系结构中增加的一种小型的部门或工作组级别的数据仓库。数据集市存储为特定用户预先计算好的数据，从而满足用户对性能的需求。数据集市可以在一定程度上缓解访问数据仓库的瓶颈。

　　数据集市中数据的结构通常被描述为星形结构或雪花结构。一个星形结构包含两个基本部分：一个事实表和各种支持维表。

　　（1）事实表。描述数据集市中最密集的数据。在电话公司中，用于呼叫的数据是典型的最密集数据。在银行中，与账目核对和自动柜员机有关的数据是典型的最密集数据；对于零售业而言，销售和库存数据是最密集的数据。

　　事实表是预先被连接到一起的多种类型数据的组合体，它包括：一个反映事实表建立目的的实体的主键，如一张订单、一次销售、一个电话等，主键信息，连接事实表与维表的外键，外键携带的非键值外部数据。如果这种非键值外部数据经常用于事实表中的数据分析，它就会被包括在事实表的范围内。事实表是高度索引化的。事实表中出现 30~40 条索引非常常见。有时事实表的每列都建立了索引，这样做的目的是使事实表中的数据非常容易读取。通常，事实表的数据不能更改，但可以输入数据，一旦正确输入一个记录，就不能更改此记录的任何内容了。

　　（2）维表。维表是基于事实表建立的，包含非密集型数据，它通过外键与事实表相连。典型的维表建立在数据集市的基础上，包括产品目录、客户名单、厂商列表等。

　　数据集市包含两种类型的数据，即详细数据和汇总数据。

　　（1）详细数据。数据集市中的详细数据包含在星形结构中。值得一提的是，当数据通

225

过企业数据仓库时，星形结构就会很好地汇总。在这种情况下，企业数据仓库包含必需的基本数据，而数据集市则包含更高间隔尺寸的数据。但是，在数据集市使用者看来，星形结构的数据和数据获取时一样详细。

（2）汇总数据。分析人员通常从星形结构中的数据创建各种汇总数据。典型的汇总可能是销售区域的月销售总额。因为汇总的基础不断发展变化，所以历史数据就在数据集市中。但是这些历史数据的优势在于它存储的概括水平。星形结构中保存的历史数据非常少。

数据集市以企业数据仓库为基础进行更新。对于数据集市来说，大约每周更新一次非常平常。但是，数据集市的更新时间可以少于一周也可以多于一周，这主要是由数据集市所属部门的需求来决定的。

14.1.2　数据集市的类型

数据集市中的数据来源于企业数据仓库。所有数据，除了一个例外，在导入数据集市之前都应该经过企业数据仓库，这个例外就是用于数据集市的特定数据，它不能用于数据仓库的其他地方。外部数据通常属于这类范畴。如果情况不是这样，数据就会用于决策支持系统的其他地方，那么这些数据就必须经过企业数据仓库。

有两种类型的数据集市（见图14-1）。

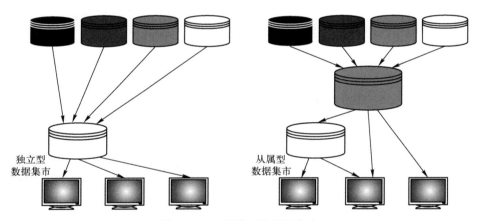

图14-1　两种类型的数据集市

（1）独立型数据集市。其数据来自于操作型数据库，是为了满足特殊用户而建立的一种分析型环境。这种数据集市的开发周期一般较短，具有灵活性，但是因为脱离了数据仓库，独立建立的数据集市可能会导致信息孤岛的存在，不能以全局的视角去分析数据。

（2）从属型数据集市。其数据来自于企业的数据仓库，这样会导致开发周期的延长，但是从属型数据集市在体系结构上比独立型数据集市更稳定，可以提高数据分析的质量，保证数据的一致性。

14.1.3　区别于数据仓库

数据仓库是一个集成的、面向主题的数据集合，其体系结构如图14-2所示，设计的目的是支持决策支持系统（DSS）功能。在数据仓库里，每个数据单元都与特定的时间相关。数据仓库包括原子级别的数据和轻度汇总的数据，例如OLTP（联机事务处理）数据是面向主题的、集成的、不可更新的（稳定性）、随时间不断变化（不同时间）的数据集合，用以支持经营管理中的决策制定过程。

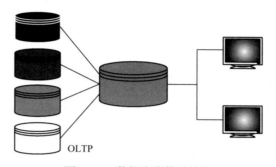

图 14-2　数据仓库体系结构

在数据结构上，数据仓库是面向主题的、集成的数据的集合。而数据集市通常被定义为星形或者雪花型数据结构，一般由一张事实表和几张维表组成（见表 14-1）。

表 14-1　数据仓库与数据集市的区别

	数据仓库	数据集市
数据来源	遗留系统、OLTP 系统、外部数据	数据仓库
范围	企业级	部门级或工作组级
主题	企业主题	部门或特殊的分析主题
数据粒度	最细的粒度	较粗的粒度
数据结构	规范化结构	星形模式、雪花模式或两者混合
历史数据	大量历史数据	适度的历史数据
优化	处理海量数据、数据探索	便于访问和分析、快速查询
索引	高度索引	高度索引

多个独立的数据集市的累积，并不能形成一个企业级的数据仓库，这是由数据仓库和数据集市本身的特点决定的——数据集市为各个部门或工作组所用，各个集市之间存在不一致性是难免的。因为脱离数据仓库的缘故，当多个独立型数据集市增长到一定规模之后，由于没有统一的数据仓库协调，企业只会又增加一些信息孤岛，仍然不能以整个企业的视图分析数据。

如果企业最终想建设一个全企业统一的数据仓库，想要以整个企业的视图分析数据，独立型数据集市不是合适的选择。也就是说，"先独立地构建数据集市，当数据集市达到一定的规模再直接转换为数据仓库"是不合适的。

14.2　大数据分析实践项目选择

为完成大数据分析项目，或者一项大数据分析的课程实践任务，首先要获取作为分析对象和基础的数据源。本书第 11 章"大数据分析平台"的导读案例"大数据分析的数据源"中，列举了较为丰富的可供借鉴的分析数据来源。

一些大数据分析企业在多年服务于政府、服务于社会的数据分析实践中，积累了丰富的分析源数据，更重要的是，这其中许多数据实际上都是公开数据，也就是说，其他人也可以利用这些数据，从不同的角度进行探索钻取，获得新知识或者价值。

下面，通过介绍一些利用大数据创造价值的典型分析应用案例，来了解真实的大数据分析数据源。

14.2.1　大数据帮零售企业制定促销策略

北美零售商百思买在北美的销售活动非常活跃，产品总数达到 3 万多种，产品的价格也随地区和市场条件而异。由于产品种类繁多，成本变化比较频繁，一年之中变化可达四次之多，每年的调价次数高达 12 万次。最让高管头疼的是定价促销策略。因此公司组成了一个 11 人的团队，希望通过分析消费者的购买记录和相关信息，提高定价的准确度和响应速度。

定价团队的分析围绕着三个关键维度。

- **数量**：团队需要分析海量信息。他们收集了上千万消费者的购买记录，从客户不同的维度分析，了解客户对每种产品种类的最高接受能力，从而为产品提出更准确的定价。
- **多样性**：团队除了分析购买记录这种结构化数据之外，他们也利用社交媒体发帖这种新型的非结构化数据。由于消费者需要在零售商专页上点赞或留言以获得优惠券，团队利用情感分析来分析专页上消费者的情绪，从而判断他们对于公司的促销活动是否满意，并调整促销策略。
- **速度**：为了实现价值最大化，团队对数据进行实时或近似实时的处理。他们成功地根据一个消费者既往的麦片购买记录，为正身处超市麦片专柜的他/她即时发送优惠券，为客户带来便利和惊喜。

通过这一系列的活动，团队提高了定价的准确度和响应速度，为零售商新增销售额和利润数千万美元。

14.2.2　电信公司通过大数据分析挽回核心客户

法国电信-Orange 集团旗下的波兰电信公司 Telekomunikacja Polska 是波兰最大的语音和宽带固网供应商，希望通过有效的途径来准确预测并解决客户流失问题。他们决定进行客户细分，方法是构建一张"社交图谱"——分析客户数百万个电话的数据记录，特别关注"谁给谁打了电话"以及"打电话的频率"两个方面。"社交图谱"把公司用户分成几大类，如"联网型""桥梁型""领导型"以及"跟随型"。这样的关系数据有助于电信服务供应商深入洞悉一系列问题，例如：哪些人会对可能"弃用"公司服务的客户产生较大的影响？挽留最有价值客户的难度有多大？运用这一方法，公司客户流失预测模型的准确率提升了 47%。

14.2.3　大数据帮能源企业设置发电机地点

丹麦的维斯塔斯风能系统运用大数据技术，分析出应该在哪里设置涡轮发电机，事实上这是风能领域的重大挑战。在一个风电场 20 多年的运营过程中，准确的定位能帮助工厂实现能源产出的最大化。为了锁定最理想的位置，维斯塔斯分析了来自各方面的信息：风力和天气数据、湍流度、地形图、公司遍及全球 2.5 万多个受控涡轮机组发回的传感器数据。这样一套信息处理体系赋予了公司独特的竞争优势，帮助其客户实现投资回报的最大化。

14.2.4　电商企业通过大数据制定销售战略

国内某知名母婴电商的办法简单直接，它直接购买了一款数据可视化分析软件用户 BI。这个软件可以快速分析海量数据，快速响应不同需求，即时生成复杂报表。该母婴电商在用户 BI 平台上，通过拖拉拽操作，生成关联不同指标的分析模型，包括环比、同比、用户快照分析、沉睡率、唤醒率、平均回购周期等。

在这些关键数据的基础上，该母婴电商的分析团队再来做进一步的分析，比如上周有多少新用户？新推出的产品收入怎样？上月的新用户这个月的购买表现如何？用户的平均回购周期相对环比是缩短了还是延长了？各渠道引流占比有何变化？……基于对这些问题的全面回答，他们不断制定和调整产品和销售战略。

14.3　案例分析与课程实践要求

大数据领域的价值创造机会因行业而异。在零售业，先进的分析方法往往与战略相得益彰，涵盖促销增效、定价、门店选址、市场营销等多个领域。而在能源行业，大数据的价值创造重点体现在对实体资产（如设备和工厂）的优化上。在金融服务业，大数据的应用可能会体现在风险评分、动态定价以及为 ATM 和分行网点寻找最佳地点等方面。而在保险业，大数据的价值可能体现在防范理赔欺诈、优化保险金给付以及跟踪驾驶行为等方面。

总的来说，大数据的终极目标并不仅仅是改变，而是彻底扭转整个竞争环境，带来新机遇。企业需要应势而变，只有认识到这一点，使用合适的数据分析产品、聪明地使用和管理数据，才能在长期竞争中成为终极赢家。

本次大数据分析课程实践的基本要求是，在给出的上述四个案例中选择一例，或者安排自选项目，但自选项目需要补充类似于上述案例的项目说明。以选定案例为基础，从本课程学习的大数据分析的一个或多个知识点入手，撰写一份"某大数据分析项目关于某个方面的大数据分析实践报告"，报告篇幅至少 A4 纸一页以上。

14.3.1　角色选择

请记录：在完成本次课程实践的活动中，你为自己设计的大数据分析用户角色是（勾选√）：

　　□ 超级分析师　　□ 数据科学家　　□ 业务分析师　　□ 分析使用者

角色描述：_____

_____

_____

14.3.2　项目选择

请在上述推荐的项目中选择一个作为本次课程实践的案例（或者自选）。

请记录：项目名称是：_____

分析项目选择	项目所涉及的大数据分析知识点（勾选√）：									
	分析意义	生命周期	分析原则	分析路线	分析运用	分析用例	分析方法	分析技术	分析模型	工具平台
零售企业										
电信公司										
装机地点										
销售战略										
自选										

14.3.3　实践项目的背景说明

_____

_____

_____

14.3.4　分知识点要点简述

（与上表对应，至少两项）

_____

_____

_____

_____

14.3.5　撰写大数据分析报告

请撰写一份大数据分析实践报告（至少 A4 纸一页以上），在理解大数据分析知识的基础上，进一步巩固学习与实践的成果。

记录：请将你撰写的大数据分析实践报告另附页粘贴在下方：

------------------ 大数据分析实践报告·粘贴于此 ------------------

14.3.6　课程实践总结

_____

_____

14.3.7　课程实践的教师评价

_____

_____

附录 课程作业参考答案

第1章

1. B	2. A	3. B	4. D	5. C	6. C
7. A	8. A	9. C	10. A	11. B	12. C
13. B	14. B	15. D	16. D	17. C	18. D
19. B	20. C				

第2章

1. C	2. B	3. D	4. B	5. A	6. C
7. D	8. B	9. A	10. C	11. D	12. B
13. D	14. A	15. C	16. D	17. A	18. C
19. D	20. B				

第3章

1. A	2. C	3. D	4. B	5. A	6. C
7. D	8. C	9. B	10. D	11. A	12. C
13. B	14. A	15. D	16. C	17. B	18. A
19. D	20. B				

第4章

1. A	2. D	3. C	4. B	5. A	6. C
7. B	8. A	9. C	10. D	11. A	12. B
13. D	14. A	15. C	16. B	17. A	18. C
19. A	20. B				

第5章

1. C	2. A	3. C	4. A	5. D	6. B
7. C	8. B	9. A	10. B	11. D	12. A
13. C	14. B	15. A	16. C	17. D	18. A
19. D	20. C				

第 6 章

1. C	2. D	3. B	4. A	5. C	6. C
7. B	8. D	9. A	10. B	11. D	12. D
13. B	14. A	15. C	16. D	17. B	18. A
19. C	20. D				

第 7 章

1. C	2. A	3. D	4. B	5. C	6. A
7. D	8. B	9. C	10. A	11. D	12. C
13. B	14. A	15. D	16. A	17. B	18. C
19. B	20. D				

第 8 章

1. B	2. C	3. B	4. D	5. C	6. B
7. B	8. D	9. D	10. D	11. C	12. A
13. C	14. B	15. A	16. B	17. C	18. B
19. C	20. D				

第 9 章

1. C	2. B	3. A	4. D	5. C	6. B
7. A	8. D	9. C	10. B	11. A	12. D
13. C	14. B	15. D	16. C	17. A	18. D
19. B	20. C				

第 10 章

1. C	2. B	3. A	4. D	5. C	6. B
7. D	8. C	9. A	10. B	11. C	12. C
13. D	14. B	15. C	16. A	17. D	18. B
19. C	20. A				

第 11 章

1. B	2. A	3. C	4. D	5. A	6. C
7. B	8. A	9. D	10. C	11. A	12. C
13. D	14. B	15. A	16. C	17. D	18. B
19. A	20. C				

第 12 章

1. D	2. C	3. A	4. B	5. C	6. A
7. D	8. A	9. C	10. B	11. D	12. B

13. A　　14. D　　15. B　　16. D　　17. B　　18. C
19. A　　20. D

第 13 章

1. A　　2. C　　3. B　　4. D　　5. A　　6. C
7. A　　8. D　　9. B　　10. C　　11. B　　12. D
13. C　　14. A　　15. B　　16. D　　17. C　　18. A
19. B　　20. D

参 考 文 献

[1] 吴明辉，周苏 . 大数据分析［M］. 北京：清华大学出版社，2020.

[2] 周苏，戴海东 . 大数据分析［M］. 北京：中国铁道出版社，2020.

[3] 钱伯斯，迪斯莫尔 . 大数据分析方法［M］. 韩光辉，孙丽军，等译 . 北京：机械工业出版社，2016.

[4] BAESENS B. 大数据分析：数据科学应用场景与实践精髓［M］. 柯晓燕，张纪元，译 . 北京：人民邮电出版社，2016.

[5] 王宏志 . 大数据分析原理与实践［M］. 北京：机械工业出版社，2017.

[6] 周苏 . 大数据导论［M］. 2 版 . 北京：清华大学出版社，2022.

[7] 周苏，张丽娜，王文 . 大数据可视化技术［M］. 北京：清华大学出版社，2016.

[8] 匡泰，周苏 . 大数据可视化［M］. 北京：中国铁道出版社，2019.

[9] 周苏，王文 . Java 程序设计［M］. 北京：中国铁道出版社，2019.

[10] 汪婵婵，周苏 . Python 程序设计［M］. 北京：中国铁道出版社，2020.